预拌砂浆

北京艺高世纪科技股份有限公司　编著

中国建筑工业出版社

图书在版编目(CIP)数据

预拌砂浆实用技术/北京艺高世纪科技股份有限公司编著.
北京：中国建筑工业出版社，2017.4
　ISBN 978-7-112-20376-5

Ⅰ. ①预…　Ⅱ. ①北…　Ⅲ. ①水泥砂浆　Ⅳ. ①TQ177.6

中国版本图书馆 CIP 数据核字(2017)第 023507 号

　　本书所提供的预拌砂浆产品，比较全面地展示了当前国内砂浆产品的生产及在建筑行业广泛应用的情况。本书共分为 7 章，阐述了预拌砂浆的设备、原材料、产品、物流以及施工与验收过程。第 1 章是预拌砂浆行业现状及其发展趋势；第 2 章是预拌砂浆基础知识，介绍了相关术语及概念，以及预拌砂浆产品的种类与原材料组成；第 3 章是预拌砂浆的生产工艺及生产设备，主要介绍当前预拌砂浆生产过程中使用到的设备；第 4 章是预拌砂浆的质量控制及试验方法，主要介绍预拌砂浆的原材料以及成品的质量控制与试验方法。第 5 章是预拌砂浆物流系统，主要介绍预拌砂浆产品应用过程中的运输设备及方式；第 6 章是预拌砂浆的施工，主要介绍预拌砂浆的手工施工方法，以及产品验收方式；第 7 章是预拌砂浆机械化施工，重点介绍了预拌砂浆机械化施工的方式以及应用过程中遇到的问题。

　　本书适合于预拌砂浆相关行业的人员学习参考。

　　责任编辑：张　　磊
　　责任设计：李志立
　　责任校对：焦　　乐　刘梦然

预拌砂浆实用技术
北京艺高世纪科技股份有限公司　编著

*

中国建筑工业出版社出版、发行(北京海淀三里河路 9 号)
各地新华书店、建筑书店经销
北京红光制版公司制版
北京中科印刷有限公司印刷

*

开本：787×1092 毫米　1/16　印张：19¾　字数：476 千字
2017 年 5 月第一版　　2017 年 5 月第一次印刷
定价：**55.00** 元
ISBN 978-7-112-20376-5
(29908)

版权所有　翻印必究
如有印装质量问题，可寄本社退换
(邮政编码　100037)

前　　言

近年来，建筑、房地产行业持续发展，建筑施工现场传统的自行搅拌建筑砂浆的做法已经得到了有效的控制，很大程度上减少了工地扬尘对空气质量造成的影响。通过政府对各地禁"现措"施的大力推广与严格执行，预拌砂浆行业迎来了新的发展契机，众多砂浆生产企业如雨后春笋相继成立，为建筑材料行业带来了更多的关注与新生力量。

本书所提供的预拌砂浆产品，比较全面地展示了当前国内砂浆产品的生产及在建筑行业广泛应用的情况。书中各个产品在国内建筑行业内得到广泛的推广与应用，并收到了很好的效果。现将这些产品的类别、组成、性能与应用等分别介绍，并将产品所涉及的添加剂以及生产与应用环节中的各种设备也编入书中，有利于业内人士更多地了解这些产品的生产、运输及应用过程，用户可以根据施工需要，对产品进行选择，使产品更经济、更合理，效果和质量也更好。

本书共分为7章，阐述了预拌砂浆的设备、原材料、产品、物流以及施工与验收过程。第1章是预拌砂浆行业现状及其发展趋势；第2章是预拌砂浆基础知识，介绍了相关术语及概念，以及预拌砂浆产品的种类与原材料组成；第3章是预拌砂浆的生产工艺及生产设备，主要介绍当前预拌砂浆生产过程中使用到的设备；第4章是预拌砂浆的质量控制及试验方法，主要介绍预拌砂浆的原材料以及成品的质量控制与试验方法。第5章是预拌砂浆物流系统，主要介绍预拌砂浆产品应用过程中的运输设备及方式；第6章是预拌砂浆的施工，主要介绍预拌砂浆的手工施工方法，以及产品验收方式；第7章是预拌砂浆机械化施工，重点介绍了预拌砂浆机械化施工的方式以及应用过程中遇到的问题。

本书在编写过程中，栗源、付海明、杨艳忠、高义、张雅楠、张凯军、宋德全、栗荣、吕慧英等付出了辛勤劳动！同时得到了国家相关领导部门、中国建筑材料联合会预拌砂浆分会的领导、相关行业专家的指导，以及南方路机、三一重工、华菱星马、索泰美可斯、上海潜岩建筑等多家公司提供资料并给予大力支持，在此表示衷心的感谢！

由于编者水平有限，书中疏漏及不足之处，恳请广大读者给予指正。

目　　录

1　预拌砂浆行业现状及其发展趋势

预拌砂浆作为一种新型绿色环保的建筑材料已被人们所认知和重视，其在节约资源、保护环境、保障质量、实现资源再利用等诸多方面发挥着重要作用。预拌砂浆的发展既是国家节能减排的整体环境发展战略方针，也是国家实现促进发展循环经济的重要措施。

1.1　预拌砂浆在国外的发展概况

数千年以来，房屋建筑的施工离不开无机砂浆材料的使用。石膏在 8000 多年以前就已经为人所用，而巴比伦人大约在 6000 年以前就开始使用石膏灰浆作为建筑材料。以火山灰为基材的水硬性砂浆的使用历史可能已经超过 3000 年，早期的古腓尼基人、希腊人和罗马人曾大量使用这种材料。

在古代及中世纪，人们已经开始使用添加剂，例如肥皂、树脂、蛋白质和灰烬等，在施工现场将添加剂与无机胶粘剂和骨料相混合，从而改善和提高砂浆的性能。

预拌砂浆起源于 19 世纪的奥地利，1893 年发表了第一个关于干混砂浆生产和应用的专利，直到 20 世纪 50 年代以后，欧洲的预拌砂浆才得到迅速发展，主要原因是第二次世界大战后欧洲需要大量建设，劳动力的短缺、工程质量的提高以及环境保护要求，开始对建筑预拌砂浆进行系统研究和应用。到 20 世纪 60 年代，欧洲各国政府出台了建筑施工环境行业投资优惠等方面的导向性政策来推动建筑砂浆的发展，随后建筑预拌砂浆很快风靡西方发达国家。近年来，环境质量要求更加增强了人们对建筑砂浆工业化生产的重视。

预拌砂浆从开始至今其生产工艺发生了多次变化。在 20 世纪 60 年代至 70 年代初，欧洲的预拌砂浆厂采用水平式工艺流程，即将一个个原料仓排列在地面上，原料先通过提升设备进入各自的料仓储存，从仓中放出的原料经称量后通过水平输送设备进入混合机搅拌，出来后提升入产品储存仓，最后再经包装、散装工序出厂。这种方式成为第一代预拌砂浆生产厂。缺点主要是物料需要反复提升、下降，所用设备多，能耗高，占地面积大，操作灵活性差。20 世纪 70 年代至 80 年代出现了第二代预拌砂浆生产厂，其思路是将整个流程简化，即物料一次性提升到高处并一次性下降。厂房因此设计成塔状，原料仓建在塔的顶部，仓下进行配比称量、混合、包装、散装等工序，原料从仓中排出后顺次经过各个工序成为最终成品。第二代预拌砂浆厂相对于第一代砂浆厂具有占地面积小、结构简单、设备少的特点，但不足之处是采用螺旋式加料机配料，设备维修工作量大，而且料仓出口经常发生堵料现象，影响正常生产。20 世纪 90 年代由于气动浮化片技术的发明及双蝶阀的出现，第三代预拌砂浆生产厂应运而生。这种采用气动浮化片及双蝶阀配料技术的生产厂，物料完全依靠自身的重力流动，整个生产流程没有水平输送设备，结构更加紧凑，占地面积更小，使用的设备更加简单可靠，能耗低，生产速度更快，配料精度更高。

在欧洲，这种发展所带来的效益是非常明显的。自 20 世纪 60 年代以来，已经建立起许多产量达数百万吨的现代化预拌砂浆生产厂。20 世纪 90 年代欧洲干混砂浆的使用率已达到 90%，在德国，平均每 50 万人就有一个预拌砂浆生产厂。目前，预拌砂浆在欧洲的应用已经很普遍，德国、奥地利、芬兰等国在大量使用预拌砂浆。预拌砂浆产品品种已经达到几百种。

预拌砂浆在东南亚的发展也很快，随着预拌砂浆市场的迅速发展，东南亚市场上的预拌砂浆产品种类也丰富起来，许多新产品，如自流平砂浆、防火砂浆、彩色墙面砂浆等都已成功投放市场。目前在新加坡、马来西亚、韩国、日本、泰国以及中国台湾、中国香港等许多亚洲国家和地区，都有大规模专业的预拌砂浆生产厂，市场上干混砂浆的种类也非常丰富。

1.2　预拌砂浆在国内的发展概况及趋势

我国预拌砂浆技术研究始于 20 世纪 80 年代，直到 90 年代末期，才开始出现具有一定规模的预拌砂浆生产企业。进入 21 世纪以来，在市场推动和政策干预的双重作用下，我国预拌砂浆行业已逐步从市场导入期向快速成长期过渡。随着国家相关政策的推动，国外先进理念和先进技术的引进，以及各级政府、生产企业、用户的积极努力，我国预拌砂浆行业稳步发展。我们从行业相关政策、产品标准情况、生产情况、设备情况等方面说明预拌砂浆在国内的发展概况及趋势。

1. 行业相关政策

《散装水泥发展"十五"规划》规定：要加快发展预拌混凝土和预拌砂浆，直辖市、省会城市、沿海开放城市及旅游城市从 2003 年 12 月 31 日起禁止在城区现场搅拌混凝土。其他城市自 2005 年 12 月 31 日起，禁止在城区现场搅拌混凝土。2003 年 10 月 16 日，商务部、公安部、建设部、交通部联合颁发《关于限期禁止在城市城区现场搅拌混凝土的通知》，要求各城市要根据本地实际情况制定发展预拌混凝土和干混砂浆规划及使用管理办法，采取有效措施，扶持预拌混凝土和预拌砂浆的发展，确保建筑工程预拌混凝土和预拌砂浆的供应。

2004 年 3 月 29 日，国家五部二局联合颁布 2004 年第 5 号令，发布《散装水泥管理办法》，要求各县级以上地方人民政府有关部门应当鼓励发展预拌混凝土和预拌砂浆。

2007 年 6 月 6 日，商务部、公安部、建设部、交通部、质检总局、环保总局等六部门联合下发《关于在部分城市限期禁止现场搅拌砂浆工作的通知》，要求北京等十城市从 2007 年 9 月 1 日起正式启动禁止在施工现场搅拌砂浆的规定，工程中将使用预拌砂浆，从 2009 年 7 月 1 日起，全国又有长春等 84 个城市（第三批）开始砂浆"禁现"。至此，全国已有 127 个城市开展砂浆"禁现"工作。

由财政部和国家经贸委联合下发的财综〔2002〕23 号文件中明确规定，发展预拌砂浆可以享受散装水泥专项资金的政府贴息贷款的政策。

2010 年到 2016 年，为了推动我国预拌砂浆行业发展，国家和各省市有关部门相继出台了一系列政策。2010 年 5 月，国务院办公厅发布了《国务院办公厅转发环境保护部等部门关于推进大气污染联防联控工作改善空气质量指导意见的通知》（国办发〔2010〕33号），通知要求加大颗粒物污染防治力度。强化施工工地环境管理，禁止使用袋装水泥和现场搅拌混凝土、砂浆，在施工场地应采取围挡、遮盖等防尘措施。2014年5月商务部、住房和城乡建设部等六部委发布了《关于开展禁止现场搅拌砂浆检查工作的通知》（商办流通函〔2012〕767号）。住房和城乡建设部、工业和信息化部发布了《绿色建材评价标示管理办法》（建科〔2014〕75号）。2015年6月，财政部、国家税务总局发布了《资源综合利用产品和劳务增值税优惠目录》财税〔2015〕73号。2015年6月，我国颁布实施了《中华人民共和国大气污染防治法》。2015年10月，住房和城乡建设部、工业和信息化部发布《绿色建材评价标示管理办法实施细则》和《绿色建材评价技术导则（试行）》（第一版）（建科〔2015〕162号）。2016年5月国务院办公厅发布《关于促进建材工业稳增长调结构增效益的指导意见》（国办发〔2016〕34号），这是国务院近20年来首次为建材工业独立出台指导意见，提出了今后一个时期建材工业去产能、转型升级、降本增效的总体要求，还明确规定"落实促进绿色建材生产和应用行动方案，开展绿色建材评价，发布绿色建材产品目录"。9月国务院办公厅发布《关于大力发展装配式建筑的指导意见》（国办发〔2016〕71号）。

为配合国家政策的全面实施，各类地方相关政策也陆续推出。上海、北京、广州、天津、常州等地较早制定、颁布了使用预拌砂浆的相关政策法规。如2002年9月12日上海市建设和管理委员会、上海市环境保护局联合以沪建建〔2002〕656号文发出《关于在本市建设工程使用预拌（商品）砂浆的通知》，这也使得上海成为当时我国政府扶持推广发展最快的城市。广州市政府在2003年6月发布的《关于进一步扩大建设工程使用散装水泥和预拌混凝土范围的通告》（穗府〔2003〕34号）。2004年1月7日北京市建设委员会以京建材〔2004〕13号文发出《关于在本市建设工程中推广使用预拌砂浆的通知》。2014年10月北京市住房和城乡建设委员会发布了《关于在全市建设工程中使用散装预拌砂浆工作的通知》（京建发〔2014〕15号）。2016年4月北京市住房和城乡建设委员会发布了《关于开展2016年散装预拌砂浆和新型墙体材料应用情况专项检查的通知》（京建发〔2016〕117号）。

建设生态文明是关系人民福祉、关系民族未来的大计。我国明确把生态环境保护摆在更加突出的位置。各级政府从节约资源到环境保护等方面的政策及法规相继出台，客观上促进了预拌砂浆行业迅速且强而有力地发展。

2. 预拌砂浆行业相关标准

我国预拌砂浆行业处于发展的阶段，预拌砂浆相关标准也取得了长足发展。近几年发布的预拌砂浆行业标准涉及产品、原材料、设备、能耗、应用等多个方面。标准规范是行业技术进步的体现，也是推动行业规范有序发展的有力保障。在短短二十几年的发展过程中，我国已先后颁布砂浆行业标准和国家标准35个。

2007年《预拌砂浆》JG/T 230—2007出台，为预拌砂浆的推广提供了产品标准依据。2010年国家推出新标准《预拌砂浆》GB/T 25181—2010，侧重材料生产、验收，《预拌砂浆应用技术规程》JGJ/T 223—2010，侧重应用，施工验收，此标准沿用至今。保温行业主要标准有《模塑聚苯板薄抹灰外墙外保温系统材料》GB/T 29906—2013、《挤塑聚苯板（XPS）薄抹灰外墙外保温系统材料》GB/T 30595—2014、《胶粉聚苯颗粒外墙外保温系统材料》JG/T 158—2013。陶瓷砖粘结砂浆领域主要标准有《陶瓷墙地砖胶粘剂》JC/T 547—2005，《陶瓷墙地砖填缝剂》JC/T 1004—2006。防水砂浆方面的标准有《聚合物水泥防水砂浆》JC/T 984—2011，《聚合物水泥防水浆料》JC/T 2090—2011。其他砂浆也实施了相应的产品标准和应用规程等，都极大地推动了相关产品的发展。

《干混砂浆生产线设计规范》GB 51176—2016 将于 2017 年 4 月 1 日实施，该规范是干混砂浆行业首部、强制性、国家级设计规范。规范中规定：环境保护设计应按环境影响评价报告的要求，采取相应措施防治废气、废水、固体废弃物及噪声对环境的污染，排放标准应符合国家相应的排放标准，并应满足当地环保部门的要求。此条为强制性条文，必须严格执行。该规范的实施将会有力地推动我国干混砂浆行业的发展。

《机喷抹灰石膏应用技术规程》CBMF 10—2016 于 2016 年 4 月 1 日实施，该规程是目前国内唯一设计抹灰石膏设计、施工、应用和工程验收的应用技术规程。机械喷涂抹灰工艺不仅提高工作效率而且更能保证工程质量。该规程的实施将会引导抹灰石膏向机械喷涂技术发展。

《抹灰砂浆添加剂》JC/T 2380—2016 将于 2017 年 1 月 1 日实施，该标准对各种各样的抹灰砂浆添加剂进行了规范，有利于砂浆添加剂质量的提高，促进产品推广使用，保证工程质量。

随着建设领域不断拓展，科学技术不断进步，新技术、新材料、新工艺、新设备不断涌现，预拌砂浆相关标准必将不断补充和完善，促进我国预拌砂浆技术不断提升与发展。

3. 预拌砂浆的生产状况

据《中国预拌砂浆行业发展报告》资料显示，2014 年，我国预拌砂浆产量达到 8140 万 t，同比增长率达到 30% 以上，2015 年全国预拌砂浆约计 9390 万 t，同比增长 14.86%。2016 年预计全国预拌砂浆的产量将突破 1 亿 t。图 1-1 展示了 2010～2016 年预拌砂浆产量及增长趋势（含普通砂浆、特种砂浆）。

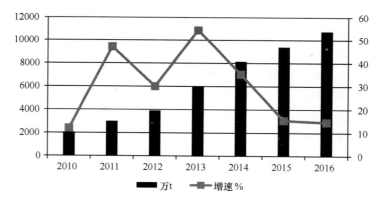

图1-1　2010～2016 年预拌砂浆产量及增长趋势（含普通砂浆、特种砂浆）

据商务部统计数据。2015 年全国 30 个省有规模以上的干混砂浆生产企业 965 家，同比增长 20.17%，年设计产能 3.31 亿 t。全年生产普通干混砂浆 5729.94 万 t。图 1-2 列出了 2010～2015 年全国普通干混砂浆产量发展情况及增长趋势。图 1-3 列出了 2010～2015 年全国普通湿拌砂浆产量发展情况及增长趋势。

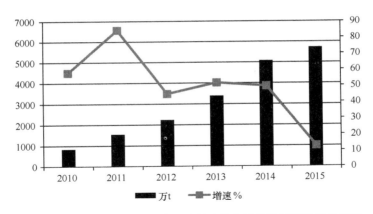

图 1-2　2010～2015 年全国普通干混砂浆产量发展情况及增长趋势

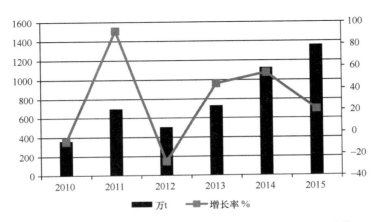

图 1-3　2010～2015 年全国湿拌砂浆产量发展情况及增长趋势

　　我国特种砂浆主要类型是外墙外保温配套砂浆、陶瓷砖粘结配套砂浆、防水砂浆、自流平砂浆、抹灰石膏砂浆及腻子。2015 年外墙外保温配套砂浆（不含轻骨料保温砂浆）产量约 550 万 t。2015～2016 年，外墙保温板粘结砂浆平均价格约为 900 元/t，抹面砂浆平均价格约为 950 元/t。很多企业为挤占市场，外墙外保温配套砂浆价格压低至 500～600元/t，甚至有的低至 450 元/t，产品质量亟待规范。2015 年全国陶瓷砖粘结配套砂浆产量约为 461 万 t，市场认可度日益提高，已经成为我国砂浆发展较好的领域。防水砂浆中的聚合物水泥防水砂浆产量约为 48 万 t，防水涂料干粉料产量约为 16.5 万 t，随着旧建筑的翻修，防水砂浆用量将逐渐攀升。抹灰石膏的产量预计达到 400 万 t，增长迅速。内墙腻子产量达到 520.28 万 t，同比增长 16.46%，受我国新建建筑施工以及既有建筑的翻修的影响，内墙腻子产量仍会将快速增长。

　　按照国外成熟的预拌砂浆市场数据分析，预拌砂浆年总产量一般可以达到水泥总产量的三分之一，我国目前水泥年总产量约 7 亿 t，按此计算，我国的预拌砂浆年总产量可以达到 2 亿 t 以上，而目前国内整体预拌砂浆行业生产的年总产能与此目标相距尚远，预拌砂浆市场亟待开发且发展潜力巨大。

　　随着我国城市化进程的加快，未来 10 年建筑业建筑总量仍将持续增长。我国的基本建设、技术改造、房地产等固定资产投资规模仍将保持在一个较高的水平发展。仅从2014年全国房地产行业走势来看，不论是房地产开发投资资金总量还是房地产开发企业房屋施工面积，同比均有 12‰～13‰ 的增长。到 2020 年，我国城市人均住宅将达到 35m²，农村将达到 40m²，共需新建住宅 200 多亿 m²，为建筑业的发展提供了巨大的市场空间，同时也为预拌砂浆行业的发展提供了巨大市场基础。

4. 预拌砂浆的设备状况

早期的砂浆生产线，计量、投料、搅拌、包装、码垛等工序均是人工完成，操作人员劳动强度大，现场粉尘严重，工作环境恶劣，生产管理困难，产品质量不稳定。近年来我国预拌砂浆的生产设备发生了较大的发展变化，生产设备向着搅拌性能好、自动化程度高、设备环保的方向发展。高速搅拌得以实现，砂浆混合均匀度有质的飞跃；大宗原料和外加剂计量实现了自动计量，包装码垛系统采用机器人码垛，操作人员数量大为减少；粉尘的收集和废料的处理实现了自动循环回收利用，生产线更加清洁环保。随着传感技术及计算机技术的不断发展和普及，预拌砂浆的生产也必将向智能化方向发展。

近几年，我国的预拌砂浆物流设备都得到了迅猛发展，技术进步很快。据统计，2015年全国拥有干混砂浆运输车 4422 辆，较 2014 年增加 23.24％；拥有干混砂浆移动筒仓43399 个，较上年增长 20.59％；拥有干混砂浆背罐车 551 辆，同比增长 16％。表 1-1 展示了全国干混砂浆物流装备的发展情况，可看出，物流装备得到了极大的发展。

全国干混砂浆物流装备的发展情况 表 1-1

年份	干混砂浆运输车		干混砂浆移动筒仓		干混砂浆背罐车	
	数量/辆	年增长率/％	数量/个	年增长率/％	数量/辆	年增长率/％
2010	491	153.09	5211	154.69	125	68.92
2011	933	90.02	10865	108.50	190	52.00
2012	1330	42.55	16236	49.43	270	42.11
2013	2856	114.74	14912	53.44	359	32.96
2014	3588	25.63	35989	44.46	475	32.31
2015	4422	23.24	43399	20.59	551	16.00

干混砂浆物流设备还存在一些不足，随着国家政策法规的推进、行业标准的完善，干混砂浆物流设备会越来越适合我国的国情，为预拌砂浆行业的发展提供强有力的硬件支撑。此外预拌砂浆的外加剂方面也经历了从无到有，从小到大的发展过程，预拌砂浆的技术研究方面越发深入。总结以上几个方面，我国预拌砂浆行业获得了快速发展。作为新型绿色节能建筑材料，预拌砂浆具有提高建筑工程质量和施工效率，改善施工环境、节约资源等诸多优势，符合国家可持续发展策略。

国家"十三五"规划中，对建筑节能提出了更高的目标。国务院办公厅《2015 关于加强节能标准化工作的意见》中要求到 2020 年建成指标先进、符合国情的节能标准体系，主要高耗能行业实现能耗限额标准全覆盖，80％的能效指标要达到国际先进水平。住房和城乡建设部建筑节能与科技司 2015 年工作要点指出具体节能指标，北京采暖地区普遍执行 65％的建筑节能标准，鼓励有条件的地区率先实施 75％的标准；南方探索比现行标准更高的节能水平标准，另外大量既有建筑也要进行节能改造。由此可以看出预拌砂浆在国内前景广阔。

2 预拌砂浆基础知识

预拌砂浆已经成为建筑行业中一种基本建筑材料，在建筑工程中应用十分广泛。在建筑物的各个部位，从结构到装饰，从屋面、墙面到地面，几乎无所不用。它是由胶凝材料、细骨料、矿物掺合料、外加剂、添加剂和水按一定比例配制而成，种类繁多，性能多样。本章不仅介绍了预拌砂浆定义、分类、技术要求、湿拌砂浆和干混砂浆的产品及其特点，还介绍了预拌砂浆的原材料及其要求等方面的内容。

2.1 预拌砂浆综述

2.1.1 预拌砂浆定义

预拌砂浆（ready-mixed mortar）是指专业生产厂生产的湿拌砂浆（wet-mixed mortar）或干混砂浆（dry-mixed mortar）。

湿拌砂浆是指由水泥、砂、保水增稠材料、粉煤灰或其他矿物掺合料和外加剂、水等按一定比例在集中搅拌站经计量、拌制后，用搅拌运输车运至使用地点，放入密封容器储存，并在规定时间内使用完毕的砂浆拌合物。

干混砂浆是经干燥筛分处理的骨料与胶凝材料以及根据性能确定的各种组分，按一定比例在专业生产厂混合而成的干混拌合物，在使用地点按规定比例加水或配套组分拌合使用。

2.1.2 预拌砂浆分类

预拌砂浆的品种繁多，按照不同的角度有不同的分类，较普遍的分类如下：

（1）根据砂浆的生产方式，将预拌砂浆分为湿拌砂浆和干混砂浆两大类。湿拌砂浆中仅包括普通砂浆，而干混砂浆按功能可分为干混普通砂浆和干混特种砂浆。

分类如图 2-1 所示。

（2）根据胶凝材料的不同，将预拌砂浆分为水泥砂浆、石灰砂浆、水泥石灰混合砂浆、聚合物改性水泥砂浆、石膏砂浆、水玻璃砂浆、沥青砂浆以及树脂砂浆等品种。

分类图如图 2-2 所示。

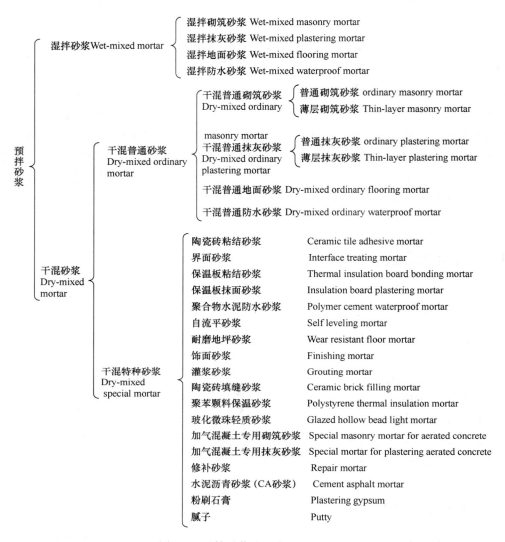

图 2-1　预拌砂浆按生产方式的分类

　　　　　　　　　　　水泥砂浆　　　　Cement mortar
　　　　　　　　　　　石灰砂浆　　　　Lime mortar
　　　　　　　　　　　石膏砂浆　　　　Gypsum mortar
预拌砂浆　　　　　　　水玻璃砂浆　　　Water glass mortar
Ready-mixed mortar　　沥青砂浆　　　　Asphalt mortar
　　　　　　　　　　　树脂砂浆　　　　Resin mortar
　　　　　　　　　　　聚合物水泥砂浆　Polymer cement mortar
　　　　　　　　　　　水泥石灰混合砂浆 Cement lime mortar

图 2-2　预拌砂浆按胶凝材料的分类

2.1.3 预拌砂浆的分类、代号和技术性能适用标准

预拌砂浆的分类、代号和技术性能适用标准　　　　　　　　表 2-1

砂浆分类		代号	适用标准
湿拌砂浆	湿拌砌筑砂浆	WM	GB/T 25181
	湿拌抹灰砂浆	WP	
	湿拌地面砂浆	WS	
	湿拌防水砂浆	WW	
干混普通砂浆	普通砌筑砂浆	DM	
	普通抹灰砂浆	DP	
	普通地面砂浆	D	
	普通防水砂浆	DW	
干混特种砂浆	陶瓷砖粘结砂浆	DTA	
	界面砂浆	DIT	
	保温板粘结砂浆	DEA	
	保温板抹面砂浆	DBI	
	聚合物水泥防水砂浆	DWS	
	自流平砂浆	DSL	
	耐磨地坪砂浆	DFH	
	饰面砂浆	DDR	
	灌浆砂浆	DGR	GB/T 50448
	陶瓷砖填缝砂浆	DTG	JC/T 1004
	聚苯颗料保温砂浆	DPG	JG/T 158
	玻化微珠轻质砂浆	DTI	GB/T 20473
	加气混凝土专用砌筑砂浆	DAA	JC 890
	加气混凝土专用抹灰砂浆	DCA	
	水泥沥青砂浆	CA	
	粉刷石膏		GB/T 28627
	腻子		JG/T 3049

2.1.4 预拌砂浆与传统砂浆的分类对应关系

　　传统建筑砂浆往往是按照材料的比例进行设计的，而普通预拌砂浆是按照抗压强度等级划分的。为了使设计及施工人员了解两者之间的关系，现给出预拌砂浆与传统砂浆的对应关系如表 2-2 所示，供选择预拌砂浆时参考。

种类	预拌砂浆	传统砂浆
砌筑砂浆	DM M5、WM M5	M5 混合砂浆、M5 水泥砂浆
	DM M7.5、WM M7.5	M7.5 混合砂浆、M7.5 水泥砂浆
	DM M10、WM M10	M10 混合砂浆、M10 水泥砂浆
	DM M15、WM M15	M15 混合砂浆、M15 水泥砂浆
	DM M20、WM M20	M20 混合砂浆、M20 水泥砂浆
抹灰砂浆	DP M5、WP M5	1∶1∶6 混合砂浆
	DP M7.5、WP M7.5	1∶1∶5 混合砂浆
	DP M10、WP M10	1∶1∶4 混合砂浆
	DP M15、WP M15	1∶3 水泥砂浆
	DP M20、WP M20	1∶2、1∶2.5 水泥砂浆
地面砂浆	DS M15、WS M15	1∶3 水泥砂浆
	DS M20、WS M20	1∶2 水泥砂浆
	DS M25、WS M25	1∶2 水泥砂浆

2.1.5　预拌砂浆的特点

传统砂浆是工地现场由胶凝材料、细骨料、水按照一定比例配制而成的建筑材料，按使用功能可以分为砌筑砂浆、抹灰砂浆、地面砂浆和装饰砂浆等。实际使用传统砂浆施工时，为保障施工质量，一般会适当使用砂浆外加剂、界面剂等。随着建筑业技术的进步和文明施工要求的提高，现场拌制砂浆日益显示出其固有的缺陷，相对于预拌砂浆来说，其主要缺陷有以下几个方面：

（1）传统现拌砂浆性能稳定性差，如砂浆和易性差、抗渗性差、收缩率大等。由于受施工人员的技术熟练程度影响和现场条件的限制，往往因计量的不准确而造成砂浆质量的异常波动，不能严格执行配合比、不能准确控制加水量、无法准确添加微量的外加剂等，且现场的施工设备也无法保证满足质量要求，搅拌的均匀度也难以控制。另外，不同源地采购的各种原材料质量的波动也将直接影响砂浆的质量。

（2）传统现拌砂浆品种单一，无法满足对各种新型建材的不同需求。随着现代住房建设的发展及人们对居住环境要求的日益提高，国家鼓励推广使用各种节能新型墙体材料，如：混凝土空心砌块、加气混凝土砌块、烧结类多孔砖、陶粒轻骨料混凝土空心砌块等，传统现拌砂浆较单一的品种和较差的施工性能，远远不能满足其使用要求。另外，随着人们生活水平的提高，人们需要花色品种多样的砂浆。从品种数量上看，传统现场配制的砂浆显然不能满足需要。

（3）传统砂浆施工效率较低。现场配制设计由于胶凝材料、骨料和外加剂需分别购买、存放、计算用量，需要大量的人力物力和空间。且劳动强度大，生产效率低，进度慢，用于单位工程的费用增大。由于传统砂浆的生产、运输、使用都是手工操作，不利于机械化操作和新技术推广。

（4）传统现拌砂浆对文明施工及环保要求难以满足。在施工现场拌制砂浆的过程中，一般都没有封闭的作业现场，在运卸原料、使用原料的过程中，会有一定的抛洒及较大的粉尘，不利于施工现场的整理、清洁工作，严重污染周边的空气质量，会在一定程度上加剧雾霾天气的形成。其次传统现拌砂浆都是在工地现场采购水泥、石灰和砂，各原材料的存放需要占用较大的场地空间。此外，现拌砂浆的搅拌设备噪声大多超标，噪声污染亦成为城市一大环境问题。

预拌砂浆拌合物的所有组分均在专业工厂计量、拌合均匀。其用料合理，配料准确，质量稳定，整体强度离散性小；砂浆保水性、和易性好，易于施工；材料损耗、浪费少，利于节约成本；降低了施工现场的粉尘污染和噪声等，提高了城市环境的空气质量，便于文明施工管理；有利于机械化施工和技术进步。是真正意义上的环保、绿色产品，市场潜力很大。与传统自拌砂浆相比具有自身的许多优势：

（1）质量稳定。预拌砂浆是在专业人员管理下，由专业工厂生产的。其用料合理，配料准确，拌合均匀；故砂浆的早期和后期强度均远远大于现场自拌砂浆强度，并且强度稳定，克服了自拌砂浆整体强度离散性大的难题，有利于确保整个工程质量的提高。用河砂举例，可以有效控制含水量（一般要求≤0.5%），含泥量（一般要求≤0.5%），级配及粒径，一般粒径≤2.5mm。

（2）工作效率高。客户可以一次性购买到符合要求的砂浆，在现场按照使用要求加入一定比例的水，搅拌均匀即可使用，大大提高了效率。此外改性的砂浆具有优异的施工性能和品质，良好的和易性，方便砌筑、抹灰和泵送，提高施工效率，如手工批荡砂浆，抹灰 $10m^2/h$，机械施工 $40m^2/h$，砌筑时一次铺浆长度大大增长。

（3）满足特殊要求。技术人员在工厂按照特殊需要的性能，选择适宜的外加剂，进行调配，直到符合要求为止，然后进行大批量生产，最后运至施工现场。

（4）保护环境。干混砂浆在专业厂家集中生产，可以做到占地少，控制噪声，安装除尘设备进行除尘，减少环境污染，生产出产品运至施工现场，工地现场可以节约细骨料堆场、水泥库等占地，并且减小了现场搅拌砂浆产生的粉尘和噪声污染，提高了城市空气质量。另外预拌砂浆可以利用诸如粉煤灰、炉渣、尾矿砂等工业废料，从而保护了环境。

2.2 湿拌砂浆

湿拌砂浆是指由水泥、砂、保水增稠材料、粉煤灰或其他矿物掺合料和外加剂、水等按一定比例在集中搅拌站经计量、拌制后，用搅拌运输车运至使用地点，放入密封容器储存，并在规定时间内使用完毕的砂浆拌合物。湿拌砂浆生产一种是利用混凝土搅拌站既有生产线，这种生产模式为湿拌砂浆生产创造了先天条件，在设备上，无需新添设备，只要对商品混凝土站现有的设备进行合理的改造和利用，使经济效益最大化。第二种湿拌砂浆生产方式是由专线生产。这种生产模式也可以运用物流运输采用 GPS 统一管理，使用搅拌运输车集中配送湿拌砂浆，选择最佳的配送形式，降低砂浆的成本费用。

2.2.1 湿拌砂浆发展概况

湿拌砂浆起源于 20 世纪 70 年代的法国，1982 年起美国也逐步进行了湿拌砂浆的生产与应用，主要用于砌筑砂浆、抹面砂浆等用量大的工程项目，欧洲各国政府出台了建筑施工环境、行业投资优惠等方面的导向性政策，来推动建筑砂浆的发展，随后建筑湿拌砂浆得到较快发展，很快就被西方发达国家加以重用。

德国、日本等国是最先发展预拌砂浆的国家，目前湿拌砂浆的份额不超过预拌砂浆总量的12%，湿拌砂浆起初是主要作为地坪砂浆使用。

中国预拌砂浆行业从1982年诞生的821腻子起步，已走过30多年的发展历程，尤其是在普通砂浆发展初期，即2007年"禁现"文件出台前，最先起步的上海、北京、天津无一例外的都是湿拌砂浆先行，再到干、湿并举，最终过渡到干混砂浆。以上地区在发展初期，湿拌砂浆均占有一定的比例。2015年全国有22个省生产湿拌砂浆，湿拌砂浆的总产量为777.56万m³，约为1360.73万t，同比增长20.89%，增长率比2014年下降33.27%，增速明显放缓。湿拌砂浆占到全国预拌砂浆总产量的19.19%。2015年北京湿拌砂浆产量30.9万m³，约54.1万t；天津湿拌砂浆产量8.1万m³，约14.2万t，这些地方湿拌砂浆占比较小。

随着湿拌砂浆生产技术的改进，近年来，广州、深圳、成都等城市湿拌砂浆发展情况较好。而在预拌砂浆发展速度较快的成都市，2014年预拌砂浆产销量400万t左右，其中湿拌砂浆生产企业仅有4～5家，其中备案的仅有1家，2015年预拌砂浆产量798万t，湿拌砂浆产量272万m³，约476万t。2015年广东省预拌砂浆产量1008.6万t，湿拌砂浆产量476万m³，约为817.3万t。广东地区湿拌砂浆的发展除生产技术改进外，还得益于其四季温度变化小（长夏无冬）、气候湿润的有利条件（湿度常年在70%左右），这种自然条件在其他地区难以共有。

2.2.2 湿拌砂浆优缺点

众所周知，水泥加水拌合后，从水泥浆到逐渐转变为具有一定强度的坚硬固体水泥石，即为硬化。水泥凝结硬化的过程是水泥水化反应的结果。水泥水化过程中需要一定量的水分，满足水化反应，反之，水分不足水化反应不充分，影响水泥强度。

同理，湿拌砂浆使用过程中，最突出的问题是湿拌砂浆如果不能在短时间内用完，需要在施工现场存放较长一段时间，将面临凝结硬化现象。目前解决的方法是通过掺加增稠剂（减水剂）和调节剂（缓凝剂），人工调节湿拌砂浆的凝结时间，保持湿拌砂浆良好的施工性，有利于砂浆早期粘附力和后期粘结强度。理论上讲，这种湿拌砂浆的开放时间可以保持6～24h，甚至更长的时间，突破了湿拌砂浆长时间存放的技术瓶颈。但是，要满足长时间存放要求，必须对存放的湿拌砂浆进行密封以防止水分的损失，保持存放的湿拌砂浆静止，不能搅动（即用即硬）两个条件。

通过考察和调研，经实验分析对比，总结湿拌砂浆的优缺点：

1. 湿拌砂浆的优点

（1）湿拌砂浆由于不用进行砂烘干，无有害气体排放，节能环保。

（2）湿拌砂浆在运输和使用过程中，始终处于湿润状态，避免了由于操作不当所引起的扬尘污染。

（3）湿拌砂浆能有效防止预拌砂浆的离析现象。

（4）湿拌砂浆送达建筑工地后，使用方便。

2. 湿拌砂浆的缺点

（1）现场存放要求高。应做到防雨防晒防渗漏，正确的存放要求是：施工现场的砂浆存放池须架设顶棚，砂浆表面须加盖塑料薄膜，作业面堆放须铺设地膜，以防水分流失。由于湿拌砂浆存放时间长，尤其是在干燥天气，容易造成砂浆失水，造成砂浆流动性下降。

（2）减水剂与水泥适应性要求高。湿拌砂浆主要依赖减水剂作为增稠剂来保证砂浆的施工流动性。如果水泥中使用了硬石膏或者氟石膏作为调凝剂时，便会与部分减水剂产生"假凝"现象，使得湿拌砂浆在 1～3h 内稠度损失在 50% 以上。在四川就出现过一次，刚生产出来的砂浆各项性能指标都达到标准要求，但是送到工地在开放时间内，砂浆就出现了"假凝"现象，稠度损失达 50% 以上，失去和易性，无法施工。

（3）湿砂筛选难度大。目前普遍采用的筛分尺寸较大，一般在 5.8mm 左右，所筛分砂子中粗颗粒（3mm 以上）较多，对砂浆抹灰上墙有较大影响。随着建筑施工要求的不断提高，薄层砌筑和抹灰是必然的发展趋势。薄层砌筑和抹灰砂浆所用细砂（1.25mm 以下）的筛分，将成为湿拌砂浆生产中一个难以逾越的技术难点。

（4）后期养护要求高。湿拌砂浆运输和施工的特性决定其延长开放时间，一般在 10～20h 之间，为了保持其良好的施工流动性，主要添加剂为减水剂，降低了砂浆保水剂（纤维素醚）的保水效果，这样的湿拌砂浆抹灰上墙后，对于后期的洒水养护要求较高，一般要求洒水 2～4d，若洒水养护不到位，空鼓开裂较为严重，不可避免。

（5）要求正确预测天气变化。湿拌砂浆送到工地后，突然遇到下雨天气，就无法施工，势必造成材料浪费，因此，需要正确预测天气的突然变化。

（6）由于道路交通管制，施工方与砂浆生产企业之间配合的要求较高。湿拌砂浆每天使用量需施工方提前一天正确估算，砂浆生产企业根据施工方提供的使用量组织定量生产。湿拌砂浆交接料大都在凌晨一次性供货，多了造成材料浪费，少了影响工程进度。

（7）单车运输成本高。相比于干拌砂浆，湿拌砂浆含有 15% 左右的水分，增加了运输成本。单车运输量小，干拌砂浆运输车辆为 30t，湿拌砂浆运输车辆为 8～10m³（约为 16～20t），单位砂浆运输能耗高，费用高。

（8）产品品种较为单一。混凝土搅拌站生产湿拌砂浆，由于其生产和使用方式的局限性决定，仅能满足生产普通的湿拌砂浆，难于转型升级生产出高品质砂浆。

2.2.3 湿拌砂浆的分类、标记与技术要求

1. 按用途分类

按用途分为湿拌砌筑砂浆、湿拌抹灰砂浆、湿拌地面砂浆和湿拌防水砂浆，并采用表 2-3 的代号表示。

湿拌砂浆代号（《预拌砂浆》GB/T 25181—2010） 表 2-3

品种	湿拌砌筑砂浆	湿拌抹灰砂浆	湿拌地面砂浆	湿拌防水砂浆
符号	WM	WP	WS	WW

2. 按强度等级、稠度、凝结时间和抗渗等级分类

按强度等级、稠度、凝结时间和抗渗等级的分类应符合表 2-4 的规定。

项目	湿拌砌筑砂浆	湿拌抹灰砂浆	湿拌地面砂浆	湿拌防水砂浆
强度等级	M5、M7.5、M10、M15、M20、M25、M30	M5、M10、M15、M20	M15、M20、M25	M10、M15、M20
稠度/mm	50、70、90	70、90、110	50	50、70、90
凝结时间/h	≥8、≥12、≥24	≥8、≥12、≥24	≥4、≥8	≥8、≥12、≥24
抗渗等级	—	—	—	P6、P8、P10

3. 湿拌砂浆标记

（1）标记

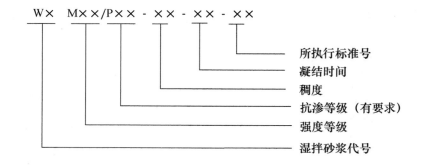

（2）示例

示例 1：湿拌砌筑砂浆的强度等级为 M10，稠度为 70mm，凝结时间为 12h，其标记为：WM M10-70-12-GB/T 25181-2010

示例 2：湿拌防水砂浆的强度等级为 M15，抗渗等级为 P8，稠度为 70mm，凝结时间为 12h，其标记为：WW M15/P8-70-12-GB/T 25181—2010。

4. 湿拌砂浆的技术要求

（1）湿拌砌筑砂浆的砌体力学性能应符合《砌体结构设计规范》GB 50003 的规定，湿拌砌筑砂浆拌合物的密度不应小于 1800kg/m³。

（2）湿拌砂浆的性能应符合表 2-5 的规定。

湿拌砂浆性能指标（《预拌砂浆》GB/T 25181—2010）　　　　表 2-5

项目		湿拌砌筑砂浆	湿拌抹灰砂浆	湿拌地面砂浆	湿拌防水砂浆
保水率/%		≥88	≥88	≥88	≥88
14d 拉伸粘结强度/MPa		—	M5：≥0.15；>M5：≥0.20	—	≥0.20
28d 收缩率/%		—	≤0.20	—	≤0.15
抗冻性	强度损失率/%	≤25			
	质量损失率/%	≤5			

注：有抗冻性要求时，应进行抗冻性试验。

（3）湿拌砂浆的抗压强度应符合表2-6的规定。

湿拌砂浆抗压强度（单位为 MPa）（《预拌砂浆》GB/T 25181—2010）　　表 2-6

强度等级	M5	M7.5	M10	M15	M20	M25	M30
28d 抗压强度	≥5.0	≥7.5	≥10.0	≥15.0	≥20.0	≥25.0	≥30.0

（4）湿拌防水砂浆的抗渗压力应符合表2-7的规定。

湿拌砂浆（单位为 MPa）（《预拌砂浆》GB/T 25181—2010）　　表 2-7

抗渗等级	P6	P8	P10
28d 抗渗压力	≥0.6	≥0.8	≥1.0

（5）湿拌砂浆稠度实测值与合同规定的稠度值之差应符合表2-8的规定。

湿拌砂浆稠度偏差（《预拌砂浆》GB/T 25181—2010）　　表 2-8

规定稠度/mm	允许偏差/mm
50、70、90	±10
110	−10～+5

2.3　湿拌砂浆系列产品

2.3.1　湿拌砌筑砂浆

1. 定义

将砖、石、砌块等砌筑成为砌体的湿拌砂浆。本产品通过使用湿拌砂浆增塑剂和调时剂，选用水泥、掺合料，进行配合比设计验证，实现砂浆 4～24h 的开放时间，具有施工性好、保水性优、高粘结强度等技术特点，显著降低了工人的劳动强度，极大地提高了施工效率。

2. 生产单位

大多由混凝土搅拌站生产，采用搅拌运输车运送。

3. 贮存

（1）施工现场宜配有密闭、不吸水的储存容器，储存容器数量、容量应满足砂浆品种、供货量的要求。储存容器使用前，应无杂物，无明水。储存容器应有利于储运、清洗和砂浆存取。砂浆存取时应有防雨措施；储存容器宜采取遮阳、保温等措施。

（2）砂浆应按照品种、等级存放，严禁混存混用，且先存先用。应在储存容器旁醒目位置标明砂浆的品种、强度等级等。

（3）严禁在储存或使用过程中加水。砂浆在存放期间往往也会有泌水现象，使用前可再次搅拌，不影响砂浆的质量。

（4）应在凝结时间内使用完毕。

（5）砂浆存放地点的温度宜在 5～35℃。

4. 优点和缺点

（1）优点

1）具有优异的施工和易性及粘结能力。提高施工工作性，使砌体竖向砌筑灰缝抹浆、挂浆均匀，灰缝浆料饱满，并同时增加砂浆与砖体接触面积，保证砌筑砖体稳定性。

2）具有优异的保水性，使砂浆在更佳条件下胶凝得更为密实，并可在干燥砌块基面都能保证砂浆有效粘结。砂浆能在更佳条件下胶凝，使砌块与砌块之间形成耐久、稳定和牢固的整体结构。亦可用薄浆法砌筑墙体，令墙体同质性更佳，使墙体应力分散均匀，从而大幅度提高墙体整体性和稳定性。

3）具有塑性收缩、干缩率低特性，最大限度保证墙体尺寸稳定性。

4）胶凝后具有刚中带韧的力学性能。提高墙体抗裂、抗渗及抗应变能力，达到墙体免受水的侵蚀和破坏的目的。

5）湿拌砌筑砂浆不用烘干砂、不用工地堆放、不用再工地二次搅拌，节约人工、机械等费用，成本低。

6）在一定程度上解决了预拌砂浆的离析问题。

（2）缺点

1）湿拌砌筑砂浆一次运输量大，对工地的施工面积及施工人员数量有一定量的要求。

2）湿拌砌筑砂浆要一定的储存空间，对面积空间局促的工地不适宜使用。

3）易产生早期强度低的情况，由于湿砂浆开放时间长，在砂浆未硬化的时候若水分散发太快会造成强度低的情况，此时可在砂浆干硬后进行湿水养护可提高强度及粘结力。

4）存在车辆不满荷，增加运输成本，小量供应不合算；质量还要受运输因素影响，需要考虑凝结时间问题。并且运输距离短。

5. 使用方法

（1）基材表面处理：基材表面洁净牢固，砌块表面清除表面的灰尘、油脂、颗粒等一切影响粘结性能的松散物（施工前，中低吸水性砌块无须预湿砌块可直接进行砌筑；加气混凝土砌块应预湿砌块，表面无明水后才可施工或选用加气混凝土砌块专用砌筑砂浆则无需预湿）。

（2）湿拌砌筑砂浆必须在开放时间内用完。

（3）施工：薄抹灰施工用锯齿镘刀将砌筑砂浆满批在砌块的砌筑面上，施工厚度6～12mm即可；普通砌筑施工砌缝按设计要求，应随砌随抹；砌块砌筑完毕后，应立即清除砌块表面多余的浆料。

（4）养护：产品在常温下即可硬化，通常室内施工无须洒水养护，而在高温或特别干燥天气，需施工后及时洒水养护，确保强度的稳定。

6. 注意事项

（1）砌筑砂浆施工、贮存环境温度为5～35℃。

（2）湿拌砂浆必须在开放时间内使用完毕，落地灰要在干硬前及时收集进行上浆，不得将已干固的砂浆再加水搅拌使用，否则将会导致强度低、开裂等的情况。

（3）湿拌砂浆不得和其他砂浆混合使用，不得人为加入水泥、砂或其他材料混合使用。

（4）砂浆要在无雨淋状态下施工，上浆 2h 内，砂浆层未达到硬化状态时，不得浇水养护或直接受雨水冲刷。

（5）硬化的砂浆应注意保护，不得使其挫伤、损坏，若破损应及时修补。

2.3.2　湿拌抹灰砂浆

1. 定义

用于抹灰工程的湿拌砂浆。本产品通过使用湿拌砂浆增塑剂和调时剂，选用水泥、掺合料，进行配合比设计验证，实现砂浆 4～24h 的开放时间，具有施工性好、保水性优、粘结强度高、增强保塑、空鼓开裂少、绿色环保。

2. 生产单位

大多由混凝土搅拌站生产，采用搅拌运输车运送。

3. 贮存

（1）施工现场宜配有密闭、不吸水的储存容器，储存容器数量、容量应满足砂浆品种、供货量的要求。储存容器使用前，应无杂物，无明水。储存容器应有利于储运、清洗和砂浆存取。砂浆存取时应有防雨措施；储存容器宜采取遮阳、保温等措施。

（2）砂浆应按照品种、等级存放，严禁混存混用，且先存先用。应在储存容器旁醒目位置标明砂浆的品种、强度等级等。

（3）严禁在储存或使用过程中加水。砂浆在存放期间往往也会有泌水现象，使用前可再次搅拌，不影响砂浆的质量。

（4）应在凝结时间内使用完毕。

（5）砂浆存放地点的温度宜在 5～35℃。

4. 优点和缺点

（1）优点

1）搅拌站配制，配制精确均匀，质量有保证，避免了现拌砂浆配料的随意性造成的大的质量波动。

2）避免了工地大量的粉尘及噪声对环境污染，避免了工地人员的粉尘对身体的直接危害。

3）使用外加剂，砂浆可施工时间适当延长，避免了工人随拌随用造成砂浆大量浪费及大的砂浆质量波动。

4）湿拌抹灰砂浆的保水性能好，工人的批荡工作时间更好掌握，收水时间相对较长。

5）湿拌抹灰砂浆施工顺滑，手感轻松，能在地上长时间保持良好的施工性能而不需再次搅拌，能大大减轻工人的劳动强度。

6）湿拌抹灰砂浆砂子级配合理，并且保水性好，能大大降低墙面塑性裂纹发生率。

7）湿拌抹灰砂浆具有更高的基面粘结强度，能在某种程度上减少墙面空鼓情况的发生。

8）湿拌抹灰砂浆不用烘干砂、不用工地堆放、不用再工地二次搅拌，节约人工、机械等费用，成本低。

9）在一定程度上解决了预拌砂浆的离析问题。

（2）缺点

1）湿拌抹灰砂浆一次运输量大，对工地的施工面积及施工人员数量有一定量的要求。

2）湿拌抹灰砂浆的收水时间较长，适宜于上午开始上浆，下午收压的大面积施工，下午上浆会相应延长工人的工作时间。

3）湿拌抹灰砂浆要一定的储存空间，对面积空间局促的工地不适宜使用。

4）湿拌抹灰砂浆的保水性强，对初次使用的工人有不习惯的情况，因为工人习惯了现拌砂浆收水快、干燥快的特性。

5）由于湿拌抹灰砂浆干燥时间相对会延长，工人在上第一遍砂浆时会按照以前的时间习惯进行第二遍的砂浆上墙，可能存在第一遍砂浆收水不足就进行第二遍砂浆的上墙施工，这样很可能造成砂浆未干硬之前的滑落的情况。

6）易产生早期强度低的情况，由于湿砂浆开放时间长，在砂浆未硬化的时候若水分散发太快会造成强度低的情况，此时可在砂浆干硬后进行湿水养护，提高强度及粘结力。

7）存在车辆不满荷，增加运输成本，小量供应不合算；质量还要受运输因素影响，需要考虑凝结时间问题。

5. 使用方法

（1）门窗洞口及接缝部位要堵孔堵缝，基层表面应清理干净，无油渍、污垢、尘土、浮土等物。

（2）用界面处理剂对基层进行界面处理，使墙面粗糙。

（3）不同基材交接处，应在底层砂浆与中间层砂浆之间安装防开裂加强网，加强网与各基体的搭接宽度不少于100mm。

（4）吊垂直、套方、抹灰饼、拉筋，在阳台栏板、角垛等处弹好控制线。

（5）砂浆抹灰施工前要对墙面进行充分润湿至无明水状态。

（6）抹灰厚度超过10mm必须分层进行上浆抹灰，最后一层抹灰高度必须略高于灰饼高度，用刮尺刮平，找平压光。若第一遍上浆未收水就上第二遍浆会导致出现砂浆塑性裂纹。

（7）砂浆抹灰施工完成后可以自然养护，环境异常干燥时可进行浇水养护。

6. 注意事项

（1）抹灰砂浆施工、贮存环境温度为5～35℃。

（2）混凝土剪力墙、柱应先使用专用清洁剂喷洗基面，再作界面处理。界面处理剂要满涂，避免漏涂的现象，因为这是造成空鼓开裂的薄弱环节。

（3）湿拌砂浆二次加水或在墙面浇水过多，会导致泌水和分层现象，收缩增大，粘结强度降低，出现坍塌、空鼓、剥落现象。

（4）严禁用抹子蘸水后对抹面进行压光或在抹面浇水压光，否则容易使表面泛白、起粉和龟裂。

（5）湿拌砂浆必须在开放时间内使用完毕，砂浆要在无雨淋状态下施工，上浆2h内，抹灰砂浆层未达到硬化状态时，不得浇水养护或直接受雨水冲刷。

（6）硬化的砂浆面应注意保护，不得使其挫伤、损坏，若破损应及时修补。

2.3.3　湿拌地面砂浆

1. 定义

用于建筑地面及屋面找平层的湿拌砂浆。本产品通过使用湿拌砂浆增塑剂和调时剂，选用水泥、掺合料，进行配合比设计验证，实现砂浆 4～24h 的开放时间，具有施工性好、强度高、收缩率低、耐磨性好和绿色环保等优点。

2. 生产单位

大多由混凝土搅拌站生产，采用搅拌运输车运送。

3. 贮存

（1）施工现场宜配有密闭、不吸水的储存容器，储存容器数量、容量应满足砂浆品种、供货量的要求。储存容器使用前，应无杂物，无明水。储存容器应有利于储运、清洗和砂浆存取。砂浆存取时应有防雨措施；储存容器宜采取遮阳、保温等措施。

（2）砂浆应按照品种、等级存放，严禁混存混用，且先存先用。应在储存容器旁醒目位置标明砂浆的品种、强度等级等。

（3）严禁在储存或使用过程中加水。砂浆在存放期间往往也会有泌水现象，使用前可再次搅拌，不影响砂浆的质量。

（4）应在凝结时间内使用完毕。

（5）砂浆存放地点的温度宜在 5～35℃。

4. 优点和缺点

（1）优点

1）搅拌站配制，配制精确均匀，质量有保证，避免了现拌砂浆配料的随意性造成的大的质量波动。

2）避免了工地大量的粉尘及噪音对环境污染，避免了工地人员的粉尘对身体的直接危害。

3）在一定程度上解决了预拌砂浆的离析问题。

4）避免了工地二次搅拌，运输到现场可直接使用。

（2）缺点

1）湿拌地面砂浆一次运输量大，对工地的施工面积及施工人员数量有一定量的要求。

2）需要一定的储存空间，对面积空间局促的工地不适宜使用。

3）存在车辆不满荷，增加运输成本，小量供应不合算；质量还要受运输因素影响，需要考虑凝结时间问题。

5. 使用方法

（1）将基层的灰扫掉，剔掉灰浆皮及灰渣层等突起物，表面应干净、无浮灰、油污。如有油污、孔洞等要进行清洗、修补处理。

（2）施工前需对基材进行湿润，并擦干凹处积水。

（3）用杠尺刮平涂好砂浆，在砂浆即将凝结时用抹刀进行收光处理。

（4）施工完成后可以自然养护，环境异常干燥时可进行浇水养护。

6. 注意事项

（1）湿拌地面砂浆二次加水或在基面浇水过多，会导致泌水和分层现象，收缩增大和粘结强度降低等现象。

（2）湿拌砂浆必须在开放时间内使用完毕，不得将已干固的砂浆再加水搅拌使用，否则容易起粉、开裂和造成强度不足。

（3）混凝土基层抗压强度达到1.2MPa后才能进行面层施工。

（4）严禁用抹子蘸水后对抹面进行压光或在抹面浇水压光，否则容易使表面泛白、起粉和龟裂。

（5）砂浆要在无雨淋状态下施工，上浆2h内，抹灰砂浆层未达到硬化状态时，不得浇水养护或直接受雨水冲刷。

（6）硬化的砂浆面应注意保护，不得使其挫伤、损坏，若破损应及时修补。

2.3.4 湿拌防水砂浆

1. 定义

用于抗渗防水部位的湿拌砂浆。

2. 生产单位

大多由混凝土搅拌站生产，采用搅拌运输车运送。

3. 贮存

（1）施工现场宜配有密闭、不吸水的储存容器，储存容器数量、容量应满足砂浆品种、供货量的要求。储存容器使用前，应无杂物，无明水。储存容器应有利于储运、清洗和砂浆存取。砂浆存取时应有防雨措施；储存容器宜采取遮阳、保温等措施。

（2）砂浆应按照品种、等级存放，严禁混存混用，且先存先用。应在储存容器旁醒目位置标明砂浆的品种、强度等级等。

（3）严禁在储存或使用过程中加水。砂浆在存放期间往往也会有泌水现象，使用前可再次搅拌，不影响砂浆的质量。

（4）应在凝结时间内使用完毕。

（5）砂浆存放地点的温度宜在5～35℃。

4. 应用

（1）各种附建和单建式人防工程、工业与民用建筑的各种防水防潮；

（2）国家各种大、中、小型粮食储备库的防水防潮；

（3）各种污水池、净化池、食用水池、游泳池和地下工程的防水；

（4）地下隧道、地铁和涵洞的抗渗、防水及渗漏修补治理；

（5）各种地下室的防水防潮、抗渗及渗漏维修等；

（6）新旧建筑物及构筑物（如：地下工程、隧道、桥梁、水库等）防水；

（7）各种建筑物的屋顶、外墙、屋面及厕浴间的防水；

（8）地下车库、水池、游泳池、水塔等的整体防水；

（9）防水剂与各种基体粘结力极强，可用作界面处理剂；

（10）修补工程，如旧建筑物缺陷或裂缝的修补等；

（11）作为下水道、排污管道、工业废水管道的防腐蚀层等；

（12）勾缝或密封工程，如水泥混凝土路面的接缝等。

5. 优点和缺点

（1）搅拌站配制，配制精确均匀，质量有保证，避免了现拌砂浆配料的随意性造成的大的质量波动。

（2）避免了工地大量的粉尘及噪音对环境污染，避免了工地人员的粉尘对身体的直接危害。

（3）在一定程度上解决了预拌砂浆的离析问题。

（4）避免了工地二次搅拌，运输到现场可直接使用。

2.4 干混砂浆

2.4.1 干混砂浆定义

经干燥筛分处理的骨料与胶凝材料以及根据性能确定的各种组分，按一定比例在专业生产厂混合而成的干混拌合物，在使用地点按规定比例加水或配套组分拌合使用。产品的包装形式可分为袋装或散装。

2.4.2 干混砂浆分类、标记和要求

2.4.2.1 干混砂浆按照用途分类

干混砂浆按照功能可以分为：干混普通砂浆和干混特种砂浆。

干混普通砂浆是指用于砌筑、抹灰、地面和普通防水工程的干混砂浆。按照功能可以分为干混砌筑砂浆、干混抹灰砂浆、干混地面砂浆、干混普通防水砂浆。其中，干混砌筑砂浆可以细分为普通砌筑砂浆和薄层砌筑砂浆；干混抹灰砂浆可以细分为普通抹灰砂浆和薄层抹灰砂浆。每一种干混普通砂浆按照强度等还可以进一步分类。

干混特种砂浆是指具有特殊性能的干混砂浆，按照用途可以进行如下分类：陶瓷砖粘结砂浆、界面砂浆、保温板粘结砂浆、保温板抹面砂浆、聚合物水泥防水砂浆、自流平砂浆、耐磨地坪砂浆和饰面砂浆、陶瓷砖填缝砂浆、灌浆砂浆、聚苯颗料保温砂浆、玻化微珠轻质砂浆、加气混凝土专用砌筑砂浆、加气混凝土抹灰砂浆、修补砂浆、水泥沥青砂浆、粉刷石膏、腻子等。

2.4.2.2 干混砂浆的分类图表

干混砂浆的分类如图 2-3 所示。

2.4.2.3 干混普通砂浆按强度等级、抗渗等级的分类

干混砌筑砂浆、干混抹灰砂浆、干混地面砂浆和干混普通防水砂浆按强度等级、抗渗等级的分类如表 2-9 所示。

2.4.2.4 干混砌筑砂浆和干混抹灰砂浆的分类

依据《建筑用砌筑和抹灰干混砂浆》JG/T 291—2011 进行详细分类。

干混砂浆 Dry-mixed mortar
- 干混普通砂浆 Dry-mixed ordinary mortar
  - 干混砌筑砂浆 Dry-mixed masonry mortar
    - 普通砌筑砂浆 ordinary masonry mortar
    - 薄层砌筑砂浆 Thin-layer masonry mortar
  - 干混抹灰砂浆 Dry-mixed plastering mortar
    - 普通抹灰砂浆 ordinary plastering mortar
    - 薄层抹灰砂浆 Thin-layer plastering mortar
  - 干混地面砂浆 Dry-mixed flooring mortar
  - 干混普通防水砂浆 Dry-mixed ordinary waterproof mortar
- 干混特种砂浆 Dry-mixed special mortar
  - 陶瓷砖粘结砂浆　Ceramic tile adhesive mortar
  - 界面砂浆　Interface treating mortar
  - 保温板粘结砂浆　Thermal insulation board bonding mortar
  - 保温板抹面砂浆　Insulation board plastering mortar
  - 聚合物水泥防水砂浆　Polymer cement waterproof mortar
  - 自流平砂浆　Self leveling mortar
  - 耐磨地坪砂浆　Wear resistant floor mortar
  - 饰面砂浆　Finishing mortar
  - 灌浆砂浆　Grouting mortar
  - 陶瓷砖填缝砂浆　Ceramic brick filling mortar
  - 聚苯颗料保温砂浆　Polystyrene thermal insulation mortar
  - 玻化微珠轻质砂浆　Glazed hollow bead light mortar
  - 加气混凝土专用砌筑砂浆　Special masonry mortar for aerated concrete
  - 加气混凝土专用抹灰砂浆　Special mortar for plastering aerated concrete
  - 修补砂浆　Repair mortar
  - 水泥沥青砂浆（CA砂浆）　Cement asphalt mortar
  - 粉刷石膏　Plastering gypsum
  - 腻子　Putty

图 2-3　干混砂浆的分类

干混普通砂浆的分类（GB/T 25181—2010） 表 2-9

项目	干混砌筑砂浆		干混抹灰砂浆		干混地面砂浆	干混普通防水砂浆
	普通砌筑砂浆	薄层砌筑砂浆	普通抹灰砂浆	薄层抹灰砂浆		
强度等级	M5、M7.5、M10、M15、M20、M25、M30	M5、M10	M5、M10、M15、M20	M5、M10	M15、M20、M25	M10、M15、M20
抗渗等级	—	—	—	—	—	P6、P8、P10

1. 按照强度等级分类（如表 2-10 所示）

干混砌筑砂浆和干混抹灰砂浆分类（JG/T 291—2011）　　　　表 2-10

种类	强度等级
干混砌筑砂浆	DM2.5、DM5、DM7.5、DM10、DM15、DM20、DM25、DM30
干混抹灰砂浆	DP2.5、DP5、DP7.5、DP10、DP15

2. 按保水性分类

按保水性能分为：低保水砌筑和干混抹灰砂浆（L）、中保水砌筑和干混抹灰砂浆（M）、高保水砌筑和干混抹灰砂浆（H）

2.4.2.5　干混砂浆产品代号

干混砂浆产品中的每一类产品用代号如表 2-11 所示。

干混砂浆产品代号（GB/T 25181—2010）　　　　表 2-11

品种	砌筑砂浆	抹灰砂浆	地面砂浆	普通防水砂浆	陶瓷砖粘结砂浆	界面处理砂浆
符号	DM	DP	DS	DW	DTA	DIT
品种	外保温粘结砂浆	外保温抹面砂浆	聚合物水泥防水砂浆	自流平砂浆	耐磨地面砂浆	饰面砂浆
符号	DEA	DBI	DWS	DSL	DFH	DDR

2.4.2.6　干混砂浆的标记

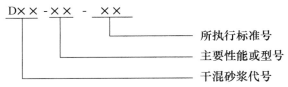

示例 1：干混砌筑砂浆的强度等级为 M10，其标记为：

　　　DM M10-GB/T 25181—2010

示例 2：用于混凝土界面处理的干混界面砂浆的标记为：

　　　DIT-C-GB/T 25181—2010

2.4.2.7　干混砂浆的技术要求

1. 外观

粉状产品应均匀、无结块。

双组分产品液料组分经搅拌后应呈均匀状态、无沉淀；粉料组分应均匀、无结块。

2. 干混砌筑砂浆的砌体力学性能

应符合《砌体结构设计规范》GB 50003—2011 的规定，干混砌筑砂浆拌合物的密度不应小于 1800kg/m³。

3. 放射性

放射性应符合国家《建筑材料放射性核素限量》GB 6566—2010 的规定。

4. 干混砂浆的性能指标要求

（1）干混砌筑砂浆、干混抹灰砂浆、干混地面砂浆和干混普通防水砂浆的性能应符合

表 2-12 的要求。

干混普通砂浆的技术要求（GB/T 25181—2010）　　　　　　表 2-12

项目	干混砌筑砂浆		干混抹灰砂浆		干混地面砂浆	干混普通防水砂浆
	普通砌筑砂浆	薄层砌筑砂浆ᵃ	普通抹灰砂浆	薄层抹灰砂浆ᵃ		
保水率/%	≥88	≥99	≥88	≥99	≥88	≥88
凝结时间/h	3～9	—	3～9	—	3～9	3～9
2h 稠度损失率/%	≤30	—	≤30	—	≤30	≤30
14d 拉伸粘结强度/MPa	—	—	M5：≥0.15；>M5：≥0.20	≥0.30	—	≥0.20
28d 收缩率/%			≤0.20	≤0.20	—	≤0.15
抗冻性ᵇ 强度损失率/%	≤25					
抗冻性ᵇ 质量损失率/%	≤5					

注：ᵃ干混薄层砌筑砂浆宜用于灰缝厚度不大于5mm的砌筑；干混薄层抹灰砂浆宜用于灰缝厚度不大于5mm的抹灰；

　　ᵇ有抗冻性要求时，应进行抗冻性试验。

（2）干混砌筑砂浆、干混抹灰砂浆、干混地面砂浆和干混普通防水砂浆的抗压强度要求如表 2-13 所示。

干混普通砂浆的强度要求（GB/T 25181—2010）　　　　　　表 2-13

强度等级	M5	M7.5	M10	M15	M20	M25	M30
28d 抗压强度/MPa	≥5.0	≥7.5	≥10.0	≥15.0	≥20.0	≥25.0	≥30.0

（3）干混普通防水砂浆的抗渗压力如表 2-14 所示。

干混普通防水砂浆抗渗压力（GB/T 25181—2010）　　　　　　表 2-14

抗渗等级	P6	P8	P10
28d 抗渗压力/MPa	≥0.6	≥0.8	≥1.0

（4）陶瓷砖粘结砂浆的性能如表 2-15 所示。

陶瓷砖粘结砂浆的性能指标（GB/T 25181—2010）　　　　　　表 2-15

项目		性能指标	
		I（室内）	E（室外）
拉伸粘结强度/MPa	常温常态	≥0.5	≥0.5
	晾置时间，20min	≥0.5	≥0.5
	耐水	≥0.5	≥0.5
	耐冻融	—	≥0.5
	耐热	—	≥0.5
压折比		—	≤3.0

（5）界面处理砂浆的性能如表 2-16 所示。

项目		性能指标			
		C（混凝土界面）	AC（加气混凝土界面）	EPS（模塑聚苯板）	XPS（挤塑聚苯板）
拉伸粘结强度/MPa	常温常态，14d	≥0.5	≥0.3	≥0.10	≥0.20
	耐水				
	耐热				
	耐冻融				
晾置时间/min		—	≥10	—	—

（6）保温板粘结砂浆的性能如表 2-17 所示。

保温板粘结砂浆的性能指标（GB/T 25181—2010） 表 2-17

项目		EPS（模塑聚苯板）	XPS（挤塑聚苯板）
拉伸粘结强度/MPa（与水泥砂浆）	常温常态	≥0.60	≥0.60
	耐水	≥0.40	≥0.40
拉伸粘结强度/MPa（与保温板）	常温常态	≥0.10	≥0.20
	耐水		
可操作时间/h		1.5～4.0	

（7）保温板抹面砂浆的性能如表 2-18 所示。

保温板抹面砂浆的性能指标（GB/T 25181—2010） 表 2-18

项目		EPS（模塑聚苯板）	XPS（挤塑聚苯板）
拉伸粘结强度/MPa（与保温板）	常温常态	≥0.10	≥0.20
	耐水		
	耐冻融		
柔韧性[a]	抗冲击/J	≥3.0	
	压折比	≤3.0	
可操作时间/h		1.5～4.0	
24h吸水量/（g/m²）		≤500	

注：a 对于外墙外保温采用钢丝网做法时，柔韧性可只检测压折比。

（8）聚合物水泥防水砂浆的性能如表 2-19 所示。

聚合物水泥防水砂浆的性能指标（JC/T 984—2011） 表 2-19

序号	项目			技术指标	
				Ⅰ型	Ⅱ型
1	凝结时间[a]	初凝/min	≥	45	
		终凝/h	≤	24	
2	抗渗压力[b]/MPa	涂层试件≥	7d	0.4	0.5
		砂浆试件≥	7d	0.8	1.0
			28d	1.5	1.5

序号	项目		技术指标	
			Ⅰ型	Ⅱ型
3	抗压强度/MPa ≥		18.0	24.0
4	抗折强度/MPa ≥		6.0	8.0
5	柔韧性（横向变形能力）/mm ≥		1.0	
6	粘结强度/MPa	7d	0.8	1.0
		28d	1.0	1.2
7	耐碱性		无开裂、剥落	
8	耐热性		无开裂、剥落	
9	抗冻性		无开裂、剥落	
10	收缩率/% ≤		0.30	0.15
11	吸水率/% ≤		6.0	4.0

注：a 凝结时间可根据用户需要及季节变化进行调整。

　　b 当产品使用的厚度不大于 5mm 时测定涂层试件抗渗压力；当产品使用的厚度大于 5mm 时测定砂浆试件抗渗压力。亦可根据产品用途，选择测定涂层或砂浆试件的抗渗压力。

（9）自流平砂浆的性能如表 2-20～表 2-22 所示。

自流平砂浆的性能指标（JC/T 985—2005）　　　　　　　表 2-20

序号	项目		指标
1	流动度/mm	初始流动度 ≥	130
		20min 流动度[a] ≥	130
2	拉伸粘结强度/MPa ≥		1.0
3	耐磨性[b]/g ≤		0.50
4	尺寸变化率/%		−0.15～+0.15
5	抗冲击性		无开裂或脱离底板
6	24h 抗压强度/MPa ≥		6.0
7	24h 抗折强度/MPa ≥		2.0

注：a 用户若有特殊要求由供需双方协商解决。

　　b 适用于有耐磨要求的地面。

自流平砂浆的抗压强度等级（JC/T 985—2005）　　　　　　　表 2-21

强度等级	C16	C20	C25	C30	C35	C40
28d 抗压强度/MPa	16	20	25	30	35	40

自流平砂浆的抗折强度（JC/T 985—2005）　　　　　　　表 2-22

强度等级	F4	F6	F7	F10
28d 抗压强度/MPa	4	6	7	10

（10）耐磨地面砂浆的性能如表 2-23 所示。

耐磨地坪砂浆性能指标（JC/T 906—2002）   表 2-23

项目	性能指标	
	Ⅰ 型	Ⅱ 型
外观	均匀、无结块	
骨料含量偏差	生产商控制指标的±5%	
28d 抗折强度/MPa	≥11.5	≥13.5
28d 抗压强度/MPa	≥80.0	≥90.0
耐磨度比/%	≥300	≥350
表面强度（压痕直径）/mm	≤3.30	≤3.10
颜色（与标准样比）	近似～微	

注 1. 产品的骨料含量应在质保书中明示。

    2. "近似"表示用肉眼基本看不出色差，"微"表示用肉眼看似乎有点色差。

（11）饰面砂浆的性能如表 2-24 所示。

饰面砂浆的性能指标（JC/T 1024—2007）   表 2-24

序号	项目		技术指标	
			E	I
1	可操作时间	30min	刮涂无障碍	
2	初期干燥抗裂性		无裂纹	
3	吸水量/g	30min ≤	2.0	
		240min ≤	5.0	
4	强度/MPa	抗折强度 ≥	2.50	
		抗压强度 ≥	4.50	
		拉伸粘结强度 ≥	0.50	
		老化循环拉伸粘结强度≥	0.50	—
5	抗泛碱性		无可见泛碱性，不掉粉	—
6	耐沾污性（白色或浅色）	立体状/级 ≤	2	
7	耐候性（750h）≤		1 级	—

注：抗泛碱性、耐候性、耐沾污性试验仅适用于外墙饰面砂浆

（12）水泥沥青砂浆的性能要求：

按照 2008 年的《客运专线铁路 CRTS Ⅰ 型板式无砟轨道用水泥沥青砂浆暂行技术条件》的规定，CRTS Ⅰ 型板式无砟轨道用水泥沥青砂浆的技术要求应满足表 2-25 的规定。

水泥沥青砂浆的技术要求（科技基〔2008〕74 号）   表 2-25

序号	项目	单位	指标要求
1	砂浆温度	℃	5～40
2	流动度	s	18～26

序号	项目		单位	指标要求
3	可工作时间		min	≥30
4	含气量		%	8～12
5	表观密度		kg/m³	>1300
6	抗压强度	1d	MPa	>0.10
		7d		>0.70
		28d		>1.80
7	弹性模量（28d）		MPa	100～300
8	材料分离度		%	<1.0
9	膨胀率		%	1.0～3.0
10	泛浆率		%	0
11	抗冻性		300次冻融循环试验后，相对动弹模量不得小于60%，质量损失率不得大于5%。	
12	耐候性		无剥落、无开裂、相对抗压强度不低于70%	

按照 2008 年的《客运专线铁路 CRTS Ⅱ 型板式无砟轨道用水泥沥青砂浆暂行技术条件》的规定，CRTS Ⅱ 型板式无砟轨道用水泥沥青砂浆的技术要求应满足表 2-26 的规定。

水泥沥青砂浆的性能指标要求（科技基〔2008〕74 号） 表 2-26

序号	项目		单位	性能指标要求
1	拌合物温度		℃	5～35
2	扩展度[1]		/	$D_5 \geqslant 280$mm 和 $t_{280} \leqslant 16$s $D_{30} \geqslant 280$mm 和 $t_{280} \leqslant 22$s
3	流动度		s	80～120
4	分离度		%	≤3.0
5	含气量		%	≤10.0
6	单位容积质量		kg/m	≥1800
7	膨胀率		%	0～2.0
8	抗折强度	1d	MPa	≥1.0
		7d		≥2.0
		28d		≥3.0
9	抗压强度	1d	MPa	≥2.0
		7d		≥10.0
		28d		≥15.0
10	弹性模量（28d）		MPa	7000～10000
11	抗冻性（28d）		/	外观无异常，剥落量≤2000g/m²，相对动弹模量≥60%
12	抗疲劳性（28d）		/	10000 次不断裂

注：D_5 表示砂浆出机扩展度；D_{30} 表示砂浆出机 30min 时的扩展度；t_{280} 表示砂浆扩展度达 280mm 时所需的时间。

（13）灌浆砂浆的性能如表 2-27 所示。

灌浆砂浆的性能（GB/T 50448—2015）　　　　　　　　　　表 2-27

项目		技术指标
粒径	4.75mm 方孔筛筛余/%	≤2.0
凝结时间	初凝/min	≥120
泌水率/%		≤1.0
流动度/mm	初始流动度	≥260
	30min 流动度保留值	≥230
抗压强度/MPa	1d	≥22.0
	3d	≥40.0
	28d	≥70.0
竖向膨胀率/%	1d	≥0.020
钢筋握裹强度（圆钢）/MPa	28d	≥4.0
对钢筋锈蚀作用		应说明对钢筋有无锈蚀作用

2.4.3　干混砂浆的系列产品与配比

2.4.3.1　干混砌筑砂浆

干混砌筑砂浆是将砖、石、砌块等砌筑成为砌体的干拌砂浆。建筑物的墙体砌筑是建设项目的一个重要组成部分，同时也是实现建筑物使用功能的最基本工程。用于墙体砌筑的材料主要有三大类：第一类为板材，第二类为砌块，第三类为砖。我国目前墙体材料主要为砌块和砖类，在发达国家墙体的砌筑均采用高性能改性砂浆，在砌筑工艺上多采用干作业。实施可持续发展战略，加强生态建设和环境保护，是我国一项基本国策。墙体材料革新是保护土地资源，节约能源，综合利用，改善环境的重要措施，也是可持续发展战略的重要内容。在大力开发和推广应用新型墙体材料的同时，墙体的质量问题越来越多，加气混凝土砌块、蒸压灰砂砖及混凝土小型空心砌块等常有开裂、渗漏等问题。砌筑砂浆用来粘结各种砖：具有低吸水性的红黏土砖、具有强吸水性的灰砂砖和加气轻质混凝土，起着构筑砌体、传递荷载的作用，是砌体的重要组成部分。

干混砌筑砂浆可采用散装或袋装，在贮存过程中不应受潮和混入杂物，不同品种和规格型号的干混砌筑砂浆应分别贮存，不应混杂。散装干混砌筑砂浆应贮存在散装移动仓内，筒仓应密闭，且防雨、防潮。袋装干混砌筑砂浆应贮存在干燥环境中，应有防雨、防潮、防扬尘措施。贮存过程中，包装袋不应破损。砂浆保质期自生产之日起为 3 个月。

干混砌筑砂浆不需要砌块在墙体砌筑前浇水湿润，亦可达到墙体砌筑牢固和稳定耐久要求，从而既方便了施工，又克服了传统施工方法难以控制墙体材料因干湿循环而开裂的弊病，而且也保证和提高了工程施工质量，市场的推广应用越来越受到客户的青睐。

1. 干混砌筑砂浆的优点

（1）由专业生产厂家生产，配制精确均匀，质量有保证，避免了现拌砂浆配料的随意性造成大的质量波动。

（2）避免了工地大量的粉尘及噪声对环境污染，避免了工地人员的粉尘对身体的直接危害。

（3）具有优异的施工和易性与粘结能力。提高施工工作性，使砌体竖向砌筑灰缝抹浆、挂浆均匀，灰缝浆料饱满，并同时增加砂浆与砖体接触面积，保证砌筑砖体稳定性。

（4）具有优异的保水性，使砂浆在更佳条件下胶凝得更为密实，并可在干燥砌块基面都能保证砂浆有效粘结。砂浆能在更佳条件下胶凝，使砌块与砌块之间形成耐久、稳定和牢固的整体结构。亦可用薄浆法砌筑墙体，令墙体同质性更佳，使墙体应力分散均匀，从而大幅度提高墙体整体性和稳定性。

（5）具有塑性收缩、干缩率低特性，最大限度保证墙体尺寸稳定性。

（6）胶凝后具有刚中带韧的力学性能。提高墙体抗裂、抗渗及抗应变能力，达到墙体免受水的侵蚀和破坏的目的。

2. 干混砌筑砂浆的缺点

（1）在运输的过程中容易产生离析。

（2）与湿拌砌筑砂浆比较，外加剂成本偏高。

3. 干混砌筑砂浆的基本配方（如表2-28所示）

干混砌筑砂浆的基本配方　　　　　　　　　　　　　　　　表2-28

成分	质量配比	成分	质量配比
32.5水泥	10～26	添加剂	1～5
粉煤灰（或者矿粉、膨润土）	2～15		
0～5mm河砂或机制砂	54～75		

2.4.3.2　干混抹灰砂浆

干混抹灰砂浆是用于抹灰工程的干混砂浆。抹灰砂浆在建筑工程中的用量仅次于混凝土，是建筑中最为重要的组成部分，也是干混砂浆中占比例最大的部分。从我国的经济发展来看，现阶段多用作砌筑墙体，尤其是大量使用水泥基的新型环保节能砌块。作为发展中国家，我国对于成本较为低廉的砖砌墙体，还会在未来很长时间内存在。干混抹灰砂浆针对传统抹灰砂浆难以保证质量，尤其是新型环保节能砌块墙体，经常造成渗、漏、裂的现象，有很好的预防作用。

干混抹灰砂浆可采用散装或袋装，在贮存过程中不应受潮和混入杂物，不同品种和规格型号的干混抹灰砂浆应分别贮存，不应混杂。散装干混抹灰砂浆应贮存在散装移动仓内，筒仓应密闭，且防雨、防潮。袋装干混抹灰砂浆应贮存在干燥环境中，应有防雨、防潮、防扬尘措施。贮存过程中，包装袋不应破损。砂浆保质期自生产之日起为3个月。

市场发展对抹灰施工的质量、效率及环保要求不断提高，干混抹灰砂浆市场必然会越来越大，而且随着人工成本的不断上升，机器施涂抹灰比手工施涂抹灰的优势将越见明显。因此，干混抹灰砂浆必将逐渐成为抹灰砂浆发展的趋势。

1. 干混抹灰砂浆的优点

（1）产品具有的性能：

1）灰浆能承受一系列外部作用，例如耐气候影响（指湿气侵袭或者温度波动）、耐化学腐蚀和耐机械作用。

2）使用水泥或者石灰水泥灰浆能满足灰浆足够的抗水冲击能力，可以用在浴室和其他潮湿的房间抹灰工程中。

3）灰浆具有良好的水蒸气渗透性和适合于进行油漆及悬挂沉重的壁纸。

4）减少施工的抹灰层数，一般单层施涂厚度可为 10～30mm，较要求分层抹拌砂浆更能提高功效。

5）良好的和易性，使施工好的完成面光滑平整、均匀，提供后续装饰涂层油漆和装饰腻子更稳定节约的基面。

6）在施工过程中具有良好的抗流挂性，对抹灰工具的低黏性，易施工性。

7）砂浆的保水性能好，硬化后不产生裂纹。

8）更好的抗裂、抗渗性能，更好的保护墙体。

（2）干混抹灰砂浆与传统抹灰砂浆比较更具优越性：

1）传统抹灰砂浆施工困难，容易导致疏松、开裂、渗漏，不能很好地起到保护墙体的作用。

2）传统抹灰砂浆和易性差，致使很多施工人员因为难以提浆收光，只能撒上水泥粉进行表面粉光，致使砂浆表面开裂。也有用石灰膏粉光表面，因强度不够而空鼓及饰面脱落。

3）传统抹灰砂浆与干混抹灰砂浆综合对比如表 2-29 所示。

传统抹灰砂浆与干混抹灰砂浆综合对比表　　　　　　　　表 2-29

	传统抹灰砂浆	干混抹灰砂浆
搅拌	现场人工配混及拌制，导致质量不稳定，难于控制使用时间，常用现场加水增加塑性的现象，导致浆体品质降低	工厂预混，无需现场配混，只需加入适量水分稍作拌合，足够的使用时间，能使用大型的专业搅拌设备，易于保证浆体品质一致
施工	往往需要大量的基面浇水或界面处理，不能进行机械施工，劳动强度大，施工效率低，对施工人员技术依赖性大，容易产生下坠变形，并要分多层施工，需要浇水养护	底层无需特别处理，可以机械施工，效率高，浆体本身具有较强的初粘力，减少浆体散落。具有良好的施工性和抗下坠性能，保水性能优异的产品可无需浇水养护
质量	高收缩率，经常产生裂缝，结构疏松，容易产生渗漏，与底层粘结力较弱，空鼓率高	减少裂缝，与底层有良好粘结力，不空鼓，较低收缩率，高致密性，抗渗能力好，耐久性高
损耗	粘结力差，施工时材料易散落，保水能力差，容易造成失水、风干，造成浪费	粘结力大，减少施工时的浆体散落，损耗极低，保水性好，不易造成浪费
材料的储运	要在工地现场储存多种原材料，并需要较大的储存空间，转运灰浆到施工现场需要额外流程及工序	统一包装规格或散装到达工地，容易储存和装卸。弹性控制用量，随用随配，材料储存于施工现场附近，易于管理，于施工点搅拌，无需运送
文明施工	搅拌、储存和施工过程中遗留大量散落的废料，灰尘大，需要大量劳动力清理施工现场残留的干硬浆体	减少清理废料的需要，只需清理包装纸袋，现场干净清洁，并可采用机械无尘施工

2. 干混抹灰砂浆的缺点

（1）在运输的过程中容易产生离析。

（2）与湿拌抹灰砂浆比较，外加剂成本偏高。

3. 干混抹灰砂浆的基本配方（如表 2-30 所示）

干混抹灰砂浆的基本配方　　　　　　　　　表 2-30

成分	质量配比	成分	质量配比
普硅水泥 32.5	10～25	添加剂	1～5
粉煤灰（或者矿粉、膨润土）	5～10		
0～5mm 河砂或机制砂	60～80		

2.4.3.3　干混地面砂浆

　　干混地面砂浆是用于建筑地面及屋面找平层的干混砂浆。干混地面砂浆的作用是地面及屋面找平层的处理，是建筑物中的重要部分。从我国的经济发展来看，实行农村城镇化，新建建筑很多，因此有着很广泛的市场应用前景。

　　干混地面砂浆可采用散装或袋装，在贮存过程中不应受潮和混入杂物，不同品种和规格型号的干混地面砂浆应分别贮存，不应混杂。散装干混地面砂浆应贮存在散装移动仓内，筒仓应密闭，且防雨、防潮。袋装干混地面砂浆应贮存在干燥环境中，应有防雨、防潮、防扬尘措施。贮存过程中，包装袋不应破损。砂浆保质期自生产之日起为 3 个月。

1. 干混地面砂浆的优点

（1）由专业生产厂家生产，配制精确均匀，质量有保证，避免了现拌砂浆配料的随意性造成的大的质量波动。

（2）避免了工地大量的粉尘及噪音对环境污染，避免了工地人员的粉尘对身体的直接危害。

2. 干混地面砂浆的缺点

（1）在运输的过程中容易产生离析。

（2）与湿拌地面砂浆比较，外加剂成本偏高。

3. 干混地面砂浆的基本配方（如表 2-31 所示）

干混地面砂浆的基本配方　　　　　　　　　表 2-31

成分	质量配比	成分	质量配比
普硅水泥 32.5	24～30	添加剂	1～3
粉煤灰（或者矿粉、膨润土）	2～10		
0～5mm 河砂或机制砂	67～70		

2.4.3.4　干混普通防水砂浆

　　干混普通防水砂浆是用于抗渗防水部位的干混砂浆。用于卫生间、浴室、厨房、阳台、泳池、墙面防水、蓄水池、地下工程以及隧道、洞库等涂膜防水。

　　干混普通防水砂浆可采用桶装或袋装，在贮存过程中不应受潮和混入杂物，不同品种和规格型号的干混地面砂浆应分别贮存，不应混杂。散装干混普通防水砂浆应贮存在散装移动仓内，筒仓应密闭，且防雨、防潮。袋装干混普通防水砂浆应贮存在干燥环境中，应有防雨、防潮、防扬尘措施。贮存过程中，包装袋不应破损。砂浆保质期自生产之日起为3个月。

1. 干混普通防水砂浆的优点

（1）永久防水，渗透结晶。

（2）施工方便，对基面无特殊的要求。

2. 干混普通防水砂浆的基本配方（如表2-32所示）

干混普通防水砂浆的基本配方   表2-32

材料	质量配比
水泥基渗透结晶母料	30～50
石英砂	300～450
高强度水泥	400～500
纤维素醚	1～2
可再分散乳胶粉	20～30

2.4.3.5 干混陶瓷砖粘结砂浆

干混陶瓷砖粘结砂浆是粘贴瓷砖的水泥基粘结材料，亦称瓷砖胶，是干混砂浆中最主要的品种之一，是建筑及装饰工程中最普遍使用的粘结材料，可用来粘贴陶瓷砖、抛光砖以及如花岗岩石之类的天然石材。它们由骨料、硅酸盐水泥、少量熟石灰与根据产品质量水平要求添加的功能性添加剂组成。功能性添加剂能增强从制备到最终应用各个环节上的产品性能，能用薄浆粘贴施工工艺进行施工。专门设计的干混粘结砂浆能根据不同的基材（如木板、水泥纤维板）、饰面材质及各种极端的气候条件下（如潮湿、温差）对无机的刚性装饰块材进行粘结。用于内、外墙瓷砖、面砖、地砖、隔墙板、大理石、花岗岩、铜质砖、地砖、霹雳砖、陶瓷等装饰材料的粘结。

薄层贴砖用的干混砂浆必须满足各种不同的技术要求，例如良好的施工性、良好的保水率、在高温下具有长开放时间和调整时间，以及良好的抗滑移性等。根据要贴砖的基底（例如混凝土表面、砖结构、石灰膏、水泥抹灰及底涂层、石膏、木材、旧瓷砖面、石膏墙板、加气轻质混凝土、刨花板等）和要使用的瓷砖不同（例如天然石料和各种陶瓷砖），瓷砖胶黏剂必须在硬化后对各种覆盖材料和各种基础之间提供高粘合强度，并要考虑到霜冻、潮湿作用以及长期浸泡在水中的可能性。除了提供良好的胶粘强度外，还必须具有足够的柔性、吸水性和减少基础与瓷砖间由于覆盖材料和基底具有不同的热膨胀系数以及基础可能会造成的张力。由此就需要有多种陶瓷砖胶粘剂可供选择：标准型和柔性型、正常型和快凝型以及特殊胶粘剂。例如粘结天然石料用的白砂浆、防水胶粘剂，地砖用可浇筑砂浆，石膏基胶粘剂和用于新砂浆层的高柔砂浆等。

贮存时不同类型、不同规格的产品应分别堆放，不应混杂。避免日晒雨淋，禁止接近火源，防止碰撞，注意通风。产品应根据类型定出贮存期，并在产品说明书上或包装袋上标识清楚。

1. 干混陶瓷砖粘结砂浆优点

（1）工艺先进

调配好的干混陶瓷砖粘结砂浆能在与水掺和调配成胶糊状，用锯齿镘刀刮涂一个厚度均匀的粘结层，然后再将瓷砖推揉压入粘结层中的干混陶瓷砖粘结砂浆。这种薄浆施工工艺不但比厚浆施工节约用量，更由于干混陶瓷砖粘结砂浆具有良好的保水能力（纤维素醚的作用），瓷砖和基底基础都不需浸泡或者预湿润。加上如果使用足够的添加剂并配比正确，在未固结的干混陶瓷砖粘结砂浆上的瓷砖也不会滑动。这样，就不需要再在瓷砖之间插入定位器，并且贴砖也可以从上方向下方进行，使施工的效率及施工质量得到大幅度提高。

（2）节约材料用量

薄至仅1.5mm的粘结胶层，亦可以产生足够的粘结力，能大幅度降低材料的用量。

（3）能保证工程质量

粘结力强，减少分层和剥落机会，保障工程质量，避免长期使用后的空鼓、开裂问题；减少裂缝产生的机会，增强墙体的保护功能。

部分添加了憎水性可再分散乳胶粉的瓷砖粘贴干混砂浆还具有墙体防渗、防泛碱的功能。

（4）稳定的产品质量

工厂预先干拌混合，质量稳定。加水搅拌，简单方便，质量容易控制。

（5）利于环境保护

能减少废料，无有毒的添加物，完全符合环保要求。

2. 干混陶瓷砖粘结砂浆的基本配方（如表2-33所示）

干混陶瓷砖粘结砂浆的基本配方 表2-33

成分	质量配比	成分	质量配比
普硅水泥42.5	450	胶粉	20～40
粗砂（40～70目）	400	Mecellose PMC-40US	4
重钙200目	120		

2.4.3.6 干混界面砂浆

干混界面砂浆又称界面剂，它是由水泥、石英砂、聚合物胶结料配以多种添加剂经机械混合均匀而成，亦被称为聚合物界面砂浆。主要用于处理墙体与保温层的连接部位和用以改善基层或保温层表面粘结性能。一般建筑物及建筑物构件都要求做砂浆抹面层，一则对建筑物和墙体起到保护作用以抵抗风、雨、雪等自然环境对建筑物的侵蚀，并提高建筑物的耐久性；另则达到密实、平整和美观的装饰效果。这一切都建立在抹面层与基材有效粘结的基础上，建筑用干混界面砂浆被广泛用于墙体的抹灰、后浇带的结合层、旧墙翻新等方面。特别值得一提的是，在保证有效粘结的同时，干混界面砂浆往往因为避免了基材的浇水，尤其是对浇水而产生干缩变形的轻质砌块，还起到防止干缩开裂使基材稳定的作用，这是该材料用量最大的市场。另外在许多不易被砂浆粘结的致密材料上，干混界面砂浆作为必不可少的辅助材料，也有一定的市场。贮存时不同类型、不同规格的产品应分别堆放，不应混杂。避免日晒雨淋，禁止接近火源，防止碰撞，注意通风。产品应根据类型定出贮存期，并在产品说明书上或包装袋上标识清楚。

1. 干混界面砂浆的优点

（1）能封闭基材的孔隙，减少墙体的吸收性，达到阻缓、降低轻质砌体抽吸覆面砂浆内水分，保证覆面砂浆材料在更佳条件下粘结胶凝；

（2）固结，提高基材表面强度，保证砂浆的粘结力；

（3）担负砌体与抹面的粘结搭桥作用，保证使上墙砂浆与砌体表面更易结合成一个牢固的整体；

（4）具有永久粘结强度，不老化、不水化及不形成影响耐久粘结的膜性结构；

（5）免除抹灰前的二次浇水工序，避免墙体干缩。

2. 干混界面砂浆的基本配方（如表 2-34 所示）

干混界面砂浆的基本配方 表 2-34

材料	规格型号	质量配比
水泥	普通硅酸盐水泥 42.5	450
砂子	0～0.5mm	500
甲基纤维素	5～10 万	3.5
可再分散乳胶粉	瓦克的 5044	15～35
硅灰		20

2.4.3.7 干混保温板粘结砂浆

干混保温板粘结砂浆（粘结剂或粘结砂浆）是由水泥、河砂、聚合物胶结料配以多种添加剂经机械混合均匀而成。该粘结砂浆专业用于粘结膨胀聚苯板（EPS）、挤塑聚苯板（XPS）、聚氨酯复合板、岩棉板等保温板的粘合剂，亦被称为聚合物粘结砂浆。

建筑外墙外保温是近几年被国家指定推广的建筑节能新技术，具有内保温不可比拟的优势。目前在我国北方地区已得到广泛推广和应用。外墙外保温适用体系较多，目前最多的是聚苯乙烯泡沫板外挂玻纤网格布增强聚合物砂浆做法，该保温做法的关键在于聚苯板与墙面粘结材料，以及用于聚苯板表面的有抗裂和防水要求的聚合物砂浆罩面材料的选用。

贮存干燥清洁的仓库内，避免雨淋受潮，结块的本产品应经检测合格后方能使用，不影响使用效果。

1. 干混保温板粘结砂浆的优点

（1）高粘结性能，对基层和隔热发泡聚苯乙烯板都具有良好的粘结力。

（2）加水即用，避免了工地现场拌合砂浆的随意误差，质量稳定。

（3）具有良好的增强抗下垂性、保水性、抗水性、耐老化性和操作性。

2. 干混保温板粘结砂浆的基本配方（如表 2-35 所示）

干混保温板粘结砂浆的基本配方 表 2-35

材料	质量配比
42.5 水泥	300～450
砂子 40～140	550～700
重钙	100～200
纤维素醚	1.5～3
可再分散乳胶粉	25～30

3. 干混保温板粘结砂浆施工注意事项

（1）基层平整应满足相应的要求，表面无油污、脱模剂、起鼓及风化物等影响粘结的杂物。

（2）将拌好的粘结材料按点框粘结法涂抹在聚苯板上。在板面四周涂抹一圈搅拌好的胶泥，其宽度为50mm，板面中央均匀涂抹5个点，应保证粘贴面积不小于30％，然后将聚苯板直接贴在墙面上左右轻揉即可。聚苯板铺贴应平整。（注：一次拌料不宜过多，随拌随用，最好在2h内用完）。

（3）施工温度不能低于5℃，风力不大于5级，雨天不能施工。

2.4.3.8　干混保温板抹面砂浆

干混保温板抹面砂浆是一种具有一定柔性单组分聚合物砂浆，同耐碱涂覆玻纤网格布共同组成墙体保温系统的防护层，有优良的抗裂、耐冻融、抗渗透、抗冲击等性能，对整个墙体保温系统以及基层墙体起到很好的保护作用。

适用于各类保温板的干混保温板抹面砂浆保护层，加气块承重砌块的砂浆层及混凝土墙罩面层饰面层。干混保温板抹面砂浆是一种既具有高分子聚合材料的柔性，又具有无机材料的耐久性好的水泥基抗裂面层材料。与耐碱玻纤网格布配套使用，极好的附着性使砂浆与耐碱玻纤网格布复合于一体，形成一道抗裂保护层。具有很好的防水和透气性能。干混保温板抹面砂浆的合成树脂采用中软链段，既有一定的柔性又具有较好的刚性，对于外界温度变化而造成的冷热伸缩有双重抵御能力。改善孔结构，通过补偿收缩提高砂浆抗裂性能，还有保水性能。降低初期的水化热，减少聚合物抹面砂浆干缩。改善和易性，增加后期强度和抗渗性。涂抹后无需喷水或特殊养护，无毒、无味、无污染。

贮存于干燥清洁的仓库内，避免雨淋受潮，结块的本产品经检测合格后方能使用，不影响使用效果。

1. 干混保温板抹面砂浆的优点

（1）品质优异：抗裂性好，具有优良的弹性和柔韧性，抹面不会出现裂纹、空鼓及脱落，使用寿命长。

（2）施工方便：袋装粉体，便于运输，以水为溶剂，现场加水搅拌即可使用。和易性好，耐水、保水、不流挂。

（3）经济节能：薄层施工、用料少、损耗低、提高了建筑使用寿命，比传统砂浆节能60％左右，也提高了工作效率。

（4）质量稳定：干混砂浆是通过集中生产、分散销售的方式，解决了传统砂浆现场拌制的各种弊端，质量十分稳定，确保质量能始终如一。

（5）安全环保：生产过程及使用过程无毒无味，没有排放，施工安全、卫生、没有污染。

2. 干混保温板抹面砂浆的基本配方（表2-36）

干混保温板抹面砂浆的基本配方　　　　　　　表2-36

材料	质量配比
42.5水泥	280～350
砂子40～140	550～700

材料	质量配比
粉煤灰	50~100
纤维素醚	1.5~3
可再分散乳胶粉	20~40
木质纤维	2~5
聚丙烯纤维	1~3

3. 干混保温板抹面砂浆施工注意事项

（1）待保温板粘贴完毕 24h 后，经过打磨找平，方可进行抹面砂浆施工。

（2）用水将抹面砂浆拌成砂浆状，水灰比约 1∶4，拌匀后的料应在 3~4h 内用完。

（3）用抹子在保温板的表面均匀刮批第一道抹面砂浆，厚度约 2~3mm，随后平整压入网格布，并用抹子刮批压实。网格布应在第一道砂浆的表层。

（4）待第一道抹面砂浆表干后，再均匀刮批第二道抹面砂浆，厚度约 1~2mm。

（5）下雨时切勿施工，施工温度应在 5℃以上。

2.4.3.9 干混聚合物水泥防水砂浆

干混聚合物水泥防水砂浆以水泥、细骨料为主要原材料，以聚合物和添加剂等为改性材料并以适当配比混合而成的防水材料。用于地下室防渗及渗漏处理，建筑物屋面及内外墙面渗漏的修复，各类水池和游泳池的防水防渗，人防工程、隧道、粮仓、厨房、卫生间、厂房、封闭阳台的防水防渗。

贮存于干燥清洁的仓库内，避免雨淋受潮。在正常的贮存、运输条件下，自生产之日起为 6 个月。

1. 干混聚合物水泥防水砂浆的特性

（1）粘结强度高，和易性好。

（2）施工方便，在潮湿基面，低温条件下亦可施工。

（3）耐腐蚀、耐高温、耐低温、耐老化。

（4）无毒无害无味，不污染环境。

（5）可直接在防水层上坐各种饰面（如涂料、瓷砖等）

2. 干混聚合物水泥防水砂浆的基本配方（表 2-37）

干混聚合物水泥防水砂浆的基本配方　　　　　　　　　　表 2-37

材料	质量配比
42.5 水泥	350~450
砂子 80~200 目	450~550
粉煤灰	50~100
纤维素醚	1.0~1.5
可再分散乳胶粉	45~55
聚羧酸盐类减水剂	2.0~3.0

3. 干混聚合物水泥防水砂浆的使用方法及注意事项

（1）基层应平整、干净、湿润、无明水；

（2）干混聚合物水泥防水砂浆由工厂生产，现场施工时加入适量水，分二至三遍抹于基层，厚度一般为 3~5mm；

（3）砂浆表面需二次压光。一天后保湿润养护 5d，未硬化前不得浇水养护。

2.4.3.10 干混陶瓷砖填缝砂浆

干混陶瓷砖填缝砂浆是采用优质石英砂、水泥、可再分散乳胶粉和无机颜料均混而成的水泥基嵌缝材料，执行标准《陶瓷墙地砖填缝剂》JC/T 1004—2006，具有良好的粘结性、柔韧性和防水抗渗、抗裂、耐冻融、耐冷热急变性。可以提高饰面的耐久性，克服了用普通水泥砂浆嵌缝后，易产生开裂、渗水、脱落等缺点。可用于内外墙面砖、地砖、大理石、游泳池墙砖、花岗岩等饰面材料的勾缝，有多种颜色可供选择。也可根据客户要求研发不同的产品。

贮存于干燥清洁的仓库内，避免雨淋受潮。在正常的贮存、运输条件下，自生产之日起为 6 个月。

1. 干混陶瓷砖填缝砂浆的特性

（1）粘结力强并具有一定的柔韧性、能吸收基面及砖块的持续震动及胀缩变形，防止裂纹产生，从而延长了饰面的使用寿命。

（2）具有憎水功能，防止水分从瓷砖缝渗入，防水防潮并杜绝反浆挂泪现象产生。

（3）通过色彩的匹配增强装饰效果。

（4）无毒、无味、无污染、防霉抗菌。

2. 干混陶瓷砖填缝砂浆的基本配方（表 2-38）。

干混陶瓷砖填缝砂浆的基本配方 表 2-38

材　料	质量配比
32.5 水泥	30~45
砂子<0.6mm	配平
重钙	10~20
保水剂	0.05~0.15
可再分散乳胶粉	2~4
疏水剂	0.10~0.20
颜料	0~30

3. 干混陶瓷砖填缝砂浆的使用方法及注意事项

（1）基层处理：干混陶瓷砖粘结砂浆固化 24h 后即可填缝施工，缝隙要清洁，可预先湿润准备填缝的缝隙。

（2）配制填缝砂浆：水∶填缝砂浆＝1∶4（重量比），将填缝砂浆和水按比例配制，使用电动搅拌器（或手工）充分搅拌均匀，静置 5~10min，再次搅拌即可使用。

（3）勾缝施工：用硬海绵或刮板把浆料批压入瓷砖接缝，使填缝砂浆满粘结缝两侧，并抹平缝隙表面，再将瓷砖面多余的材料刮去，清洗干净。

（4）注意事项：施工温度在 5℃以上；严禁私自添加砂子、水泥及其他添加剂；0℃以下应采用防冻型；拌制好的砂浆应在 2h 内用完，严禁将已凝固的砂浆二次搅拌投入使用；储运要防潮防雨。

2.4.3.11 干混灌浆砂浆

干混灌浆砂浆是一种由水泥、骨料、精选添加剂干混而成的粉状材料，其显著特点是具有早强、高强、微膨胀性、可灌性好特点，不需要振捣。硬化后无干缩，不会有干缩裂缝产生，在现场只需加水搅拌即可使用。执行标准《水泥基灌浆材料》JC/T 986—2005。

1. 干混灌浆砂浆的主要应用领域

（1）适用于大型设备地脚螺栓锚固、设备基础和钢结构柱脚地板的灌浆。

（2）混凝土结构加固改造、装配式结构连接及后张预应力混凝土结构锚固及孔道灌浆。

（3）桩基、桩孔及混凝土缺陷的灌浆等工程。

（4）加固和抢修等工程及喷射混凝土等工程。

干混灌浆砂浆贮存于干燥清洁的仓库内，避免雨淋受潮。在正常的贮存、运输条件下，自生产之日起为6个月。

2. 干混灌浆砂浆的特点

（1）早强、高强：1～3d抗压强度可达30～50MPa以上。

（2）自流性高：可填充全部空隙，满足设备二次灌浆的要求。

（3）微膨胀性：保证设备与基础之间紧密接触，二次灌浆后无收缩。粘结强度高，与钢筋握裹力不低于6MPa。

（4）可冬期施工：允许在−10℃气温下进行室外施工。

（5）耐久性强：使用寿命大于基础混凝土的使用寿命。经上百万次疲劳试验，50次冻融循环实验强度无明显变化。

（6）与老混凝土充分连接：避免新老混凝土不易连接的难题，无需任何界面处理。

（7）无需振捣：在施工时无需振捣，减少工艺，简单方便。

（8）防止龟裂：防止了普通灌浆料施工后开裂，龟裂等现象。

3. 干混灌浆砂浆的基本配方（表2-39）。

干混灌浆砂浆的基本配方　　　　　　　　　　　　表2-39

材　　料	质　量　配　比
42.5R普硅水泥	350
6～8目石英砂	150
10～20目石英砂	150
20～40目石英砂	150
豆石或机碎石（≤4.75mm）	350
灌浆砂浆母料	10～13

4. 干混灌浆砂浆的使用方法及注意事项

（1）对于小空间（厚度50～150mm）的二次灌注，可直接加水拌合成灌浆材料，加水量为重量的13%～15%。

（2）对于大空间（厚度大于150mm）的二次灌注，可加入5～10mm粒径的石子。

配比为：灌浆料∶石子∶水＝1∶0.5∶0.2。

（3）灌注孔或小空间时，可自流填充密实，灌注机械底座或杯口时，分层自流填满，并用人工插捣，一定要把气体赶出，稍干后，把外露面抹平压光。

（4）锚固地脚螺栓时，应将拌合好的灌浆砂浆灌入螺栓孔内，孔内灌浆层上表面宜低于基础混凝土表面 50mm 左右。灌浆过程中应严禁振捣，灌浆结束后不得再次调整螺栓。

（5）混凝土结构加固改造时，应将拌合好的灌浆砂浆灌入模板中，并适当敲击模板。灌浆层厚度大于 150mm 时，应采取适当措施，防止产生裂纹。

（6）灌浆结束后，应根据气候条件，尽快采取养护措施。保湿养护时间应不少于 7d。

2.4.3.12 加气混凝土专用砌筑、抹灰砂浆

加气混凝土专用砌筑、抹灰砂浆执行标准《蒸压加气混凝土用砌筑砂浆与抹面砂浆》JC 890—2001，针对加气混凝土等轻质砌块在使用中的问题研发出的本产品，由精选级配骨料和水硬性硅酸盐材料为主，配以多种高性能助剂按照特殊工艺生产的干粉材料。适用于加气混凝土砌块、陶粒混凝土砌块、混凝空心土砌块、轻骨料混凝土填充保温砌块、SN 保温砌块、BM 内隔墙砌块、石膏砌块等轻质吸水率大的材料。特别适用于各种砌块的薄层砌筑和薄层抹灰。

贮存于干燥清洁的仓库内，避免雨淋受潮。在正常的贮存、运输条件下，自生产之日起为 6 个月。

加气混凝土专用砌筑、抹灰砂浆针对各种砌块密度低、吸水性大的共性特点，克服了以往加气混凝土等砌块的砌筑和抹灰砂浆使用中保水性差、易分层离析，施工性能差，硬化后的砂浆脆性大、干缩值大、易开裂等不足，是加气混凝土等轻质砌块砌筑、抹灰的替代材料。

1. 加气混凝土专用砌筑砂浆的基本配方（表 2-40）

加气混凝土专用砌筑砂浆的基本配方　　　　　　　　表 2-40

材　　料	质　量　配　比
42.5R 普硅水泥	40～50
轻质填料	5～20
碳酸钙	5～10
砂	配平
保水剂	0.05～0.25
引气剂	0.01～0.02

2. 加气混凝土专用抹灰砂浆的基本配方（表 2-41）

加气混凝土专用抹灰砂浆的基本配方　　　　　　　　表 2-41

材　　料	质　量　配　比
42.5R 普硅水泥	15～20
轻质填料	2～3
熟石灰	1～5
碳酸钙	10～15
砂	配平
保水剂	0.10～0.15
引气剂	0.01～0.15
淀粉醚	0.01～0.02
憎水剂	0.10～0.15

3. 加气混凝土专用砌筑、抹灰砂浆的使用方法及注意事项

（1）表面处理：清除砌块表面浮灰、油污及疏松物，如有突起的地方应铲平。基层宜采用界面砂浆处理，厚度宜为 2mm。

（2）配制砂浆：应采用机械搅拌，搅拌时间不超过 3min，加水量为干砂浆的 15%～20%。

（3）加水的砂浆应在 3h 内用完，已硬化的砂浆不可再加水使用，落地灰可回收使用，但不得超过初凝时间。

（4）加气混凝土专用粘结砂浆适用于加气混凝土薄层砌筑，灰缝宜在 3～5mm 之间。

（5）加气混凝土专用抹灰砂浆施工厚度可根据墙体平整度在 5～30mm 之间调节，每遍抹灰厚度 5～8mm，如抹灰总厚度大于 10mm 则分遍抹灰，间隔时间不少于 24h。如不采用薄层砌筑和抹灰，也可选用高保水普通砌筑和普通抹灰。

2.4.3.13 粉刷石膏

粉刷石膏执行标准《抹灰石膏》GB/T 28627—2012，该产品是以建筑石膏为胶凝材料，由有机、无机材料复合而成的一种抹面材料。粉刷石膏按其用途可分为面层、底层和保温层粉刷石膏。适用于各类墙体，特别适用于加气混凝土等各种表面平整的砌块或条板墙的内墙抹灰及混凝土板板底抹灰。

贮存于干燥清洁的仓库内，避免雨淋受潮。在正常的贮存、运输条件下，自生产之日起为 3 个月。

1. 粉刷石膏的特性

（1）早强、快硬、不空鼓、不开裂、粘结强度高、表面光滑细腻。

（2）具有防火耐热、隔音、自动调节室内空气湿度的功能。

（3）施工简便、施工效率高，可以手工涂刷、机器喷涂。

2. 粉刷石膏的基本配方（表 2-42）

粉刷石膏的基本配方 表 2-42

材 料	质 量 配 比
石膏	40～50
熟石灰	15～20
纤维素醚	0.20～0.30
砂	1～10
引气剂	0.02～0.05
淀粉醚	0.02～0.05
缓凝剂	0.05～0.10

3. 粉刷石膏的使用方法及注意事项

（1）使用时，先将墙面清扫干净，严禁墙上有油迹和杂质存在，必须将抹灰面清洗后方可抹灰；

（2）严禁加入任何其他外加剂，凝结后的砂浆严禁加水再次使用；

（3）粉刷石膏施工厚度超过 15mm 时，宜分层施工，以头遍灰有 6～7 成干时抹二遍灰为宜；

（4）粉刷石膏施工前墙面先打点冲筋，使抹灰厚度稍高于标筋，再用木抹子搓压密实平整；

（5）粉刷石膏的加水量一般按 23%～28%，特殊要求现场调节。

2.4.3.14 腻子

腻子是由水泥、填料、聚合物添加剂经全自动双轴高效粒子混合机加工而成，可用于保温体系涂料施工前抗裂层表面的刮抹找平，也可用于内外墙的墙体表面抗裂、找平与装饰。适用于各类建筑墙体表面的抗裂与装饰。建筑腻子按材料状态分为粉状腻子、膏状腻子以及双组分腻子。按抗裂性能指标又可分为通用外墙腻子、外墙柔性耐水腻子以及弹性外墙腻子。从使用范围分还可分为内墙腻子与外墙腻子。

贮存于干燥清洁的仓库内，避免雨淋受潮。在正常的贮存、运输条件下，自生产之日起为3个月。

1. 腻子的特性

（1）施工操作简单方便；

（2）高保水性、粘结强度大；

（3）耐水耐碱性能好，具有优异的柔韧性；

（4）面层吸水量低，抗冻融性强。

2. 腻子的基本配方（表2-43）

腻子的基本配方 表 2-43

材　料	质　量　配　比
水泥 42.5	20～30
熟石灰	1～3
木质纤维	0.20～0.30
石英粉	10～20
保水剂	0.30～0.50
疏水剂	0.10～0.20
重钙	配平

3. 腻子的使用方法及注意事项

（1）基层处理：基层验收合格后方可进行腻子施工。

（2）配制比例：加水量按厂家规定掺加。

（3）配制顺序：向搅拌桶中加入适量水再加入腻子搅拌均匀即可使用，施工时根据操作稠度的不同，配比可做适当的调整。腻子稠度以方便刮涂为宜，若物料偏稠，可兑少量水调整至适宜的稠度。

（4）操作方法：用刮板将腻子刮涂于抗裂防护面层之上。腻子批刮厚度以一次0.5mm为宜，视基层平整度的不同，一般两至三遍成活。刮涂时，往返次数不可太多，力求均匀，勿留交接缝痕迹。

（5）注意事项：施工温度大于5℃，腻子应随搅随用，配好的腻子要求2h内用完，禁止使用过时腻子，基层表面要求坚实干净，无粉化、起砂、掉皮等，表面无杂物油渍，施工层需干燥，施工部位不得有明水，严禁雨天施工找平。

2.4.3.15 干混自流平砂浆

干混自流平砂浆是在不平的基底上（例如砂浆层或者将要翻新的表面）使用，提供一个合适的、平整的、光滑的和坚固的铺垫基底，以架设各种地板材料。例如地毯、木地板、PVC、瓷砖等的精找平材料。一般与界面处理剂配合使用，即使对于大面积的情况，自流平砂浆也应该可以容易高效地施工。因此，材料必须具有非常好的流动性、自流平能力和光滑能力。

另外，它应该具有快速凝固和干燥的特性，以使地板材料在数小时后就可以在硬化砂浆上施工。也应该能够与各种基底粘合，并且具有低收缩率、高抗压强度和良好的耐磨损性。

干混自流平砂浆最大的特点就是能够在很短的时间内大面积的精找平地面，这就对一些工程材料应用和质量带来了很大的帮助。由于低弹性模量的薄饰面材料（如 PVC 地板、橡胶地板卷材等）越来越广泛地应用，现在地面施工的质量要求往往都达不到这些对地面要求非常严格的饰面材料的要求，而且往往在地面饰面材料开始施工的时候，也就是工程竣工日接近的时候，用传统的水泥砂浆修补或打磨平整不能在短期内达到要求时，也使自流平砂浆的应用越来越广泛。实际上，此项技术在德国已经推广应用多年，已经为人们所熟知，并且全部是聚合物改性预包装干混砂浆。由于干拌的水泥自流平砂浆比有机高分子的自流平砂浆（如环氧自流平）价格更为低廉，使平整度要求更高的地面装饰都用自流平砂浆，如作为地面涂料的基层，或平整要求严格的工业厂房地面等。随着对工程质量的不断提高，施工效率与施工费用的控制越趋严格，专业饰面材料市场的不断扩大，自流平砂浆产品的前景是不错的。

贮存于干燥清洁的仓库内，避免雨淋受潮。在正常的贮存、运输条件下，自生产之日起为 3 个月。

1. 干混自流平砂浆的优点

（1）与水混合后能在不离析条件下具有良好流动性，能在一定的厚度内自动精找平。

（2）具有合理的可施工与自流平时间。

（3）拥有快速干固的特性。

（4）通过不同的配方设计，符合不同设计要求的承载能力。

（5）与底层优良的粘结力，不分层，不空鼓。

（6）弹性模量的匹配性与适当柔性（抗弯折力）。

（7）良好的内聚力与耐磨性（有外露的需求时）。

（8）收缩匹配性与低收缩；室内应用的环保特性（低挥发有机物含量）。

2. 干混自流平砂浆的类型和基本配方（表 2-44）

干混自流平砂浆的基本配方 表 2-44

组　　成	质　量　配　比
42.5R 普通硅酸盐水泥	300
高铝水泥	70
石膏	50
重钙	150
河砂 70～140 目	410
消泡剂	2.2
聚羧酸减水剂	5
酒石酸缓凝剂	1.7
可再分散乳胶粉	20
碳酸锂促凝剂	1.4

干混自流平砂浆从技术角度来说，可能是干混砂浆的最复杂领域。技术要求包括从非常简单到高度复杂的产品。它们的厚度不同，根据地面的高差与要求，从 1～10mm。为

了在规定时间内铺装地板材料，符合施工的用途和要求，需要自流平凝固时间不同，范围从正常常规凝固到快速凝固。自流平砂浆以特殊水硬性胶黏剂，例如普通硅酸盐水泥（OPC）、高铝水泥（HAC）和石膏（硬石膏）等为基料，实现快速硬化和干燥，并避免收缩或膨胀过量。

干混自流平砂浆属于矿物基自流平材料。从矿物基自流平的无机粘结成分看，又可分为水泥基［其中包括硅酸盐水泥与特种水泥（如铝酸盐水泥、硫铝酸盐水泥等）］和石膏基自流平材料。

2.4.3.16　水泥沥青砂浆

水泥沥青砂浆（cement asphalt mortar，简称 CA 砂浆）是高速铁路 CRTS 型板式无砟轨道的核心技术，是一种由水泥、乳化沥青、细骨料、水和多种外加剂等原材料组成，经水泥水化硬化与沥青破乳胶结共同作用而形成的一种新型有机无机复合材料。水泥沥青砂浆是一种利用水泥吸水后水化加速乳化沥青破乳，由水泥水化物和沥青裹砂形成的立体网络。它以乳化沥青和水泥这两种性质差异很大的材料作为结合料，其刚度和强度比普通沥青混凝土高，但是比水泥混凝土低。其特点在于刚柔并济，以柔性为主，兼具刚性。水泥沥青砂浆填充于厚度约为 50mm 的轨道板与混凝土底座之间，作用是支承轨道板、缓冲高速列车荷载与减震等作用，其性能的好坏对板式无砟轨道结构的平顺性、耐久性和列车运行的舒适性与安全性以及运营维护成本等有着重大影响。CA 砂浆已逐渐成为板式无砟轨道道床材料的最佳选择。

目前，我国使用的水泥沥青砂浆有两种，分别是用在 CRTS Ⅰ 型板式无砟轨道上的 CRTS Ⅰ 型 CA 砂浆和用在 CRTS Ⅱ 型板式无砟轨道上的 CRTS Ⅱ 型 CA 砂浆。

我国第一条应用 CRTS Ⅰ 型 CA 砂浆的高速铁路是在哈大线上，第一条应用 CRTS Ⅱ 型 CA 砂浆的高速铁路是京津城际客运专线。目前，我国已建成的京沪、武广、郑西、沪宁、宁杭等高速铁路都将采用水泥沥青砂浆。

经过大规模高铁的建设，得出了一些具体的研究成果，取得了一定的实验数据和相关经验。但是仍应在 CA 砂浆耐久性、力学性能等方面加强研究，加强理论研究，确定出适合我国具体轨道环境的 CA 砂浆的性能指标。

在进行水泥乳化沥青砂浆配合比的设计与调整过程中，应根据各种原材料的类型及其掺量对砂浆性能的影响程度或趋势进行调整。当原材料发生改变时，应重新通过相容性检验、试配、调整等步骤进行砂浆配合比的选定。

水泥沥青砂浆的参考配合比如表 2-45 所示。

水泥沥青砂浆的参考配合比　　　　　　　　　　　　　表 2-45

组　　成	质　量　配　比
水泥	250～450
乳化沥青	425～505
砂	540～625
水	30～115
铝粉	0.05～0.07
UEA 膨胀剂	36～50
消泡剂	7.2～13.6
引气剂	3.0～4.25

2.5 预拌砂浆的胶凝材料

1. 概述

胶凝材料是预拌砂浆中的重要组成成分，起着主要粘结、提高强度作用。

胶凝材料，又称胶结料。在物理、化学作用下，能从浆体变成坚固的石状体，并能胶结其他物料，制成有一定机械强度的复合固体的物质。胶凝材料的发展有着悠久的历史，人们使用最早的胶凝材料——黏土来抹砌简易的建筑物。接着出现的水泥等建筑材料都与胶凝材料有着很大的关系。而且胶凝材料具有一些优异的性能，在日常生活中应用较为广泛。随着胶凝材料科学的发展，胶凝材料及其制品工业必将产生新的飞跃。胶凝材料在建筑工程中应用广泛。

2. 胶凝材料的分类

胶凝材料可分为有机胶凝材料和无机胶凝材料两大类，各种树脂、沥青和橡胶等属于有机胶凝材料。见图 2-4。

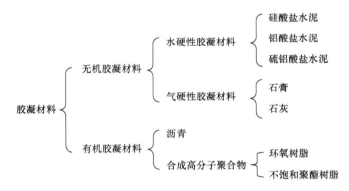

图 2-4　预拌砂浆常用胶凝材料的分类

无机胶凝材料按其凝结硬化的条件不同分为气硬性胶凝材料和水硬性胶凝材料两大类。

（1）气硬性胶凝材料：只能在空气中凝结硬化并保持和发展其强度的胶凝材料。常用的气硬性胶凝材料主要有石膏、石灰、水玻璃等。气硬性胶凝材料一般只适用于干燥环境中，而不宜用于潮湿环境，更不可用于水中。

（2）水硬性胶凝材料：不仅能在空气中凝结硬化，而且能在水中硬化并保持发展其强度的胶凝材料。这类建筑材料主要有水泥，如硅酸盐水泥、铝酸盐水泥、硫铝酸盐水泥等，它的强度主要是在水的作用下产生的。水泥是基础建设的一种最基本材料，不仅广泛应用于工业与民用建筑、水利工程等领域，还可用于代替钢材、木材轨枕、电杆，是各种砂浆中最重要的一种胶凝材料，它的性能直接影响砂浆的性能。建筑中工程常用的是硅酸盐水泥和普通硅酸盐水泥。

2.5.1　水泥

水泥是粉状水硬性无机胶凝材料。加水搅拌后成浆体，能在空气中硬化或者在水中更好的硬化，并能把砂、石等材料牢固地胶结在一起。用它胶结碎石制成的混凝土，硬化后不但强度较高，而且还能抵抗淡水或含盐水的侵蚀。长期以来，它作为一种重要的胶凝材料，广泛应用于土木建筑、水利、国防等工程。

2.5.1.1 水泥的基本性能

水泥的基本性能见表 2-46。

水泥的基本性能   表 2-46

序号	项目	基 本 性 能
1	相对密度与表观密度	普通硅酸盐水泥的相对密度为 3.0～3.15，通常采用 3.1；表观密度为 1000～1600kg/m³，通常采用 1300kg/m³
2	细度	细度指水泥颗粒的粗细程度。颗粒越细，水泥的硬化就越快，早期强度也越高，但在干燥大气中石化，体积会有较大的收缩
3	凝结时间	水泥从加水搅拌到水泥净浆开始失去塑性的时间称为初凝；水泥从加水搅拌到水泥净浆完全失去塑性并开始产生强度的时间称为终凝时间，水泥初凝不宜过早，以便施工操作；但终凝也不宜过长，以便使混凝土尽快硬化，达到一定的强度，利于下道工序的进行。水泥的凝结时间与水泥的品种和混合材料掺量有关
4	强度	水泥的强度是水泥主要质量指标之一，也是确定水泥强度等级的依据。它是以标准条件下养护 28d 龄期后的水泥胶砂试件测定其每平方厘米所承受的压力值
5	安定性	安定性是指标准稠度的水泥净浆，在凝结硬化过程中，体积变化是否均匀的性质。如果水泥中含有较高的游离石灰、氧化镁或三氧化硫，就会使水泥的结构产生不均匀的变化，甚至破坏。安定性不合格的水泥不得用于工程中
6	水化热	水泥与水接触发生水化反应时会发热，这种热称为水化热。它以 1kg 水泥发生的热量（J）来表示。水泥的水化热，对于大体积混凝土是不利的，因为水化热积聚在内部不易散发，致使内外产生很大的温差引起内应力，使混凝土产生裂缝，因此，对大体积混凝土工程，应采用低热水泥，同时应采取必要的降温措施

2.5.1.2 水泥的分类

水泥的分类见表 2-47。

水 泥 的 分 类   表 2-47

划分方法	类别	说明
按性能和用途划分	通用水泥	用于大量土木建筑工程一般用途的水泥，如硅酸盐水泥、普通硅酸盐水泥、矿渣硅酸盐水泥、火山灰质硅酸盐水泥、粉煤灰硅酸盐水泥和复合硅酸盐水泥，称为六大通用硅酸盐水泥
	专用水泥	指在专门用途的水泥，如油井水泥、砌筑水泥等
	特性水泥	指某种性能较突出的一类水泥，如快硬硅酸盐水泥、抗硫酸盐硅酸盐水泥、中热硅酸盐水泥、膨胀硫铝酸盐水泥、自应力铝酸盐水泥等
按照水泥的生产方法（生料的制备方法）不同划分	湿法	将原料加水粉磨成生料浆后喂入湿法回转窑煅烧成熟料，则称为湿法生产。湿法生产能耗较高，但电耗较低，生料易于均匀，熟料质量较好，粉尘少
	半干法	将生料粉加入适量的水制成生料球，而后喂入立窑或立波尔窑内煅烧成熟料的方法，也可归于干法
	干法	将原料同时烘干与粉磨或烘干后粉磨成生料粉，而后喂入干法窑内煅烧成熟料的方法

划分方法	类别	说明
按照水泥的生产方法（熟料煅烧方法）不同划分	立窑	立窑适用于规模较小的工厂
	回转窑	湿法窑
		立波尔窑
		新型干法窑（悬浮预热器窑和窑外分解窑）
按照水泥熟料的矿特性组成划分		硅酸盐水泥、铝酸盐水泥、硫铝酸盐水泥、氟铝酸盐水泥、铁铝酸盐水泥、无熟料水泥等

2.5.1.3 通用硅酸盐水泥

通用硅酸盐水泥按混合材料的品种和掺量分为硅酸盐水泥、普通硅酸盐水泥、矿渣硅酸盐水泥、火山灰质硅酸盐水泥、粉煤灰硅酸盐水泥和复合硅酸盐水泥。各品种的组分和代号如表 2-48 所示。

通用硅酸盐水泥的代号和组分（%）　　　　表 2-48

品　种	代号	组　分				
		熟料＋石膏	粒化高炉矿渣	火山灰质混合材料	粉煤灰	石灰石
硅酸盐水泥	P·Ⅰ	100	—	—	—	—
	P·Ⅱ	≥95	≤5	—	—	—
		≥95	—	—	—	≤5
普通硅酸盐水泥	P·O	≥80 且＜95	>5 且≤20[a]			
矿渣硅酸盐水泥	P·S·A	≥50 且＜80	>20 且≤50[b]	—	—	—
	P·S·B	≥30 且＜50	>50 且≤70[b]	—	—	—
火山灰质硅酸盐水泥	P·P	≥60 且＜80	—	>20 且≤40[c]	—	—
粉煤灰硅酸盐水泥	P·F	≥60 且＜80	—	—	>20 且≤40[d]	—
复合硅酸盐水泥	P·C	≥50 且＜80	>20 且≤50[e]			

注：[a] 本组分材料为符合 GB 175—2007 中 5.2.3 的活性混合材料，其中允许用不超过水泥质量 8% 且符合的非活性混合材料或不超过水泥质量 5% 且符合的窑灰代替。

[b] 本组分材料为符合 GB/T 203 或 GB/T 18046 的活性混合材料，其中允许用不超过水泥质量 8% 且符合本标准的活性混合材料或符合 GB 175—2007 的非活性混合材料或符合本标准的窑灰中的任一种材料代替。

[c] 本组分材料为符合 GB/T 2847 的活性混合材料。

[d] 本组分材料为符合 GB/T 1596 的活性混合材料。

[e] 本组分材料为由两种（含）以上符合 GB 175—2007 活性混合材料或/和符合 GB 175—2007 的非活性混合材料组成，其中允许用不超过水泥质量 8% 且符合 GB 175—2007 的窑灰代替。掺矿渣时混合材料掺量不得与矿渣硅酸盐水泥重复。

硅酸盐水泥：凡是由硅酸盐水泥熟料，掺入 0～5% 石灰石或粒化高炉矿渣、适量石膏经磨细制成的水硬性胶凝材料，称为硅酸盐水泥。硅酸盐水泥又分为两种类型：不掺加混合材料的称Ⅰ型硅酸盐水泥，代号为 P·Ⅰ。粉磨时，掺加不超过水泥重量 5% 的石灰石或粒化高炉矿渣混合材料的称Ⅱ型硅酸盐水泥，代号为 P·Ⅱ。

普通硅酸盐水泥：（简称普通水泥）凡是由硅酸盐水泥熟料，掺入 6%～15% 混合材料及适量石膏经磨细制成的水硬性胶凝材料，称为普通硅酸盐水泥，代号为P·O。普通水泥颜色差别主要原因是所含氧化铁不同。

矿渣硅酸盐水泥：凡是由硅酸盐水泥熟料，粒化高炉矿渣和适量石膏，共同磨细制成的水硬性胶凝材料，称为矿渣硅酸盐水泥，代号为P·S。水泥中粒化高炉矿渣的掺加量按重量百分比计20％～70％。

火山灰质硅酸盐水泥：凡是由硅酸盐水泥熟料和火山灰质混合材料、适量石膏，共同磨细制成的水硬性胶凝材料，称为火山灰质硅酸盐水泥，代号为P·P。水泥中火山灰混合材料掺加的量按重量百分比计20％～50％。

粉煤灰硅酸盐水泥：凡是由硅酸盐水泥熟料和粉煤灰、适量石膏经共同磨细制成的水硬性胶凝材料，称为粉煤灰硅酸盐水泥，代号为P·F。水泥中粉煤灰掺加的量按重量百分比计20％～40％。

复合硅酸盐水泥：凡是由硅酸盐水泥熟料、两种或两种以上规定的混合材料、适量石膏经磨细制成的水硬性胶凝材料称为复合硅酸盐水泥。水泥中，混合材料总掺加量按重量百分应大于15％，但不超过50％。

1. 硅酸盐水泥的物理力学性能

（1）细度：水泥颗粒的粗细对水泥的性能有很大的影响，水泥颗粒的越细，水化反应越快，早期和后期的强度较高，收缩较大。颗粒小于 $40\mu m$（0.04mm），具有较高活性，大于 $100\mu m$（0.1mm）活性很小。国际用比面积方法（$300m^2/kg$）测试。

（2）凝结时间：凝结时间分为初凝时间和终凝时间。初凝时间为水泥加水拌合时至标准稠度时净浆开始失去可塑性所需时间；终凝时间为水泥加水拌合时至标准稠度时净浆完全失去可塑性所需时间。国际规定初凝时间大于45min，终凝时间小于390min。

（3）体积安定性：水泥硬化后产生不均匀的体积变化，形成裂纹。

（4）强度和等级：测定3d和28d的抗压强度和抗折强度，以28d的抗压强度为强度等级。等级数附带R表示早强型水泥。在一般储存条件下，经3个月强度下降10％～15％、6个月强度下降15％～30％、12个月强度下降25％～40％。

（5）碱含量：水泥中的碱含量用 $Na_2O+0.658K_2O$ 计算值表示。不大于0.6％。

（6）水泥硬化反应水的需要量：（对水泥而言）反应水25％，胶体水15％，总计40％。当水量超过40％，多余的水分就要挥发，毛细管的压力造成粒子间隔变狭窄，容积和尺寸发生减少现象。例如1:3砂浆，干燥收缩达1mm/1m。

2. 水泥的水化

硅酸盐水泥熟料的矿物成分：硅酸三钙（$3CaO·SiO_2$，简式 C_3S）、硅酸二钙（$2CaO·SiO_2$，简式 C_2S）、铝酸三钙（$3CaO·Al_2O_3$，简式 C_3A）、铁铝酸四钙（$4CaO·Al_2O_3·Fe_2O_3$，简式 C_4AF）。

水泥的凝结和硬化过程：

1）硅酸三钙水化

硅酸三钙在常温下的水化反应生成水化硅酸钙（C—S—H凝胶）和氢氧化钙。

$$3CaO·SiO_2+nH_2O=xCaO·SiO_2·yH_2O+(3-x)Ca(OH)_2$$

2）硅酸二钙的水化

$\beta-C_2S$ 的水化与 C_3S 相似，只不过水化速度慢而已。

$$2CaO \cdot SiO_2 + nH_2O = xCaO \cdot SiO_2 \cdot yH_2O + (2-x)Ca(OH)_2$$

所形成的水化硅酸钙在 C/S 和形貌方面与 C_3S 水化生成的都无大区别，故也称为 C—S—H 凝胶。但 CH 生成量比 C_3S 的少，结晶却粗大些。

3）铝酸三钙的水化

$3CaO \cdot Al_2O_3 + 6H_2O \rightarrow 3CaO \cdot Al_2O_3 \cdot 6H_2O$（水化铝酸钙，不稳定）；

$3CaO \cdot Al_2O_3 + 3CaSO_4 \cdot 2H_2O + 26H_2O \rightarrow 3CaO \cdot Al_2O_3 \cdot 3CaSO_4 \cdot 32H_2O$（钙矾石，三硫型水化铝酸钙）；

$3CaO \cdot Al_2O_3 \cdot 3CaSO_4 \cdot 32H_2O + 2[3CaO \cdot Al_2O_3] + 4H_2O \rightarrow 3[3CaO \cdot Al_2O_3 \cdot CaSO_4 \cdot 12H_2O]$（单硫型水化铝酸钙）；

铝酸三钙的水化迅速，放热快，其水化产物组成和结构受液相 CaO 浓度和温度的影响很大，先生成介稳状态的水化铝酸钙，最终转化为水石榴石（C_3AH_6）。

在有石膏的情况下，C_3A 水化的最终产物与起石膏掺入量有关。最初形成的三硫型水化硫铝酸钙，简称钙矾石，常用 AFt 表示。若石膏在 C_3A 完全水化前耗尽，则钙矾石与 C_3A 作用转化为单硫型水化硫铝酸钙（AFm）。

4）铁相固溶体的水化

$4CaO \cdot Al_2O_3 \cdot Fe_2O_3 + 7H_2O \rightarrow 3CaO \cdot Al_2O_3 \cdot 6H_2O + CaO \cdot Fe_2O_3 \cdot H_2O$。

水泥熟料中铁相固溶体可用 C_4AF 作为代表。它的水化速率比 C_3A 略慢，水化热较低，即使单独水化也不会引起快凝。其水化反应及其产物与 C_3A 很相似。

2.5.1.4 白色硅酸盐水泥

适当成分的生料经熔融，生成硅酸钙为主要成分，氧化铁含量很少的白色硅酸盐熟料，加入适量石膏，共同磨细制成的水硬性胶凝材料称为白色硅酸盐水泥。

水泥颜色与氧化铁含量的关系如表 2-49 所示。

水泥颜色与氧化铁含量的关系　　　　　　　　　　　　表 2-49

氧化铁含量	3～4	0.45～0.7	0.35～0.4
水泥颜色	暗灰色	淡绿色	白色

白色硅酸盐水泥的等级、白度值及标号如表 2-50 所示。

白色硅酸盐水泥的技术要求　　　　　　　　　　　　表 2-50

SO₃含量/%	白度值/%	细度（80μm 方孔筛余）/%	安定性（沸煮法）	凝结时间
≤3.5	≥87	≤10	合格	初凝应不早于 45min，终凝应不迟于 10h

强度等级	抗压强度/MPa		抗折强度/MPa	
	3d	28d	3d	28d
32.5	12.0	32.5	3.0	6.0
42.5	17.0	42.5	3.5	6.5
52.5	22.0	52.5	4.0	7.0

2.5.1.5 铝酸盐水泥

铝酸盐水泥和硅酸盐水泥都是属于水硬性水泥，前者的主要矿物组成是铝酸钙，后者的主要矿物组成是硅酸钙，由于矿物组成的不同，水泥的特性也不相同。

早在十九世纪后半叶，法国由于海水和地下水对混凝土结构侵蚀破坏事故的频繁发生，一度成为土木工程上的重大问题，法国国民振兴会曾以悬赏金鼓励为此做贡献者。研究者们发现，合成的铝酸钙具有水硬性，并对海水和地下水具有抗侵蚀能力。1908年，法国拉法基采用反射炉熔融法生产成功高铝水泥并取得专利，解决了海水和地下水工程的抗侵蚀问题。在实际使用中还发现了高铝水泥有极好的早强性，在第一次世界大战期间，高铝水泥被大量用来修筑阵地构筑物。20世纪20年代以后，逐渐扩展到工业与民用建筑。到30年代初，在法国本土及其非洲殖民地区的一批高铝水泥混凝土工程不断出现事故，诸多研究工作者遂着手深入进行该水泥的水化硬化机理和以强度下降为中心的耐久性研究，发现高铝水泥的水化产物因发生晶形转变而使强度降低。此后，在结构工程中的应用都比较慎重。而主要发展了在耐热、耐火混凝土和膨胀水泥混凝土中的应用。20世纪80年代以后，不定形耐火材料在耐火材料行业中的比例迅速增加，高铝水泥作为结合剂的用量也日益增加。

我国的高铝水泥，在新中国成立初期为国防建设需要而开始立项研制，并开创性的采用回转窑烧结法生产高铝水泥，产品主要用作耐火浇注料的结合剂，以及配制自应力水泥、膨胀剂等。也成功地应用于火箭导弹的发射场地等国防建设和抢修用水泥。

近年来，随着化学建材的迅速兴起，铝酸盐铝水泥作为硅酸盐水泥凝结硬化时间的调节添加剂已愈来愈被材料工作者重视，并将成为化学建材的重要原材料之一。

1. 铝酸盐水泥的定义和分类

凡以铝酸钙为主的铝酸盐水泥熟料，磨细制成的水硬性胶凝材料称为铝酸盐水泥，其代号为CA。根据需要也可在磨制Al_2O_3含量大于68％的水泥时掺加适量的α-Al_2O_3粉。

铝酸盐水泥按Al_2O_3含量百分数可分为以下四类：

CA-50：50％≤Al_2O_3<60％

CA-60：60％≤Al_2O_3<68％

CA-70：68％≤Al_2O_3<77％

CA-80：77％≤Al_2O_3

2. 铝酸盐水泥的性能要求

（1）铝酸盐水泥的化学成分按水泥质量百分比计应符合表2-51的要求。

各类型铝酸盐水泥化学成分（％）　　　　表2-51

类型	Al_2O_3	SiO_2	Fe_2O_3	R_2O（Na_2O+0.658K_2O）	S注（全硫）	C注
CA-50	≥50，<60	≤8.0	≤2.5			
CA-60	≥60，<68	≤5.0	≤2.0	≤0.40	≤0.1	≤0.1
CA-70	≥50，<77	≤1.0	≤0.7			
CA-80		≤0.5	≤0.5			

注：当用户需要时，生产厂应提供结果。

（2）细度

比表面积不小于$300m^2/kg$或$0.045mm$筛余不大于20％，由供需双方商订，在无约

50

定的情况下发生争议时以比表面积为准。

（3）凝结时间要求（表 2-52）

铝酸盐水泥的凝结时间   表 2-52

水泥类型	初凝时间/min	终凝时间/h
CA-50 CA-70 CA-80	不早于 30	不迟于 6
CA-60	不早于 60	不迟于 18

（4）强度要求（表 2-53）

水泥胶砂强度   表 2-53

水泥类型	抗压强度/MPa				抗折强度/MPa			
	6h	1d	3d	28d	6h	1d	3d	28d
CA-50	20	40	50	—	3.0	5.5	6.5	—
CA-60	—	20	45	85	—	2.5	5.0	10.0
CA-70	—	30	40	—	—	5.0	6.0	—
CA-80	—	25	30	—	—	4.0	5.0	—

3. 铝酸盐水泥的水化

高铝水泥的主要矿物为铝酸一钙（CA），次要矿物为二铝酸一钙（CA_2），与水反应可用下式表示：高铝水泥在常温下的水化产物 CAH_{10} 和 C_2AH_8 都属于介稳产物，它们在温度超过 35℃情况下会转变成稳定的 C_3AH_6，在这种晶形转变过程中，会引起强度下降。当高铝水泥的水化产物 CAH_{10}、C_2AH_8 与硅酸盐水泥水化产物 C－S－H 凝胶反应形成水化硅铝酸钙（stratlingite）也称为水化钙黄长石 C_2ASH_8，由于 C_2ASH_8 的形成，避免了 CAH_{10} 和 C_2AH_8 因转化为 C_3AH_6 而产生的强度下降。精心选择高铝水泥的适宜添加量，可以使与硅酸盐水泥的混合物获得满意的水化性能，既获得了高的早期强度，又保留了良好的长期强度。

高铝水泥和各种石膏的混合物，在加水搅拌后发生相互反应，而形成钙矾石。

$$3CA+3CaSO_4+41H_2O \rightarrow C_3A \cdot 3CaSO_4 \cdot 32H_2O+6Al(OH)_3$$
$$3CA+CaSO_4+21H_2O \rightarrow C_3A \cdot CaSO_4 \cdot 12H_2O+6Al(OH)_3$$

商品砂浆的迅速兴起，利用石膏和高铝水泥的膨胀效应，往往用作收缩补偿，以克服砂浆的开裂问题。实际上，在形成钙矾石的过程中希望形成高结合水的 $3CaO \cdot Al_2O_3 \cdot 3CaSO_4 \cdot 32H_2O$ 钙矾石，在富 $Ca(OH)_2$ 的条件下，高含水的钙矾石比较容易形成，而硅酸盐水泥水化时就可以提供 $Ca(OH)_2$，有时可以另外配入 $Ca(OH)_2$。

铝酸盐水泥加入到硅酸盐水泥中，可以加快混合物的凝结时间和加速强度的早期发挥。当合理的选用各种添加剂，即可配制出既有快凝快硬的性能，还能获得所需要的流动性、保水性、粘结性以及收缩补偿性。例如地面自流平材料，二次地面基线找平，以及旧地面的修补，一方面需要通过添加剂获得优秀的自流平性能，而且需要获得快速硬化的性能，快速吸收水分的性能，以便可以尽快能行走进行下一个工序。

高铝水泥应用于化学建材，首先是为了加快凝结和硬化，以达到增加工作效率的目的。但实际上，高铝水泥主要组分的反应基础应该是铝酸钙与硫酸钙与氢氧化钙或来源于硅酸盐水泥中的氢氧化钙之间的反应，反应产物钙矾石是一种含有大量结合水的矿物（含$32H_2O$），通过这一矿物的快速形成，可以使硬化体在短时间内具有低的残余水。从而可降低硬化体因水分蒸发而产生大的收缩。

利用高铝水泥和硅酸盐水泥混合后产生的这一系列性能，已广泛用来配制各种商品砂浆。如：瓷砖粘结剂、快硬瓷砖胶、自流平地面材料、密封材料、止水堵漏材料、快硬砂浆、修补砂浆、粘结砂浆、浇注砂浆等。

综上所述，预拌砂浆生产宜采用硅酸盐水泥、普通硅酸盐水泥、矿渣硅酸盐水泥、复合硅酸盐水泥，且应符合相应标准规定的要求。做水泥基自流平砂浆可适当地选用一部分铝酸盐水泥或硫铝酸盐水泥。使用其他水泥时应符合相应标准的规定。硫铝酸盐水泥和铁铝酸盐水泥以及它们派生的其他水泥品种具有早强、高强、高抗渗、高抗冻、耐蚀、低碱和生产能耗低等基本特点，应用水泥制品中较多。

2.5.2 石灰

石灰一种以氧化钙为主要成分的气硬性无机胶凝材料。石灰是用石灰石、白云石、白垩、贝壳等碳酸钙含量高的原料，经900～1100℃煅烧而成。变化过程如下所示：

$$CaCO_3 \xrightarrow{900\sim1100℃} CO_2\uparrow + CaO$$

煅烧温度高低与时间的长短都会影响质量，石灰内部结构紧密，晶粒粗大，与水反应极慢，会发生膨胀。根据石灰的不同加工方法，具有以下成品：

（1）生石灰及生石灰粉：主要成分是CaO，性能如表2-54所示：

生石灰的技术要求 表2-54

项　　目		钙质生石灰			镁质生石灰		
		优等品	一等品	合格品	优等品	一等品	合格品
CaO＋MgO 含量/%		≥85	≥80	≥75	≥80	≥75	≥70
CO_2含量/%		≤7	≤9	≤11	≤8	≤10	≤12
细度	0.90 筛筛余	≤0.2	≤0.5	≤1.5	≤0.2	≤1.5	≤1.5
	0.12 筛筛余	≥7.0	≥12.0	≥18.0	≥7.0	≥12.0	≥18.0

（2）消石灰及石灰膏：主要成分是$Ca(OH)_2$。性能如表2-55所示：

消石灰的技术要求 表2-55

项　　目	钙质生石灰			镁质消生石灰			白云石消生石灰粉		
	优等品	一等品	合格品	优等品	一等品	合格品	优等品	一等品	合格品
钙镁含量（%）	≮70	≮65	≮60	≮65	≮60	≮55	≮65	≮60	≮55
游离水（%）	0.4～2	0.4～2	0.4～2	0.4～2	0.4～2	0.4～2	0.4～2	0.4～2	0.4～2
体积安定性	合格	合格		合格	合格		合格	合格	
0.90 筛筛余	0	0	≯0.5	0	0	≯0.5	0	0	≯0.5
0.125 筛筛余	3	≮10	≮15	≮3	≮10	≮15	≮3	≮10	≮15

1. 石灰的硬化机理

（1）结晶作用：游离水分蒸发，氢氧化钙从饱和溶液析出。

（2）碳化作用：氢氧化钙与空气中的二氧化碳、水反应生成碳酸钙结晶，释放水分并蒸发。

$$Ca(OH)_2 + CO_2 + nH_2O = CaCO_3 + (n+1)H_2O$$

2. 石灰的特性

（1）可塑性好：呈胶体的颗粒表面吸附一层水膜，减少颗粒之间的摩擦力，利用此性能可提高砂浆的保水性。

（2）硬化缓慢：因为碳化作用较慢，已硬化的表层阻碍内部碳化，故硬化过程较长。

（3）硬化后强度低：因水化热大消耗一部分水，故实际消化用水量大，石灰中的多余的水蒸发后留下大量空隙，使硬化石灰体密度小，故强度低。

（4）耐水差：受潮后，未碳化的氢氧化钙易溶解，硬化的石灰体遇水会产生溃散。

（5）收缩大：石灰浆中存在大量游离水，硬化后水分蒸发，导致毛细管失水紧缩，引起体积收缩变形。

石灰粒子形成氢氧化钙胶体结构，颗粒极细（粒径约为 $1\mu m$），比表面积很大（达 $10 \sim 30 \ m^2/g$），其表面吸附一层较厚的水膜，可吸附大量的水，因而有较强保持水分的能力，即保水性好。将它掺入水泥砂浆中，配成混合砂浆，可显著提高砂浆的和易性。

石灰依靠干燥结晶以及碳化作用而硬化，由于空气中的二氧化碳含量低，且碳化后形成的碳酸钙硬壳阻止二氧化碳向内部渗透，也妨碍水分向外蒸发，因而硬化缓慢，硬化后的强度也不高，1:3 的石灰砂浆 28d 的抗压强度只有 $0.2 \sim 0.5 MPa$。在处于潮湿环境时，石灰中的水分不蒸发，二氧化碳也无法渗入，硬化将停止；加上氢氧化钙易溶于水，已硬化的石灰遇水还会溶解溃散。因此，石灰不宜在长期潮湿和受水浸泡的环境中使用。

石灰在硬化过程中，要蒸发掉大量的水分，引起体积显著收缩，易出现干缩裂缝。所以，石灰不宜单独使用，一般要掺入砂、纸筋、麻刀等材料，以减少收缩，增加抗拉强度，并能节约石灰。

石灰具有较强的碱性，在常温下，能与玻璃态的活性氧化硅或活性氧化铝反应，生成有水硬性的产物，产生胶结。因此，石灰还是建筑材料工业中重要的原材料。

3. 石灰在土木工程中主要用途

（1）石灰乳和砂浆：消石灰粉或石灰膏掺加大量粉刷。用石灰膏或消石灰粉可配制石灰砂浆或水泥石灰混合砂浆，用于砌筑或抹灰工程。

（2）石灰稳定土：将消石灰粉或生石灰粉掺入各种粉碎或原来松散的土中，经拌合、压实及养护后得到的混合料，称为石灰稳定土。它包括石灰土、石灰稳定沙砾土、石灰碎石土等。石灰稳定土具有一定的强度和耐水性。广泛用作建筑物的基础、地面的垫层及道路的路面基层。

（3）硅酸盐制品：以石灰（消石灰粉或生石灰粉）与硅质材料（砂、粉煤灰、火山灰、矿渣等）为主要原料，经过配料、拌合、成型和养护后可制得砖、砌块等各种制品。因内部的胶凝物质主要是水化硅酸钙，所以称为硅酸盐制品，常用的有灰砂砖、粉煤灰砖等。

2.5.3 石膏

生产石膏胶凝材料的原料有天然二水石膏、天然硬石膏以及工业副产石膏。天然二水石膏又称生石膏，是由两个结晶水的硫酸钙（$CaSO_4 \cdot 2H_2O$）所复合组成的层积岩石。天然硬石膏又名无水石膏，主要是由无水硫酸钙（$CaSO_4$）所组成的沉积石岩。工业副产石膏主要是脱硫石膏。

通常所说的石膏包括石膏和硬石膏两种天然硫酸钙产物，属于气硬性胶凝材料。石膏是二水硫酸钙，硬石膏是无水硫酸钙。石膏是单斜晶系矿物，主要化学成分为硫酸钙（$CaSO_4$）的水合物。天然二水石膏（$CaSO_4 \cdot 2H_2O$），又称软石膏或生石膏，是生产石膏的主要原料，可制造各种性质的石膏。生产石膏的主要工序是加热与磨细。建筑中使用最多的石膏品种是建筑石膏（熟石膏），其次是模型石膏，此外，还有高强度石膏、无水石膏水泥和地板石膏。由于加热温度和方式不同，可生产不同性质的石膏。

（1）建筑石膏：建筑石膏是将天然二水石膏等原料在 $107 \sim 170℃$ 的温度下煅烧成熟石膏，再经磨细而成的白色粉状物。其主要成分为 β 型半水石膏。建筑石膏硬化后具有很好的绝热吸音性能和较好的防火性能吸湿性能；颜色洁白，可用于室内粉刷施工，特别适合于制作各种。洁白光滑细致的花饰装饰，如加入颜料可使制品具有各种色彩。建筑石膏不宜用于室外工程和 $65℃$ 以上的高温工程。总之，建筑石膏可用于室内粉刷，制作装饰制品，多孔石膏制品和石膏板等。

（2）模型石膏：煅烧二水石膏生成的熟石膏，若其中杂质含量少，SKI 较白粉磨较细的称为模型石膏。它比建筑石膏凝结快，强度高。主要用于制作模型、雕塑、装饰花饰等。

（3）高强度石膏：将 H 水石膏放在压蒸锅内，在 1.3 大气压（$124℃$）下蒸炼生成。α-型半水石膏，磨细后就是高强度。这种石膏硬化后具有较高的密实度和强度。高强度石膏适用于强度要求高的抹灰工程，装饰制品和石膏板。掺入防水剂后，其制品可用于湿度较高的环境中，也可加入有机溶液中配成粘结剂使用。

（4）无水石膏水泥：将天然二水石膏加热至 $400 \sim 750℃$ 时，石膏将完全失去水分，成为不溶性硬石膏，将其与适量激发剂混合磨细后即为无水石膏水泥。无水石膏水泥适宜于室内使用，主要用以制作石膏板或其他制品，也可用作室内抹灰。

（5）地板石膏：如果将天然二水石膏在 $800℃$ 以上煅烧，使部分硫酸钙分解出氧化钙，磨细后的产品称为高温煅烧石膏，亦称地板石膏。地板石膏硬化后有较高的强度和耐磨性，抗水性也好，所以主要用作石膏地板，用于室内地面装饰。

所以说石膏是一种用途广泛的工业材料和建筑材料。可用于水泥缓凝剂、石膏建筑制品、模型制作、医用食品添加剂、硫酸生产、纸张填料、油漆填料等。石膏及其制品的微孔结构和加热脱水性，使之具优良的隔声、隔热和防火性能。

石膏胶凝材料一般是用二水石膏为原料，在一定条件下进行热处理而制得。二水石膏受热脱水过程中，根据不同条件，会得到各种半水和无水石膏变体，它们的结构和性质是有区别的。

建筑石膏以（$β-CaSO_4 \cdot 1/2H_2O$）为主要成分，不需要加任何外加剂的胶凝材料。原料中天然二水石膏 $CaSO_4 \cdot 2H_2O$ 含量大于 75%。

$$CaSO_4 \cdot 2H_2O \xrightarrow{107\sim170℃} CaSO_4 \cdot 1/2H_2O + 3/2H_2O$$

将天然二水石膏在不同压力和温度下加热，可制得晶体结构和性质各异的多种石膏胶凝材料。在普通条件下可得 β 型半水石膏；在 0.13MPa，124℃加热可得 α-型半水石膏（高强石膏）；在 170～200℃脱水可成为可溶性硬石膏（$CaSO_4$ Ⅲ）；在 400℃脱水可成为不溶性硬石膏（$CaSO_4$ Ⅱ）；在 800℃部分石膏分解可得 CaO，经磨细后的产品称为高温煅烧石膏。

1. 建筑石膏的水化及硬化机理

首先，β 型半水石膏溶于水，成为不稳定的饱和溶液，溶液中的 β 型半水石膏与水化合又形成了二水石膏，水化反应按下式进行：

$$CaSO_4 \cdot 1/2H_2O + 3/2H_2O \longrightarrow CaSO_4 \cdot 2H_2O$$

水化产物二水石膏在水中的溶解度比 β 型半水石膏小得多，β 型半水石膏的饱和溶液对二水石膏就成了过饱和溶液，开始形成晶核，其间晶核长大、连生和互相交错，在晶核大到某一定值，二水石膏就析出。此时溶液浓度降低，又一批 β 型半水石膏继续溶解和水化。反复进行，直至 β 型半水石膏全部耗尽。二水石膏生成量不断增加，水分减少，浆体失去可塑性，称为初凝。

2. 建筑石膏的特性：

（1）凝结硬化快：初凝时间不小于 6min，终凝时间不大于 30min。可加缓凝剂进行缓凝。

（2）孔隙率大，强度低：抗压强度为 3～5MPa。

（3）建筑石膏硬化体隔热性和保温性良好，耐水差。导热系数为 0.121～0.205W/（m·K），软化系数为 0.30～0.45。

（4）防火性能好：非燃烧体。

（5）建筑石膏硬化时体积略有膨胀：约膨胀 0.05%～0.15%。微膨胀可使建筑石膏硬化体表面光滑饱满，干燥时不开裂。

（6）装饰性，加工性好。

3. 建筑石膏的质量标准（表 2-56）

建筑石膏的质量标准　　　　　　　　　　　　　　　　表 2-56

技术要求		等　级		
		优等品	一等品	二等品
抗折强度/MPa		≥2.5	≥2.1	≥1.8
抗压强度/MPa		≥5.0	≥4.0	≥3.0
0.2mm 方孔筛筛余/%		≤5.0	≤10.0	≤15.0
凝结时间/min	初凝时间	≥6		
	终凝时间	≤30		

干混砂浆中采用的石膏在水中溶解度性能很重要，溶解度对干混砂浆的粘结性能影响很大。而溶解度与生产方法，磨细的方法及磨细程度，存放时间，使用温度及 pH 值有关。

不同种类的石膏溶解度如表 2-57 所示：

石膏种类	溶解速度（g/min）
β-半水石膏	38
可溶性硬石膏	20
α-半水石膏	4
天然石膏	2
硬石膏	1

　　干混砂浆中使用石膏，主要起两个作用。其一是为了提高砂浆的和易性而添加的；其二是完全以石膏为胶凝材料。举例说明，水泥石膏砂浆是以硅酸盐水泥为主要胶凝材料，以砂为细骨料，并利用部分石膏取代水泥，来改善砂浆密度、施工性性能的砂浆，是水泥砂浆的替代品。粉刷石膏砂浆则完全以半水石膏为胶凝材料，以砂为细骨料，通过添加乳胶粉、纤维素醚等聚合物改性的砂浆，工程上主要用来做面层。

2.6　骨料与再生骨料的资源化利用

　　骨料是预拌砂浆不可缺少的组分，占整个砂浆组分的 70％以上，骨料质量的优劣直接影响着砂浆的性能。预拌砂浆所用的骨料主要为细骨料和轻骨料。细骨料按其来源方式，可分为天然砂和人工砂。轻骨料是指轻质类骨料，例如聚苯颗粒、陶粒、膨胀珍珠岩、膨胀蛭石、浮石、泡沫玻璃珠等。

2.6.1　天然砂

　　天然砂是自然生成的，经人工开采和筛分的粒径小于 4.75mm 的岩石颗粒，按其产源不同可分为河砂、湖砂、山砂和淡化海砂，但不包括软质、风化的岩石颗粒。河砂、湖砂、海砂是在河、湖等天然水域中形成和堆积的岩石碎屑，长期受水流冲刷作用，颗粒表面圆滑，但是海砂中含有贝壳及盐类有害物质。在预拌砂浆中使用时需水量小，和易性好。山砂是岩体风化后的岩石碎屑，其表面多棱角，多粗糙，含泥较多，在砂浆中使用时需水量大较大，和易性差。河砂较好。

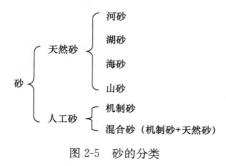

图 2-5　砂的分类

　　砂按照来源分类，如图 2-5 所示：

　　砂按照细度模数分为粗、中、细三种规格，其细度模数分别为：细度模数 3.7～3.1 为粗砂，细度模数 3.0～2.3 为中砂，细度模数 2.2～1.6 为细砂。按技术要求分为：Ⅰ类，宜用于强度等级大于 C60 的混凝土；Ⅱ类，用于强度等级为 C30～C60 及抗冻、抗渗或其他要求的混凝土；Ⅲ类，宜用于强度等级小于 C30 的混凝土和建筑砂浆。

　　《建设用砂》GB/T 14684—2011 对建设用砂提出了要求：

　　（1）颗粒级配及砂的粗细程度

　　砂的粗细程度及颗粒级配是评定砂质量的重要指标。砂的粗细程度是指不同粒径的砂粒混合在一起的平均粗细程度。细砂表面积大，需水泥浆多，过粗砂易产生离析，泌水。

砂的颗粒级配是指砂中不同粒径颗粒的组成情况。粒径相同空隙率大，当不同粒径搭配，达到空隙率和总表面积均较小。达到经济好，提高和易性，密实度和强度。

砂的颗粒级配应符合表 2-58 的规定，砂的级配类别按表 2-59 的规定。对于砂浆用砂，4.75mm 筛孔的累计筛余量应为 0，砂的实际颗粒级配处 4.75mm 和 $600\mu m$ 筛档外，可以略有超出，但各级累计筛余超出值总和应不大于 5%。

颗 粒 级 配　　　　　　　表 2-58

砂的分类	天然砂			机制砂		
级配区	1 区	2 区	3 区	1 区	2 区	3 区
方筛孔	累计筛余%					
4.75mm	10～0	10～0	10～0	10～0	10～0	10～0
2.36mm	35～0	25～0	15～0	35～0	25～0	15～0
1.18mm	65～35	50～10	25～0	65～35	50～10	25～0
$600\mu m$	85～71	70～41	40～16	85～71	70～41	40～16
$300\mu m$	95～80	92～70	85～55	95～80	92～70	85～55
$75\mu m$	100～90	100～90	100～90	97～85	94～80	94～75

级 配 类 别　　　　　　　表 2-59

类别	Ⅰ	Ⅱ	Ⅲ
级配区	2 区	1、2、3 区	

砂的粗细程度是指不同粒径的砂粒，混合在一起的总体粗细程度。在一定质量或体积下，粗砂总表面积较小，细砂总表面积较大。例如，粒径为 2.5～5mm 的砂，$1m^3$ 砂的总表面积为 $1600m^2$，粒径为 0.05～0.14mm 的砂，$1m^3$ 砂的总表面积为 $160000m^2$，即粒径愈小，总表面积愈大。在砂浆中，砂的表面需要由胶凝材料（水泥、粉煤灰等）浆体包裹，砂的总表面积愈大，则需要包裹的浆体就愈多。当砂浆拌合物的流动度要求一定时，显然用粗砂拌制的砂浆较之用细砂所需的浆体要省。单砂粒过粗，却又使砂浆拌合物容易产生离析、分层、泌水现象。同时由于砂浆层较薄，对砂子最大粒径也应有所限制。对于毛石砌体所用的砂子，最大粒径应小于砂浆层厚度的 1/5～1/4。对于砖砌体以使用中砂为宜；对于光滑的抹面及勾缝砂浆则应采用细砂。

骨料的级配指骨料中不同粒径颗粒的分布情况。良好的级配应当能使骨料的孔隙率和总表面积均较小，从而不仅使所需水泥浆量较少，而且还可以提高砂浆的密实度、强度及其他性能。若骨料的粒径分布全在同一尺寸范围内，则会产生很大的空隙率，只有适宜的骨料粒径分布，才能达到良好级配的要求。

砂的级配和粗细程度用筛分析方法测定。砂的筛分析方法是用一套孔径为 4.75mm、2.36mm、1.18mm、0.60mm、0.30mm、0.15mm 的标准筛，将抽样所得 500g 干砂，由粗到细依次过筛，然后称得留在各筛上砂的质量，并计算出各筛上的分计筛余百分率 a_1、a_2、a_3、a_4、a_5、a_6（各筛上的筛余量占砂样总质量的百分率），及累计筛余百分率 A_1、A_2、A_3、A_4、A_5、A_6（各筛与比该筛粗的所有筛的分计筛余百分率之和）。

砂的粗细程度用细度模数表示，细度模数（Mx）按下式计算：

$$Mx=[(A_2+A_3+A_4+A_5+A_6)-5A_1]/(100-A_1)$$

细度模数越大，表示砂越粗。砂的细度模数范围一般为 3.7~1.6，其中 Mx 在 3.7~3.1 为粗砂，Mx 在 3.0~2.3 为中砂，Mx 在 2.2~1.6 为细砂，Mx 在 1.5~0.7 为特细砂。其中毛石砌体的砌筑砂浆，宜选用粗砂；光滑表面的抹灰及勾缝砂浆，宜选用细砂。底层与中层的抹灰砂浆的砂的最大粒径控制在 2.2~2.5mm；面层抹灰砂浆砂的最大粒径不大于 1.2mm。

应当注意，砂的细度模数并不能反映其级配的优劣，细度模数相同的砂，级配可以很不相同。

（2）砂的含泥量和泥块含量（表 2-60）

含泥量和泥块含量 表 2-60

类　别	Ⅰ	Ⅱ	Ⅲ
含泥量（按质量计）/%	≤1.0	≤3.0	≤5.0
泥块含量（按质量计）/%	0	≤1.0	≤2.0

（3）有害物质含量

骨料中的有害物质包括云母、轻物质、有机物、硫化物及硫酸盐、氯盐以及草根、树叶、树枝、塑料、煤块、炉渣等杂质。云母是一种有层状结构的硅酸盐类矿物，呈薄片状，表面光滑，容易沿着解理面裂开，并且对水泥石的粘结性差，影响界面强度。轻物质是指表观密度小于 2000kg/m³ 的物质，质地较软，容易使砂浆内部出现空洞，影响砂浆内部组成的均匀性。硫化物与硫酸盐将对硬化的水泥石交替产生硫酸盐侵蚀作用。有机物通常是植物的腐烂产物（主要是鞣酸和它的衍生物），并以腐殖土或有机土壤的形式出现，它的危害作用主要是阻碍、延缓水泥正常水化，减低砂浆的强度。氯盐的危害主要是引起混凝土中钢筋的锈蚀，从而破坏钢筋与混凝土中的粘结，使保护层混凝土开裂，最终导致结构破坏。虽然聚合物砂浆不会直接与钢筋接触，但当聚合物砂浆中的氯离子含量过高时，其将引起相接触的钢筋混凝土结构中的钢筋腐蚀，从而导致结构的破坏，必须注意。

骨料中的有害物质含量应当符合表 2-61 的规定。

骨料中的有害物质含量标准 表 2-61

项　目	指　标		
	Ⅰ	Ⅱ	Ⅲ
云母（按质量计）/%	<1.0	<3.0	<5.0
轻物质（按质量计）/%	<1.0	<1.0	<2.0
有机物（比色法）	合格	合格	合格
硫化物及硫酸盐（按 SO_3 质量计）/%	<0.5	<0.5	<0.5
氯化物（按氯离子质量计）/%	<0.02	<0.01	<0.06

（4）表观密度、松散堆积密度、空隙率规定

表观密度不小于 2500kg/m³；松散堆积密度不小于 1400kg/m³；孔隙率不大于 44%。

（5）坚固性

骨料的坚固性，用硫酸钠溶液检验，试样经 5 次循环后其质量损失应符合相关规定。

（6）碱骨料反应

经碱骨料反应试验后，试件应无裂缝、酥裂、胶体外溢等现象，在规定的试验龄期膨胀率应小于 0.10%。

2.6.2 机制砂

机制砂是经除土处理，由机械破碎、筛分制成的，粒径小于 4.75mm 的岩石、矿山尾矿或工业废渣颗粒，但不包括软质、风化的颗粒，俗称人工砂。目前我国机制砂生产主要有三种形式：一是开矿产石的同时专门生产机制砂；二是用河道里的卵石生产机制砂，或配以少量天然砂生产的混合砂；三是用各种尾矿料生产的机制砂。

为解决大气治理、环保和建设用砂的需要，人工砂必将成为建设用砂的主要来源。机制砂与天然砂相比有明显的差异，机制砂颗粒粗糙多棱角，级配为"两头大，中间小"，粉含量高（0.075mm 以下颗粒较多），但粉可分为适当含量对砂浆和混凝土有益的石粉和完全有害的泥粉。天然砂颗粒光滑圆润，级配良好，所含的 0.075mm 以下颗粒基本为有害的泥粉。机制砂与天然砂的不同，必将导致机制砂对干粉砌筑砂浆的性能影响与天然砂存在较大差异。机制砂的母岩对砂浆有重要影响，一方面骨料颗粒所具有的物理力学性能如母岩强度、破碎形状、吸水率等能影响砂浆的强度；另一方面众多颗粒所构成的骨料骨架能抑制砂浆收缩和减少浆体用量，从而增强砂浆的体积稳定性；同时骨料的部分矿物还能参与胶凝材料的水化反应，从而影响骨料——水泥石粘结界面（过渡区）的形成和结构，进而影响结构的整体性中。石灰岩石粉起到类似晶核的作用，能诱导水化产物析晶从而加速水泥水化。机制砂由机械设备在一定工艺条件下破碎而成，其颗粒粗糙多棱角且粉含量高，拌合物干涩，为保证和易性必须增加浆体用量；同时因其棱角度高导致骨料堆积时具有更高的孔隙率，为填充密实空隙也将增加浆体用量，因此达到相同工作性时机制砂所拌制的砂浆与天然砂砂浆相比需要更多的用水量或胶凝材料用量。

2.6.3 尾矿砂的资源化利用

尾矿砂是采矿企业在一定技术经济条件下排出的废弃物，但同时又是潜在的二次资源，当技术、经济条件允许时，可再次进行有效开发。据统计，2000 年以前，我国矿山产出的尾矿总量为 50.26 亿 t，其中，铁矿尾矿量为 26.14 亿 t，主要有色金属的尾矿量为 21.09 亿 t，黄金尾矿量为 2.72 亿 t，其他 0.31 亿 t。2000 年我国矿山年排放尾矿达到 6 亿 t，按此推算，到 2006 年，尾矿的总量 80 亿 t 左右。

尾矿占全国固体废料的 1/3 左右，而尾矿综合利用率仅为 8.2% 左右，尾矿排入河道、沟谷、低地，污染水土大气，破坏环境，乃至造成灾害。矿山尾矿堆存场所还占用了大量农田、林地，对环境也有一定污染。中国现在较大规模的尾矿库 400 多座。尾矿的治理和利用是十分紧迫的事情。尾矿含有大量可以利用的非金属矿物，可以作为建筑材料、玻璃原料进行利用。随着国家加强环境保护土地管理，尾矿占地成为必须解决的迫切问题，只回收有价尾矿仍然处理不了剩下的大量尾矿，只有将尾矿作为建筑材料利用才是最根本的出路。矿山废石及选厂尾矿可作为铁路、公路道渣、混凝土粗骨料；多种矿山尾矿可作为建筑用砂、免烧尾矿砖、砌块、广场砖、铺路砖及新型墙体材料原料；许多矿山尾矿可以成为良好的水泥材料；高硅尾矿可作玻璃。

我国铁矿尾矿产生量很大，占我国矿山尾矿总量的一半以上。铁矿尾矿砂化学性质稳定，颗粒级配合理，可以作为建筑用砂。铁矿尾矿砂，经过烘干、筛分后得到不同级配的尾矿烘干砂，共有 10～20 目、20～40 目、40～70 目、70～110 目四种不同细度。湿拌砂浆利用尾矿砂浆时不用烘干，完全可以直接利用。目前将尾矿砂用于砂浆中研究较多，性能上完全可以做到与天然砂和机制砂一样，加之国家鼓励利用尾矿等废弃资源变废为宝，尾矿砂已经成为预拌砂浆和混凝土中代替天然砂的首选。

（1）选取北京首云铁矿尾矿砂进行试验研究。尾矿砂矿物组成、化学成分及物理性能详见表 2-62～表 2-64。

尾矿砂的矿物组成 表 2-62

矿物名称	石英	长石	磁铁矿	其他矿物
尾矿砂	57.1%	19.0%	12.4%	11.5%

尾矿砂的化学成分 表 2-63

成分	SiO_2	Al_2O_3	Fe_2O_3	CaO	MgO	SO_3
尾矿砂	71.12	6.30	11.87	4.81	3.58	0.32

由表 2-61、表 2-62 可以看出，尾矿砂中没有对砂浆有害的物质，完全符合国家建筑用砂质量要求。

尾矿砂和机制砂物理性能对比 表 2-64

序号	细骨料	亚甲蓝值	细度模数	堆积密度
1	机制砂（粗）	1.4	3.4	1580
2	尾矿砂	0.5	1.5	1690

尾矿砂的颗粒级配 表 2-65

筛子尺寸/mm	分计筛余量/g	分计筛余/%	累计筛余/%
5	0	0.0	0
2.5	9.8	1.9	2
1.25	10.1	2.0	4
0.63	96.1	19.3	23
0.315	135	27.0	50
0.16	89.2	17.9	68
底	159.4	31.9	100

由表 2-64 可看出，尾矿砂 MB 值较低，说明尾矿砂中含泥量较少，因此在砂浆使用中，不会对砂浆强度造成不良影响；同时铁尾矿砂颗粒级配分布比较集中，细颗粒含量较多。

按《建筑用砂》GB/T 14684—2011 中 7.13 提供的方法对尾矿砂的坚固性进行了测定。测定结果见表 2-66，结果表明尾矿砂符合《建筑用砂》GB/T 14684—2011 中 6.4 规定的 I 类指标的要求。

尾矿砂的坚固性　　　　　　　表 2-66

项　目	指　标			
	10～20 目	20～40 目	40～70 目	70～110 目
质量损失,%,<	2.6	3.2	3.9	4.1

（2）尾矿砂配制砌筑砂浆和抹灰砂浆的性能如表 2-67。

不同配比砂浆的性能表　　　　　　　表 2-67

项　目	砌筑砂浆		抹灰砂浆	
	河沙	尾矿砂	河砂	尾矿砂
稠度/mm	70	71	82	91
分层度/mm	10	9	11	13
保水率/%	88	88	87	86
初凝/h	5.25	5.5	5.4	6.6
终凝/h	7.1	7.3	6.7	7.7
28d 抗压/MPa	14.79	16.37	11.96	15.96

　　用尾矿砂全部替代天然砂配制的普通砌筑砂浆、普通抹灰砂浆的基本性能指标高于用天然砂配制的砂浆指标。用尾矿砂代替天然砂生产建筑干混砂浆,符合资源综合利用和环境保护政策,符合建设资源节约型社会要求,具有巨大的经济效益和社会效益,对推动建筑干混砂浆行业快速、健康发展具有积极意义。

2.6.4　钢渣砂的资源化利用

　　钢渣是炼钢过程中产生的副产品,被称为冶金工业的头号废渣,2006 年我国钢渣产生量已达 5863 万 t,而利用率仅为 10%,绝大部分钢渣仍然弃置,不仅占用农田而且污染环境。钢渣中存在耐磨矿物如蔷薇辉石和橄榄石等,从而使其具有耐磨、硬度高等特点,可以作为一种潜在的优良路用材料使用。发达国家在钢渣作沥青混凝土骨料方面走在前列,利用钢渣很好的粘附性、稳定性及耐高温性能,将钢渣广泛用于高速公路建设,在加拿大、中美洲、澳大利亚等地应用已有三十余年的历史。

　　与此同时,我国建筑用天然砂的供应情况日趋紧张,急需寻找替代材料。全国每年建筑砂石用量约为 50 多亿 t,砂占 1/3～1/2 左右。天然砂资源是一种地方资源,短期内不可再生并且需长距离运输。另外国家和地方为保护河道,先后出台了河道采砂管理方法,打击乱采滥挖,采取河道采砂许可证制度,限时、限量、限区域开采,使得建筑用砂供需矛盾更为突出,影响了公路建设的进展。

　　钢渣主要由钙、铁、硅、镁和少量铝、锰、磷等的氧化物组成。主要的矿物相为硅酸三钙、硅酸二钙、钙镁橄榄石、钙镁蔷薇辉石、铁铝酸钙以及硅、镁、铁、锰、磷的氧化物形成的固熔体,还含有少量游离氧化钙以及金属铁、氟磷灰石等。有的地区因矿石含钛和钒,钢渣中也稍含有这些成分。钢渣中各种成分的含量因炼钢炉型、钢种以及每炉钢冶炼阶段的不同,有较大的差异。由于钢渣的成分波动较大、极不稳定,因此迟迟未能实际应用。例如,用钢渣做混凝土的骨料,一段时间后混凝土会起鼓、爆裂。

　　《外墙外保温抹面砂浆和粘结砂浆用钢渣砂》GB/T 24764—2009 对钢渣砂的技术要

求作出了规定。

（1）规格、颗粒级配：

钢渣砂规格、颗粒级配符合《建设用砂》GB/T 14684—2011 的要求。

（2）技术指标（表 2-68）：

外墙外保温抹面砂浆和粘结砂浆用钢渣砂的技术指标　　　　表 2-68

项　目	指　标
最大粒径/mm	2.36
硫化物及硫酸盐含量（折算成 SO_3 按质量计）/%	≤1.0
金属铁含量/%	≤1.0
含水率/%	<0.5
表观密度/kg/m³	≤3600
放射性	外照射≤1.0
	内照射≤1.0
压蒸安定性/%	试件表面无鼓包、无裂痕、无脱落、无粉化且膨胀率≤0.80

（3）小于 $75\mu m$ 的颗粒含量，由供需双方合同确定。

2.7　预拌砂浆掺合料

国外学者提出：明天的混凝土将含有较少的熟料，因此水泥业将成为水硬性胶凝材料业，一种向市场提供与水拌合时能硬化的微细粉末的工业。这种使矿物组分，而不是细磨熟料用量增大的做法，将有助于水泥业向更加符合各国政府提出的可持续发展的目标迈进。今天的水泥业沿着这个方向努力已经是非常必要了。

砂浆行业的发展也将紧跟时代的脉搏，实现可持续发展。

以活性氧化硅、氧化铝和其他有效矿物为主要成分，在混凝土中可以代替部分水泥、改善混凝土综合性能，且掺量一般不小于 5% 的具有火山灰活性或潜在水硬性的粉体材料。

矿物掺和料是指在混凝土拌合物中，为了节约水泥，改善混凝土性能加入的具有一定细度的天然或者人造的矿物粉体材料，也称为矿物外加剂，是混凝土的第六组分。常用的矿物掺合料有：粉煤灰、粒化高炉矿渣粉、硅灰、沸石粉、燃烧煤矸石等。

预拌砂浆掺合料也包括粉煤灰、粒化高炉矿渣粉、天然沸石粉、硅灰等材料，他们应分别符合《用于水泥和混凝土中的粉煤灰》GB/T 1596—2005、《用于水泥和混凝土中的粒化高炉矿渣粉》GB/T 18046—2008、《天然沸石粉在混凝土与砂浆中应用技术规程》JGJ/T 112—97、《高强高性能混凝土用矿物外加剂》GB/T 18736—2002 的规定。

2.7.1　粉煤灰

粉煤灰是电厂排出的大量废物，由于受煤的产地及燃烧过程的影响其成分非常复杂。我国是个产煤大国，以煤炭为电力生产基本燃料。我国的能源工业稳步发展，发电能力年增长率为 7.3%，电力工业的迅速发展，带来了粉煤灰排放量的急剧增加，燃煤热电厂每年所排放的粉煤灰总量逐年增加，1995 年粉煤灰排放量达 1.25 亿 t，2000 年约为 1.5 亿 t，到 2010 年将达到 3 亿 t，给我国的国民经济建设及生态环境造成巨大的压力。另一方面，我国又是一个人均占有资源储量有限的国家，粉煤灰的综合利用，变废为宝、变害为利，已成为我国经济建设中一项重要的技术经济政策，是解决我国电力生产环境污染，资源缺乏之间矛盾的重要手段，也是电力生产所面临解决的任务之一。经过开发，粉煤灰在建工、建材、水利等各部门得到广泛的应用。

20 世纪 70 年代，世界性能源危机，环境污染以及矿物资源的枯竭等强烈地激发了粉煤灰利用的研究和开发，多次召开国际性粉煤灰会议，研究工作日趋深入，应用方面也有了长足的进步。粉煤灰成为国际市场上引人注目的资源丰富、价格低廉，兴利除害的新兴建材原料和化工产品的原料，受到人们的青睐。对粉煤灰的研究工作大都由理论研究转向应用研究，特别是着重要资源化研究和开发利用。利用粉煤灰生产的产品在不断增加，技术在不断更新。国内外粉煤灰综合利用工作与过去相比较，发生了重大的变化，主要表现为：粉煤灰治理的指导思想已从过去的单纯环境角度转变为综合治理、资源化利用；粉煤灰综合利用的途径以从过去的路基、填方、混凝土掺和料、土壤改造等方面的应用外，发展到在水泥原料、水泥混合材、大型水利枢纽工程、泵送混凝土、大体粉煤灰的化学组成。

粉煤灰的物理性质包括密度、堆积密度、细度、比表面积、需水量等，这些性质是化学成分及矿物组成的宏观反映。由于粉煤灰的组成波动范围很大，这就决定了其物理性质的差异也很大。

粉煤灰的基本物理性质如表 2-69 所示。

粉煤灰的基本物理性质 表 2-69

粉煤灰的基本物理特性	项目范围均值
密度/（g/cm）	1.9～2.9
堆积密度/（g/cm）	0.531～1.261
比表面积（cm²/g）	氮吸附法 800～19500
透气法	1180～6530
原灰标准稠度/%	27.3～66.7
吸水量/%	89～130
28d 抗压强度比/%	37～85

粉煤灰的物理性质中，细度和粒度是比较重要的项目。它直接影响着粉煤灰的其他性质，粉煤灰越细，细粉占的比重越大，其活性也越大。粉煤灰的细度影响早期水化反应，而化学成分影响后期的反应。

我国火电厂粉煤灰的主要氧化物组成为：SiO_2、Al_2O_3、FeO、Fe_2O_3、CaO、TiO_2、MgO、K_2O、Na_2O、SO_3、MnO_2 等，此外还有 P_2O_5 等。其中氧化硅、氧化钛来自黏土，岩页；氧化铁主要来自黄铁矿；氧化镁和氧化钙来自与其相应的碳酸盐和硫酸盐。

粉煤灰的元素组成（质量分数）为：O47.83%，Si11.48%～31.14%，Al6.40%～22.91%，Fe1.90%～18.51%，Ca0.30%～25.10%，K0.22%～3.10%，Mg0.05%～1.92%，Ti0.40%～1.80%，S0.03%～4.75%，Na0.05%～1.40%，P0.00%～0.90%，Cl0.00%～0.12%，其他 0.50%～29.12%。

由于煤的灰量变化范围很广，而且这一变化不仅发生在来自世界各地或同一地区不同煤层的煤中，甚至也发生在同一煤矿不同的部分的煤中。因此，构成粉煤灰的具体化学成分含量，也就因煤的产地、煤的燃烧方式和程度等不同而有所不同。GQ-3B 粉煤灰分析仪主要检测粉煤灰中二氧化硅、三氧化二铝、三氧化二铁、氧化钙、氧化铁、二氧化钛等元素。粉煤灰的主要化学组成见表 2-70。

我国电厂粉煤灰化学组成 表 2-70

成分	SiO_2	Al_2O_3	Fe_2O_3	CaO	MgO	SO_3	Na_2O	K_2O	烧失量
范围	1.30~65.76	1.59~40.12	1.50~6.22	1.44~16.80	1.20~3.72	1.00~6.00	1.10~4.23	1.02~2.14	1.63~29.97
均值	1.8	1.1	1.2	1.7	1.2	1.8	1.2	1.6	1.9

粉煤灰的活性主要来自活性 SiO_2（玻璃体 SiO_2）和活性 Al_2O_3（玻璃体 Al_2O_3）在一定碱性条件下的水化作用。因此，粉煤灰中活性 SiO_2、活性 Al_2O_3 和 f-CaO（游离氧化钙）都是活性的有利成分，硫在粉煤灰中一部分以可溶性石膏（$CaSO_4$）的形式存在，它对粉煤灰早期强度的发挥有一定作用，因此粉煤灰中的硫对粉煤灰活性也是有利组成。粉煤灰中的钙含量在 3% 左右，它对胶凝体的形成是有利的。

国外把 CaO 含量超过 10% 的粉煤灰称为 C 类灰，而低于 10% 的粉煤灰称为 F 类灰。C 类灰其本身具有一定的水硬性，可作水泥混合材，F 类灰常作混凝土掺和料，它比 C 类灰使用时的水化热要低。

粉煤灰中少量的 MgO、Na_2O、K_2O 等生成较多玻璃体，在水化反应中会促进碱硅反应。但 MgO 含量过高时，对安定性带来不利影响。

粉煤灰中的未燃炭粒疏松多孔，是一种惰性物质不仅对粉煤灰的活性有害，而且对粉煤灰的压实也不利。过量的 Fe_2O_3 对粉煤灰的活性也不利。

粉煤灰的矿物组成：

由于煤粉各颗粒间的化学成分并不完全一致，因此燃烧过程中形成的粉煤灰在排出的冷却过程中，形成了不同的物相。比如：氧化硅及氧化铝含量较高的玻璃珠，另外，粉煤灰中晶体矿物的含量与粉煤灰冷却速度有关。一般来说，冷却速度较快时，玻璃体含量较多；反之，玻璃体容易析晶。可见，从物相上讲，粉煤灰是晶体矿物和非晶体矿物的混合物。其矿物组成的波动范围较大。一般晶体矿物为石英、莫来石、氧化铁、氧化镁、生石灰及无水石膏等，非晶体矿物为玻璃体、无定形碳和次生褐铁矿，其中玻璃体含量占 50% 以上。

在显微镜下观察，粉煤灰是晶体、玻璃体及少量未燃炭组成的一个复合结构的混合体。混合体中这三者的比例随着煤燃烧所选用的技术及操作手法不同而不同。其中结晶体包括石英、莫来石、磁铁矿等；玻璃体包括光滑的球体形玻璃体粒子、形状不规则孔隙少的小颗粒、疏松多孔且形状不规则的玻璃体球等；未燃炭多呈疏松多孔形式。

粉煤灰是一种人工火山灰质混合材料，它本身略有或没有水硬胶凝性能，但当以粉状及水存在时，能在常温，特别是在水热处理（蒸汽养护）条件下，与氢氧化钙或其他碱土金属氢氧化物发生化学反应，生成具有水硬胶凝性能的化合物，成为一种增加强度和耐久性的材料。

在建筑砂浆中掺加粉煤灰节约了大量的水泥和细骨料；减少了用水量；改善了建筑砂

浆拌合物的和易性；增强建筑砂浆的可泵性；减少了建筑砂浆的徐变；减少水化热、热能膨胀性；提高建筑砂浆抗渗能力；增加建筑砂浆的修饰性。

《用于水泥和混凝土中的粉煤灰》GB/T 1596—2005 对用于砂浆中的粉煤灰提出了技术要求，如表 2-71 所示。

拌制混凝土和砂浆用粉煤灰技术要求 表 2-71

项　　目		技术要求		
		Ⅰ级	Ⅱ级	Ⅲ级
细度（45μm 方孔筛筛余）/%	F 类粉煤灰	≤12.0	≤25.0	≤45.0
	C 类粉煤灰			
需水量比/%	F 类粉煤灰	≤95	≤105	≤115
	C 类粉煤灰			
烧失量/%	F 类粉煤灰	≤5.0	≤8.0	≤15.0
	C 类粉煤灰			
含水量/%	F 类粉煤灰	≤1.0		
	C 类粉煤灰			
三氧化硫/%	F 类粉煤灰	≤3.0		
	C 类粉煤灰			
游离氧化钙/%	F 类粉煤灰	≤1.0		
	C 类粉煤灰	≤4.0		
安定性	C 类粉煤灰	合格		

粉煤灰的放射性应合格。

当粉煤灰用于活性骨料混凝土时，需限制粉煤灰的碱含量，其允许值应经实验论证确定。粉煤灰的碱含量以钠当量（$Na_2O+0.658K_2O$）计。

宜控制粉煤灰的均匀性，粉煤灰的均匀性可用需水量比或细度为考核依据。

2.7.2　粒化高炉矿渣粉

矿渣是黑色冶金工业的主要固体废弃物，2005 年我国产钢 3.49 亿 t，冶炼废渣产生 14619 万 t，（其中钢渣约为 5000 万 t，高炉矿渣约 9000 万 t），综合利用 12848 万 t，加上历年累积，总贮存量为 2 亿 t，占地 3 万亩，这些露天储存的冶炼废渣堆存侵占土地，污染毒化土壤、水体和大气，严重影响生态环境，造成明显或潜在的经济损失和资源浪费。据估算以每吨冶炼废渣堆存的经济损失 14.25 元计，每年造成经济损失 28.5 亿元。所以，冶炼废渣的无害化、资源化处理是我国乃至世界各国十分重视的焦点。

2000 年之后，粉磨设备节能技术和矿渣微粉应用经济技术研究的深入，使广大水泥企业认识到，矿渣微粉最经济的粉磨细度应控制在 $400m^2/kg$ 左右。这样的矿渣微粉，既能直接供给混凝土搅拌站作掺合料，又能与熟料、石膏粉合成高掺量矿渣水泥。

粒化高炉矿渣是钢铁厂冶炼生铁时产生的废渣。在高炉炼铁过程中，除了铁矿石和燃料（焦炭）之外，为降低冶炼温度，还要加入适当数量的石灰石和白云石作为助熔剂。它们在高炉内分解所得到的氧化钙、氧化镁和铁矿石中的废矿，以及焦炭中的灰分相熔化，生成了以硅酸盐与硅铝酸盐为主要成分的熔融物，浮在铁水表面，定期从排渣口排出，经空气或水急冷处理，形成粒状颗粒物，这就是粒化高炉矿渣。

每生产 1t 生铁，要排出 0.3～1t 矿渣。

对粉煤灰、矿渣、熟料的化学成分进行比较，如表 2-72 所示，从表中可以看出，矿渣的化学成分与水泥熟料相似，只是氧化钙含量略低，粉煤灰的氧化钙含量较低，可以看出三者活性的差异。

粉煤灰、矿渣、熟料主要化学成分比较　　　　　　表 2-72

材料	SiO_2	Al_2O_3	Fe_2O_3	MnO	CaO	MgO	S
粉煤灰	46.62	27.93	5.65	0.05	4.04	0.87	—
矿渣	40.10	8.31	0.96	1.13	43.65	5.75	0.23
熟料	22.50	5.34	3.47	—	65.89	1.66	0.20

（1）氧化钙

氧化钙属碱性氧化物，是矿渣的主要化学成分，一般占 40% 左右，它在矿渣中化合成具有活性的矿物，如：硅酸二钙等。氧化钙是决定矿渣活性的主要因素，因此，其含量越高，矿渣活性越大。

（2）氧化铝

氧化铝属酸性氧化物，是矿渣中较好的活性成分，他在矿渣中形成铝酸盐或铝硅酸钙等矿物，有熔融状态经水淬后形成玻璃体。氧化铝含量一般为 5%～15%，也有的高达 30%；其含量越高，活性越大，越适合水泥使用。

（3）氧化硅

氧化硅是微酸性氧化物，在矿渣中含量较高，一般为 30%～40%。与氧化钙和氧化铝比较起来，它的含量是过多了，致使形成低活性的低钙矿物，甚至还有游离二氧化硅存在，使矿渣活性降低。

（4）氧化镁

氧化镁比氧化钙的活性要低，其含量一般波动在 1%～18%，在矿渣中呈稳定的化合物或玻璃体，不会产生安定性不良的现象。氧化镁可以增加熔融矿物的流动性，有助于提高矿渣粒化质量和提高矿渣活性。因此，一般将氧化镁看成是矿渣的活性组分。

未经淬水的矿渣，其矿物形态呈稳定形的结晶体，这些结晶体除少部分 C_2S 尚有一些活性外，其他矿物基本上不具有活性。如经淬水急冷，由于液相黏度在很短的时间内很快增大，阻滞了晶体成长，形成了玻璃态结构，就使矿渣处于不稳定的状态。因而具有较大的潜在化学能。出渣温度愈高，冷却速度愈快，则矿渣玻璃化程度愈高，矿渣的潜在化学能愈大，活性也愈高。因此，经水淬急冷的高炉矿渣的活性比未经水淬的矿渣活性要高一些。

评价矿渣活性的方法：

1. 化学分析法

用化学成分分析来评定矿渣的质量是评定矿渣的主要方法。《用于水泥中的粒化高炉矿渣》GB/T 203 规定粒化高炉矿渣质量系数如下：

$$K = \frac{CaO + MgO + Al_2O_3}{SiO_2 + MnO + TiO_2}$$

式中：各氧化物表示其质量百分数含量。

66

质量系数 K 反映了矿渣中活性组分与低活性、非活性组分之间的比例关系，质量系数 K 值越大，矿渣活性越高。

2. 激发强度试验法

《用于水泥和混凝土中的粒化高炉矿渣粉》GB/T 18046 规定：对比水泥为符合《通用硅酸盐水泥》GB/T 175 的 42.5 级硅酸盐水泥或普通硅酸盐水泥，且 7d 抗压强度为 $35\sim45$MPa，28d 抗压强度为 $50\sim60$MPa，比表面积为 $300\sim400$m²/kg；试验样品由对比水泥和矿渣粉按质量比 1∶1 组成。

试验砂浆配比如表 2-73 所示：

胶　砂　配　比　　　　　　　　　　　　　　　表 2-73

砂浆种类	水泥 /g	矿渣粉 /g	中国 ISO 标准砂/g	水/mL
对比砂浆	450	/	1350	225
试验砂浆	225	225	1350	225

试验方法按《水泥胶砂强度检验方法（ISO 法）》GB/T 17671 进行。分别测定试验样品的 7d、28d 的抗压强度 R_7（MPa）、R_{28}（MPa）和对比样品 7d 和 28d 的抗压强度 R_{07}（MPa）、R_{028}（MPa）。

然后，按下式计算矿渣粉的 7d 活性指数 A_7（％）和 28d 活性指数 A_{28}（％），计算结果取整数。

$$A_7 = R_7 \div R_{07} \times 100$$
$$A_{28} = R_{28} \div R_{028} \times 100$$

据研究表明，随着比表面积的提高，其活性指数（强度比）相应明显提高。当矿渣粉比表面积达到 400m²/kg 时，28d 活性指数达 98%，与水泥基本相当；而当矿渣粉比表面积达到或超过 $600\sim800$m²/kg 时，其 28d 活性指数达 $114\%\sim127\%$，高于一般比表面积（350m²/kg）水泥熟料的活性。

国家标准《用于水泥和混凝土中的粒化高炉矿渣粉》GB/T 18046 如表 2-74 规定：

矿渣粉的技术指标　　　　　　　　　　　　　　　表 2-74

项　　目		级　别		
		S105	S95	S75
密度/g/cm³ ≥			2.8	
比表面积/m²/km ≥		500	400	300
活性指数/% ≥	7 天	95	75	55
	28 天	105	95	75
流动度比/% ≥			95	
含水量/% ≥			1.0	
三氧化硫/% ≥			4.0	
氯离子/% ≥			0.06	
烧失量/% ≥			3.0	
玻璃体含量/% ≥			85	
放射性			合格	

矿渣微粉用在砂浆和混凝土中，其作用机理在于矿渣微粉具有微骨料效应和微晶核效应，改善胶凝材料和骨料间的界面结构，而且减少了水泥初期水化产物的相互搭接。

微骨料效应：水泥颗粒之间的间隙则需要细的颗粒来填充，矿渣微粉的细度比水泥颗粒细，在水泥砂浆和混凝土中起到了细颗粒的作用，因而改善了水泥砂浆和混凝土的孔结构，降低了孔隙率并减小了最可几孔径的尺寸，使水泥砂浆和混凝土形成了密实充填结构和细观层次的自紧密堆积体系。从而有效地改善并提高了水泥砂浆和混凝土的综合性能，使水泥砂浆和混凝土不仅具有较好的物理力学性能还提高了耐久性的某些性能。

微晶核效应：矿渣微粉的胶凝性虽然与硅酸盐水泥相比是较弱的，但它能为水泥水化体系起到微晶核效应的作用，能加速水泥水化反应的进程并为水化产物提供了充裕的空间，改善了水泥水化产物分布的均匀性，使水泥石结构比较致密，从而使砂浆和混凝土具有较好的力学性能。

改善界面结构：砂浆和混凝土中水泥浆体与骨料间的界面区由于富集了 $Ca(OH)_2$ 晶体而成为砂浆和混凝土性能的薄弱环节。矿渣微粉掺入砂浆和混凝土中能吸收部分 $Ca(OH)_2$ 产生二次水化反应，从而改善了界面区 $Ca(OH)_2$ 的取向度，降低了 $Ca(OH)_2$ 的含量，还减小了 $Ca(OH)_2$ 晶体的尺寸。不仅有利于砂浆和混凝土力学性能的提高，对某些耐久性也能得到改善。

减少水泥初期水化产物的相互搭接：在水泥水化初期，矿渣微粉分布并包裹在水泥颗粒的表面，起到了延缓和减少水泥初期水化产物相互搭接的隔离作用。因此也具有一些减水作用而增大砂浆和混凝土的坍落度，并且使坍落度经时损失也有所改善。矿渣微粉还具有一定的保水性，能改善砂浆和混凝土的粘聚性和泌水性。因此，矿渣微粉砂浆和混凝土具有良好的和易性。

高炉矿渣因为既有胶凝性，又存在良好的火山灰活性，是理想的活性矿物细掺合料。因此，近年来矿渣微粉在水泥与混凝土中的应用取得了很大的进展，利用率非常高。

2.7.3　沸石粉

沸石是一种矿石，最早发现于 1756 年。瑞典的矿物学家克朗斯提（Cronstedt）发现有一类天然硅铝酸盐矿石在灼烧时会产生沸腾现象，因此命名为"沸石"（瑞典文 zeolit）。在希腊文中意为"沸腾"（zeo）的"石头"（lithos）。此后，人们对沸石的研究不断深入。

分子式：$M_xO_y[Al_{x+2y}Si_n-(x+2y)O_{2n}] \cdot mH_2O$

性质：一类分布很广的硅酸盐类矿物。由通过共用氧连接在一起的硅氧四面体和铝氧四面体三维格架组成，三价铝取代四价硅产生的过剩负电荷由一价或二价的金属阳离子，通常为碱金属或碱土金属阳离子所平衡。

沸石因成分不同分为：方沸石 $Na[AlSi_2O_6] \cdot H_2O$、钙沸石 $Ca[Al_2Si_3O_{10}] \cdot 3H_2O$。其含水量与外界温度及水蒸气的压力有关，加热时水分可慢慢逸出，但并不破坏其结晶构造。一般呈浅色，玻璃光泽，硬度 3～3.5，比重 2.0～2.4。

沸石族矿物见于喷出岩，特别是玄武岩的孔隙中，也见于沉积岩、变质岩及热液矿床和某些近代温泉沉积中。

1932 年，McBain 提出了"分子筛"（Molecular sieve）的概念。表示可以在分子水平上筛分物质的多孔材料。沸石用作分子筛，可以吸取或过滤其他物质的分子。虽然沸石只是分子筛的一种，但是沸石在其中最具代表性，因此"沸石"和"分子筛"这两个词经常被混用。

沸石具有吸附和离子变换功能，并且由于每种沸石有其特定的均一孔径（0.3～1nm），只能通过相应大小的分子。广泛用作催化剂或载体、干燥剂，并大量用于水泥生产。

应用于涂料行业，起到分散，填充等作用；应用于建筑，起到填充，增强硬度等作用；应用于水泥，起到增加水泥安定性和增加抗拉，抗压强度，成为水泥良好的活性混材。

2.7.4 硅灰

硅灰或称凝聚硅灰，英文为 Microsilica or Silica fume。是铁合金在冶炼硅铁和工业硅（金属硅）时，矿热电炉内产生出大量挥发性很强的 SiO_2 和 Si 气体，气体排放后与空气迅速氧化冷凝沉淀而成。它是大工业冶炼中的副产物，整个过程需要用除尘环保设备进行回收，因为密度较小，还需要用加密设备进行加密。

1. 硅灰

外观为灰色或灰白色粉末、耐火度＞1600℃。容重：200～700kg/m³，表观密度为 2200kg/m³，而堆积密度仅为 160～700kg/m³。硅灰的化学成分见表 2-75：

硅灰的化学成分

表 2-75

项目	SiO_2	Al_2O_3	Fe_2O_3	MgO	CaO	NaO	pH 平均值
含量	75%～98%	1.0%±0.2%	0.9%±0.3%	0.7%±0.1%	0.3%±0.1%	1.3%±0.2%	中性

2. 硅灰的细度

硅灰中细度小于 $1\mu m$ 的占 80% 以上，平均粒径在 0.1～0.3μm，比表面积为：20～28m²/g。其细度和比表面积约为水泥的 80～100 倍，粉煤灰的 50～70 倍。

3. 颗粒形态与矿相结构

硅灰在形成过程中，因相变的过程中受表面张力的作用，形成了非结晶相无定形圆球状颗粒，且表面较为光滑，有些则是多个圆球颗粒粘在一起的团聚体。它是一种比表面积很大，活性很高的火山灰物质。掺有硅灰的物料，微小的球状体可以起到润滑的作用。

硅灰的主要化学成分为非晶态的无定型二氧化硅（SiO_2），一般占 90% 以上。高细度的无定型 SiO_2 具有较高的火山灰活性，即在水泥水化产物氢氧化钙（Ca（OH）$_2$）的碱性激发下，SiO_2 能迅速与 Ca（OH）$_2$ 反应，生成水化硅酸钙凝胶（C－S－H），提高砂浆强度并改善砂浆性能。在水泥砂浆中掺入适量的硅灰，可起到如下作用：

（1）显著提高抗压、抗折、抗渗、防腐、抗冲击及耐磨性能。

（2）具有保水、防止离析、泌水的作用。

硅灰应用于砂浆时虽然能够有效地改善硬化水泥浆体微结构，但是由于硅粉的粒径小，比表面积大，所以水泥浆砂浆掺入硅粉后，随着硅粉掺量的增加，需水量增大，自收缩也增大。因此，一般将硅粉的掺量限制在 5%～10% 之间。

2.7.5 碳酸钙

重质碳酸钙简称重钙，是用机械方法直接粉碎天然的方解石、石灰石、白垩、贝壳等而制成。由于重质碳酸钙的沉降体积（1.1～1.4mL/g）比轻质碳酸钙的（2.4～2.8mL/g）的小，所以称为重质碳酸钙。根据粒径的大小，可将重质碳酸钙分为单飞粉（95％通过0.074mm筛）、双飞粉（99％通过0.045mm筛）、三飞粉（99.5％通过0.045mm筛）、四飞粉（99.95％通过0.037筛）和重质微细碳酸钙（通过0.018mm筛）。

重质碳酸钙颗粒性质不规则，且表面粗糙，粒径分布较宽，粒径较大，平均粒度一般为5～10μm，颜色随原料不同而变化，晶体结构与原料中碳酸钙的晶体结构相同。

轻质碳酸钙又称沉淀碳酸钙，是用化学加工方法制得的。由于轻质碳酸钙的沉降体积比重质碳酸钙的大，所以称为轻质碳酸钙。

根据碳酸钙晶体形状不同，可将轻质碳酸钙分为纺锤形、立方形、针形、链形、球形、片形、四角柱形碳酸钙，这些不同晶形碳酸钙可由控制反应条件制得。

轻质碳酸钙按其原始平均粒径（d）分为：微粒碳酸钙（>5μm）、微粉碳酸钙（1～5μm）、微细碳酸钙（0.1～1μm）、超细碳酸钙（0.02～0.1μm）、超细微碳酸钙（<0.02μm）。

轻质碳酸钙的粉体特点：（1）颗粒形状规则，可分为单分散粉体，但可以是多种形状；（2）粒度分布比较窄；（3）粒径小，平均粒径1～3μm。

2.8 预拌砂浆添加剂

2.8.1 聚合物树脂

现代建筑材料工业和建筑施工技术的不断发展，促使人们开发高性能砂浆以满足对砂浆的施工性、装饰性、与不同基层的粘结性、柔韧性和使用过程中的耐久性要求。为了使砂浆满足上述特殊的要求，常常使用聚合物进行改性。即采用了两种胶结材料体系：无机胶结材料将骨料粘结在一起构成刚性骨料；有机胶结材料赋予了刚性骨架内聚性和动态行为，以及与难以粘结的基层的粘结性能。

聚合物改性砂浆的机理：

首先，聚合物加入砂浆后，聚合物会自行再分散到整个新拌砂浆中，形成聚合物水泥浆体，而不会与水泥颗粒聚结在一起。干混砂浆中的聚合物重新均匀地分散到新拌水泥砂浆内而再次乳化。在搅拌过程中，可再分散胶粉颗粒的"润滑作用"使砂浆拌合物具有良好的施工性能。

在胶粉分散到新拌水泥砂浆的过程当中，保护胶体本身较强的亲水性使可再分散胶粉在较低的剪切作用力下也会完全溶解，聚合物粉末由此得以再分散。在水中的快速再分散是聚合物的一个关键性能。分散后的初始颗粒尺寸可以达到1μm甚至更低。但只有通过特殊的激光散射分析方法才能进行测试。与水搅拌后进行目测的简单方法不足以评价可再分散性能的好坏。

其后，由于水泥的水化、表面蒸发、基层的吸收造成砂浆内部孔隙的自由水分不断消耗，聚合物乳胶颗粒的移动自然受到了越来越多的限制，水与空气的界面张力促使乳胶颗粒逐渐进入水泥砂浆的毛细孔内或砂浆一基层界面区。随着乳胶颗粒的相互接触，颗粒之间的水分通过毛细管蒸发，由此产生的毛细张力使乳胶颗粒表面变形并使它们融合在一起，填充混合物中较大的孔隙中。

第三，水化过程不断进行，聚合物颗粒之间的水分子逐渐被吸收到水泥水化过程的结合水中去，聚合物颗粒完全融化在一起形成聚合物网结构，并把水泥水化物连接在一起，即水泥水化物和聚合物交织缠绕在一起。从而提高了对界面的粘结性和对砂浆本身的改性。

最低成膜温度（MFT）是聚合物的特征之一，它是聚合物形成连续膜的最低温度。如果水泥水化温度低于该值，所供给的能量不足以开始成膜。

为了使聚合物能够在硬化砂浆内成膜，必须保证水泥水化温度高于聚合物最低成膜温度 MFT 时，聚合物才可以形成均匀的膜结构，分布于水泥水化产物之间，它才能在有应力时起到架桥作用，有效吸收和传递能量，从而抑制裂纹的形成和扩展。

2.8.1.1 聚合物乳液

聚合物乳液定义：一种物质以微细粒子均匀地分散在水中并形成稳定的体系。一般是指分散在水中的直径为 $0.1 \sim 0.5 \mu m$ 的球状高分子物质。

1. 聚合物乳液的基本特性

（1）固含量：乳液干燥后的质量占干燥前的质量的百分数一般为 $45\% \sim 60\%$，它是一个很重要的物理量，关系到乳液的用量及聚合物砂浆的聚灰比、水灰比的计算。

（2）粒径：一般是指分散在水中直径为 $0.1 \sim 0.5 \mu m$ 球状高分子。颗粒大小影响乳液的黏度、成膜性和渗透性。粒径大小与生产过程有关，用非离子乳化剂和保护剂生产乳液粒径较大，用阴离子乳化剂生产乳液粒径较小。粒径大小也影响外观颜色。粒径较小聚合物性能较好。

（3）黏度：黏度是乳液的一个重要指标，关系到乳液的稳定性和应用性能。黏度越高稳定性越好，运输和储存的安全性越高。影响黏度的因素很多，如固含量、粒径和保护剂的品种、用量。

（4）机械稳定性：指乳液受到机械（高速搅拌合泵送）作用、化学离子（钙离子和 pH 值稳定）作用和温度变化（冻融和高温稳定）等作用能保持稳定的能力。

（5）最低成膜温度：指乳液聚合物粒子相互凝聚成为连续薄膜的最低温度。最低成膜温度越高，聚合物的柔性低。

2. 影响聚合物砂浆的因素

P/C 聚灰比：水泥和聚合物固体成分的重量之比。一般为 $5 \sim 20：100$（聚合物固体成分：水泥）。

W/C 水灰比：聚合物砂浆的水和水泥之重量比。其中水是聚合物乳液中的水和外加的水之和。一般为 $30 \sim 60：100$（水：水泥）。

S/C 砂灰比：聚合物砂浆中砂子和水泥之重量比。一般为 $1：3$（水泥：砂子）。

聚合物砂浆厚度一般为 $7 \sim 10mm$。

聚合物砂浆未硬化前，受到雨水冲击，聚合物乳液会浸出到表面上面，硬化后形成表面薄膜易脱落，整个体系性能下降。

3. 聚合物（乳液）砂浆的性能

（1）硬化前聚合物（乳液）砂浆的性能

1）由于加入砂浆中的聚合物乳液含有大量水分，故砂浆的流动性变大，因此，实际砂浆的水灰比要降低。

2）聚合物砂浆在搅拌过程中，砂浆内部产生较多气泡，砂浆的体积增大，密度降低。

3）聚合物砂浆有保水作用，有利于提高砂浆的强度。

4）聚合物砂浆可提高抗冻性及离析性。

5）聚合物砂浆可使砂浆缓凝。

（2）硬化后聚合物（乳液）砂浆的性能

1）可提高聚合物砂浆的抗弯，扩张强度及柔韧性。

2）提高耐冻性和防水性。

3）可提高材料的粘结性。

4）提高抗冲击性和耐磨性。

5）降低收缩性。

6）有一定防腐性。

2.8.1.2 可再分散乳胶粉

由聚合乳液通过加入其他物质改性，经喷雾干燥而成，以水作为分散介质可再行程乳液，具有可再分散性的聚合物粉末。可再分散乳胶粉的性能指标如表 2-76 所示。

可再分散乳胶粉的性能指标 （JC/T 2189—2013） 表 2-76

性　能	指　标
外观	无色差、无杂质、无结块
堆积密度/（kg/m³）	标注值±50
不挥发物含量/（wt%） ≥	98.0
灰分/%	标注值±2
细度/% ≤	10.0
最低成膜温度/℃	标注值±2
pH 值	5—9

1. 可再分散乳胶粉的组成

通常为白色粉状，但也有少数有其他颜色，它的主要成分包括：

聚合物树脂：位于胶粉颗粒的核心部分，也是可再分散乳胶粉发挥作用的主要成分。

添加剂（内）：与树脂一起起到改性树脂的作用。

添加剂（外）：为进一步扩展可再分散乳胶粉的性能的又另添加材料。

保护胶体：在可再分散乳胶粉颗粒的表面包裹的一层亲水性材料，绝大多数为聚乙烯醇。

抗结块剂：细矿物填料，主要用于防止胶粉在储运过程中结块以及便于干粉流动。

2. 常用的可再分散乳胶粉按聚合物种类进行分类 （表 2-77）

可再分散乳胶粉的分类和代号 （JC/T 2189—2013） 表 2-77

聚合物种类	代　号
醋酸乙烯酯均聚物	PVAc
丙烯酸酯类	AC

聚合物种类	代　　号
乙烯-醋酸乙烯酯共聚物	E/VAc
醋酸乙烯酯-叔碳酸乙烯酯共物	VAc/VeoVa
丙烯酸酯-苯乙烯共聚物	A/S
苯乙烯-丁二烯共聚物	SBR
乙烯-氯乙烯-月桂酸乙烯酯三元共聚物	E/VC/VL
醋酸乙烯酯-乙烯-叔碳酸乙烯酯共物	VAc/E/VeoVa
醋酸乙烯酯-丙烯酸酯-叔醋酸乙烯酯共物	VAc/A/VeoVa
醋酸乙烯酯-乙烯-丙烯酸酯共聚物	VAc/E/A
醋酸乙烯酯-乙烯-甲基丙烯酸甲酯共聚物	VAc/E/MMA

3. 分辨可再分散乳胶粉优劣的几种方法

（1）溶解法，取一定量的可再分散性乳胶粉溶解于 5 倍质量的水中，充分搅拌后静置 5min 后观察。原则上沉淀到底层的不融物越少，可再分散性乳胶粉的质量越好。这种方法简单易行。

（2）成膜法，取一定质量的可再分散性乳胶粉，溶解于 2 倍的水中，搅拌均匀后静置 2min，再次搅拌均匀，将溶液倒在一块平放的洁净玻璃上，玻璃置于通风背阴处。待充分干燥后，揭下。观察揭下的聚合物膜。透明度高的质量好。然后进行适度拉扯，弹力好的质量好。再将膜切割成条状，浸泡到水中，1d 后观察，被水溶解的少的质量好。

（3）灰分法，取一定量的可再分散性乳胶粉，称重后放置到金属容器中，升温到 500℃左右，经过 500℃高温烧灼后，冷却到常温，再次称重。重量轻的质量好。

4. 再分散乳胶粉的作用

（1）对不同基体有很好的粘结性能

聚合物在砂浆中作为第二粘结剂与无机粘结剂水泥相辅相成，两种胶凝材料体系即水泥和可再分散聚合物胶粉各自发挥其各自的优势，使砂浆的性能得到很好的互补，从而使砂浆的粘结性能得到改善。可再分散聚合物胶粉使砂浆的粘结性能得以改善的原因可能有以下几点：①聚合物在水泥浆体和骨料间形成具有较高粘结力的聚合物膜，并堵塞砂浆内的孔隙。水泥水化与聚合物成膜同时进行，最后形成水泥浆体与聚合物膜相互交织在一起的互穿网络结构。②具有可反应基团的聚合物可能会与固体氢氧化钙表面的硅酸盐发生化学反应，改进水泥水化产物与骨料之间的粘结，从而改善砂浆与不同基体的粘结性能。③砂浆中最薄弱的环节是砂浆和水泥浆体间的界面，这个区域成为过渡区。过渡区是收缩裂缝形成并导致粘结力损失的特殊区域，如果砂浆受到应力作用，最容易在过渡区产生裂纹。在砂浆中加入可再分散聚合物胶粉，在砂浆颗粒表面形成的聚合物膜在砂浆和基体之间形成桥接，使砂浆和水泥浆体间的界面的微裂纹减少，使收缩裂缝得以愈合，从而提高了砂浆的粘结强度。而且聚合物膜抗拉强度比普通砂浆的抗拉强度要大 10 倍以上。

（2）使新拌砂浆具有良好的保水性

水泥的水化过程是一个较缓慢的过程，如水泥不能长期和水接触，水泥将无法继续水化，从而影响后期强度的发展。约翰·舒尔茨模拟典型的夏季西墙情况，在混凝土板上使用了 10mm 厚的干混砂浆修补砂浆，试验表明没有经过聚合物胶粉改性的砂浆失败，而聚合物改性的砂浆则出现了比 28d 标养更高的强度，其原因是聚合物胶粉提高了保水能力，使水泥后期强度增加，另一方面，砂浆中形成了小的聚合物相，提高了粘结强度。

（3）改善新拌砂浆的施工和易性能

在砂浆中掺入可再分散乳胶粉后，砂浆的和易性得到很好的改善，这主要是因为以下几个方面的原因：①可再分散乳胶粉与砂浆进行拌合时，由于可再分散乳胶粉颗粒是由水溶性的保护胶体包覆，该包覆层可以防止聚合物颗粒之间不可逆聚结使颗粒间存在润滑效应，聚合物颗粒可以在水泥浆体中均匀分散，这些分散的颗粒可以如"滚珠"一样使砂浆的组分能够单独流动而使砂浆的工作性得到改善。②可再分散乳胶粉本身具有一定的引气作用，可再分散乳胶粉对空气的诱导效应赋予了砂浆可压缩性，使砂浆有很好的施工和易性。另外，微小气泡的存在也在拌合物中起到了滚动轴承式的作用从而使拌合物的和易性得到改善。

（4）可再分散乳胶粉改善砂浆的柔韧性和抗裂性能

在砂浆中加入可再分散乳胶粉后，砂浆的折压比、拉压比均有较大程度的提高，这说明砂浆的脆性大大降低，韧性有较大的提高，从而使砂浆的抗裂性得到了提高。

再分散乳胶粉在砂浆中失水成膜，不仅对水泥石中的缺陷和孔隙进行填补，而且使水泥水化产物之间及骨料相互胶接形成聚合物的互穿网络，由于聚合物膜的弹性模量比砂浆低，因此使砂浆的脆性降低。砂浆的柔韧性增加了砂浆破坏时的最大变形极限，能最大限度地吸收缺陷和微裂纹扩展所需的能量，使砂浆在破坏前能承受更大的应力。此外，聚合物膜具有自拉伸机制，聚合物膜在水泥水化后的砂浆中形成的刚性骨架中具有活动接头的功能，可以保证刚性骨架的弹性和韧性。砂浆颗粒表面形成的聚合物膜上部分表面有气孔，而气孔表面被砂浆填充，使应力集中降低，并在外力的作用下会产生松弛而不破坏，高柔性和高弹性聚合物区域的存在也改善了砂浆的柔性和弹性。

（5）改善了砂浆的耐磨性和抗渗性能

乳胶粉具有一定的引气作用，如果乳胶粉掺量较大，会使砂浆内的气泡过量，微小气泡间相互连接而成为大气泡，从而溢出砂浆体，使砂浆的含气量降低，因此乳胶粉使砂浆的干表观密度随着乳胶粉掺量的增加而增加，改性砂浆有一定的耐磨性和抗渗性能。砂浆的耐磨性对应用在地面材料显得特别重要，是自流平垫层和自流平地坪材料的重要性能。

5. 推荐用途

瓷砖粘结剂、外墙外保温系统粘结砂浆、外墙外保温系统抹面砂浆、瓷砖勾缝剂、自流性水泥砂浆、内外墙柔性腻子、柔性抗裂砂浆、胶粉聚苯颗粒保温砂浆、干粉涂料、对柔韧性由较高要求的聚合物砂浆产品。

2.8.2 保水增稠剂

2.8.2.1 纤维素醚

纤维素醚的生产主要采用天然纤维（棉花或木材）通过碱溶、接枝反应、水洗、干燥、研磨等工序加工而成。天然纤维的主要原料可以分为：棉花纤维、杉树纤维、榉木纤维等，他们的聚合度不同，影响了产品的最终黏度。

纤维素醚可分为离子型和非离子型。离子型主要有羧甲基纤维素盐（NaCMC）、羧甲基羟乙基纤维素盐（NaCMHEC），非离子型主要有甲基纤维素（MC）、甲基羟乙基纤维素（HEMC）、甲基羟丙基纤维素（HPMC）、羟乙基纤维素（HEC）等。

聚合物砂浆中，由于离子型纤维素在钙离子存在的情况下不稳定，所以以水泥、熟石灰等为胶结材料的干混产品很少应用。羟乙基纤维素也用于干混材料中，但由于其砂浆中的增稠效果不如甲基纤维素醚，在干混产品中的应用也很少。现在聚合物砂浆中常用的纤维素醚主要是甲基羟乙基纤维素醚（HEMC）和甲基羟丙基纤维素醚（HPMC）。

1. 影响聚合物砂浆中使用的纤维素醚保水能力的主要因素

（1）纤维素醚的添加量：当纤维素醚的添加量在 $0.05\%\sim0.4\%$ 的范围内，保水率随着添加量的增加而增加，当添加量进一步增加，那么保水率增加的趋势开始变缓；

（2）黏度：一般而言，黏度越高，保水效果亦越好，但黏度越高，纤维素醚的分子量亦越高，其溶解性能也就会相应降低，这对砂浆的强度和施工性能有负面的影响；

（3）颗粒的细度：应用于干混砂浆中的纤维素醚细度 $20\%\sim60\%$ 的颗粒粒径小于 $63\mu m$，细度可以影响到纤维素醚的溶解性，较粗的纤维素醚通常为颗粒状，在水中很容易分散而不结块，但溶解速度很慢，不易在干混砂浆中使用。只有足够细的粉末才能避免在加水搅拌时出现纤维素醚结块，那么再分散溶解就很困难；一般而言，对于黏度相同而细度不同的纤维素醚，在相同的添加量情况下，细度越细其保水效果越好；

（4）使用环境的温度：纤维素醚的保水性随着使用温度的上升而降低，试验表明，提高纤维素醚的醚化度，可以使其保水效果在使用温度较高的情况下仍能保持较佳的效果。

2. 纤维素醚添加到砂浆中的作用

（1）可以使新拌砂浆增稠从而防止离析并获得均匀一致的可塑性；

（2）本身具有引气作用，还可以稳定砂浆中引入的均匀细小气泡，提高砂浆的和易性和可操作性；同时由于细小气泡的存在，提高了砂浆的抗渗性、抗冻性、耐久性；

（3）良好的保水性能，有助于保持薄层砂浆中的水分（自由水），砂浆施工后水泥可以有更多的时间水化，确保砂浆不会由于缺水、水泥水化不完全而导致的起砂、起粉和强度降低；

（4）增稠效果使湿砂浆的结构强度大大增强，如瓷砖黏结剂具有良好的抗下垂能力；

（5）纤维素醚的添加可以明显改善湿砂浆的湿黏性，对各种基材都有良好的黏性，从而提高湿砂浆的上墙性能，减少浪费。

2.8.2.2 膨润土

膨润土是一种天然硅铝镁酸盐纳米材料，它的晶体结构是由两层硅氧四面体片中间夹一层铝镁氧八面体构成的 2:1 型层状硅酸盐。由于它具有如此晶体结构所以两个结构单元间以分子间力连接，所以结构比较松散。在外力作用下或者极性水分子作用下层间会产生相对运动而膨胀或剥离，水和其他有机分子可以进入层间，所以该无机纳米材料具有吸水膨胀性、高分散性、吸附性，以及溶胀性、黏结性、触变性、悬浮性、可塑性、润滑性等一系列的特性。这些特性对于砂浆性能的提升可以起到非常重要的作用：

（1）在水中能吸附本身几倍重的水，体积膨胀至干体积的十几倍，并形成凝胶状物质，故具有增稠、保水的作用，使砂浆中的水分在自然条件下不易过早失水；

（2）溶解在水中能释放出带电微粒，这种微粒间的电斥性使之在砂浆中具有对各种填料的分散作用，可以使各种添加剂均匀的分散在砂浆中，提高了砂浆的匀质性，使砂浆的性能保持稳定；

（3）在水中高度分散搭接成网络结构，并使多量的自由水转变为网络结构中的束缚水，而形成非牛顿液体类型的触变性凝胶。它的黏度对于悬浮液体系的稳定性具有重要影响，并与剪切速度变化有关。搅动时，网络结构破坏，凝胶转化为低黏滞性的悬浮液；静止时，恢复到初始凝胶网络结构的均相塑性体状态，黏度逐渐增大。在外力作用下悬浮液与胶体可以无限转化，砂浆触变性变好；

（4）其量子尺寸效应和表面效应，对太阳光中的紫外线产生强吸收和反射，有抗老化助剂的作用，从而提高了砂浆的耐老化性能；

（5）具有吸水膨胀的作用，将砂浆中的微孔填充了，起到了密实的作用，自然而然砂浆的抗渗压力就提高了；

（6）砂浆具有微膨胀的作用。28d 干燥收缩率较低。

2.8.2.3 凹凸棒土

凹凸棒土又称坡缕石（palygorskite）或坡缕缟石，是一种具有链层状结构的含水富镁硅酸盐黏土矿物，其结构属 2:1 型黏土矿物，在每个 2:1 单位结构层中，四面体晶片角顶隔一定距离方向颠倒，形成层链状，在四面体条带间形成与链平行的通道，通道中充填沸石水和结晶水。

凹凸棒土是指以凹凸棒石（凹凸棒土 tapulgite）为主要组分的一种黏土矿物。凹凸棒土为一种晶质水合镁铝硅酸盐矿物，具有独特的层链状结构特征，在其结构中存在晶格置换，晶体中含有不定量的 Na^+、Ca^{2+}、Fe^{3+}、Al^{3+}，晶体呈针状，纤维状或纤维集合状。凹凸棒土具有独特的分散、耐高温、抗盐碱等良好的胶体性质和较高的吸附脱色能力，并具有一定的可塑性及粘结力，其理想的化学分子式为：$Mg_5Si_8O_{20}(OH)_2(OH_2)_4 \cdot 4H_2O$。具有介于链状结构和层状结构之间的中间结构。

据研究发现，某些经过高温煅烧后的凹凸棒石黏土（如 Z 型凹土粉）掺入砂浆后，能显著地提高砂浆的抗压强度等方面的性能。某些黏土矿物经高温煅烧后能够生成大量的活性 SiO_2 和活性 Al_2O_3 类玻璃体物质，具有良好的火山灰活性。为了改善干粉砂浆性能，掺入占水泥质量 20% 的煅烧凹凸棒石黏土，掺入 Z 型凹土的砂浆 28d 抗压强度较空白砂浆提高了 102.1%、粘结强度提高了 39.7%、抗渗性能提高了 25%。

改性凹凸棒土掺入砂浆后，可以减小砂浆的分层度，提高砂浆的保水性能，使得砂浆的工作性能大大提高；同时使砂浆的强度略有降低，但在低掺量时，砂浆试块的抗压强度有所提高。

改性凹凸棒土价格低廉，具有良好的技术经济指标，用作砂浆外加剂具有较好的发展前景。

2.8.2.4 淀粉醚

淀粉醚是从天然植物中提取的多糖化合物，与纤维素相比具有相同的化学结构及类似的性能。在抹灰材料中主要使用的是羟乙基淀粉。淀粉醚在干砂浆中的典型掺量为0.01%～0.04%，在石膏基产品中为 0.02%～0.06%。尽管掺量低，它仍可以显著增加砂浆的稠度。同时需水量和屈服值也略有增加。尽管淀粉醚本身的黏度较低（2%水溶液中为 100～500mPas），但在与纤维素醚配合使用时，可以使砂浆的稠度显著增加。新拌砂浆的垂流程度会降低。这样使得批荡抹砂浆在垂直墙面上可以批得更厚，瓷砖胶能够粘附更重的瓷砖而不产生滑移。特殊类型的淀粉醚可以降低砂浆对抹刀的粘附并延长开放时间。

淀粉醚在聚合物砂浆中起到的主要作用：

（1）保水性：保水性能好，可以增加砂浆干燥后强度。

（2）增稠性：添加微量淀粉醚即可增加稠度，即可使用。

（3）延长开放时间，提供充分的开放时间。

（4）增强性：保水后延长开放时间，其粘结强度相对有所提高。

（5）兼容性：与其他产品具有相容性，可与纤维素醚共享，提高产品质量。

2.8.2.5 瓜耳豆胶

瓜耳豆胶是由天然瓜耳豆经改性而成的一种性能较为特殊的淀粉醚。主要由瓜耳豆胶与丙烯酸基官能团发生醚化反应，生成含有 2-羟丙基官能团结构，是一种多聚半乳甘露糖结构。

瓜耳豆胶在聚合物砂浆中起到的主要作用：

（1）与纤维素醚相比，瓜耳豆胶更容易溶于水。pH 值的改变对瓜耳豆胶的性能基本上没有影响。

（2）在低黏度、少掺量的条件下，瓜耳豆胶可以等量取代纤维素醚，而具有相近的保水性。但稠度、抗垂挂性、触变性等明显改善。

（3）在高黏度、大掺量条件下，瓜耳豆胶不能代替纤维素醚，二者混合使用会产生更优异的性能。

（4）瓜耳豆胶应用于石膏基砂浆中可明显降低施工时的粘着性，使施工更滑爽。对石膏砂浆的凝结时间和强度，无不利影响。

（5）瓜耳豆胶应用于水泥基砌筑和抹灰砂浆中可等量替代纤维素醚，并赋予砂浆更好的抗垂挂性、触变性和施工的滑爽性。

（6）瓜耳豆胶还可用于瓷砖粘结剂、地面自流平剂、耐水腻子、墙体保温用聚合物砂浆等产品中。

（7）由于瓜耳豆胶价格明显低于纤维素醚，砂浆中使用瓜耳胶会带来产品配方成本的明显降低。

2.8.3 减水剂

减水剂是指在保持砂浆稠度基本相同的条件下，能减少拌合用水量的添加剂。减水剂一般为表面活性剂。按其功能分为：普通减水剂、高效减水剂、早强减水剂、缓凝减水剂、缓凝高效减水剂和引气减水剂等品种。减水剂的主要作用有以下几个方面：增加水化效率，减少单位用水量，增加强度，节省水泥用量；改善尚未凝固的混凝土的和易性，防止混凝土成分的离析；提高抗渗性，减少透水性，避免混凝土建筑结构漏水，增加耐久性；增加耐化学腐蚀性能；减少混凝土凝固的收缩率，防止混凝土构件产生裂缝；提高抗冻性能，有利于冬期施工。

1. 常用的减水剂的种类

（1）木质素系减水剂

木质素系减水剂包括木质素磺酸钙（木钙）、木质素磺酸钠（木钠）和木质素磺酸镁（木镁）三类。其适宜掺量为水泥质量的 0.2%～0.3%。

（2）萘系高效减水剂

萘系高效减水剂（β-萘磺酸甲醛缩合物）、蒽系减水剂、甲基萘系减水剂、古马龙系减水剂、煤焦油混合物系减水剂。

（3）三聚氰胺高效减水剂

三聚氰胺系高效减水剂（俗称蜜胺减水剂），化学名称为磺化三聚氰胺甲醛树脂。该类减水剂实际上是一种阴离子型高分子表面性剂。其通常掺量为水泥质量的 0.5%～2.0%。

（4）聚羧酸盐系高效减水剂

聚羧酸类减水剂的分子结构设计趋向是在分子主链或侧链上引入强极性基团羧基、磺酸基、聚氧化乙烯基等，使分子具有梳形结构。聚羧酸类减水剂的特点是在主链上带多个活性基团，并且极性很强，侧链带有亲水性的聚醚链段，并且链较长，数量多，疏水基的分子链段较短，数量也少。通过极性基与非极性基比例调节引气性，一般非极性基比例不超过 30%；通过调节聚合物分子量增大减水性、质量稳定性；调节侧链分子量，增加立体位阻作用而提高分散性保持性能。

2. 减水剂的作用机理

（1）静电斥力理论

高效减水剂大多属于阴离子型表面活性剂，由于水泥粒子在水化初期时其表面带有正电荷（Ca^{2+}）减水剂分子中的负离子—SO_3^{2-}、—COO^- 就会吸附于水泥粒子上，形成吸附双电层（G 电位），使水泥粒子相互排斥，防止了凝聚的产生。G 电位绝对值越大，减水效果越好。

（2）空间位阻效应理论

这一理论主要适用于正处于开发阶段的新型高效减水剂—聚羧酸盐系减水剂。该类减水剂呈梳形，主链上带有多个活性基团，并且极性较强，侧链也带有亲水性的活性基团。

聚羧酸盐系发挥分散作用的主导因素并不是静电斥力，而是由减水剂本身大分子链及其支链所引起的空间位阻效应。

当具有大分子吸附层的球形粒子在相互靠近时，颗粒之间的范德华力是决定体系位能的主要因素。当水泥颗粒表面吸附层的厚度增加时。有利于水泥颗粒的分散。

聚羧酸盐系减水剂分子中含有较多较长的支链，当它们吸附在水泥颗粒表层后，可以在水泥表面上形成较厚的立体包层，从而使水泥达到较好的分散效果。

2.8.4 引气剂

引气剂也称加气剂，是指在砂浆搅拌过程中能引入大量分布均匀、稳定而封闭的微小气泡的添加剂。引气剂在砂浆搅拌过程中，能引入大量分布均匀的微小气泡，能降低砂浆中调配水的表面张力，从而导致更好的分散性，减少砂浆拌合物的泌水、离析的添加剂。另外，细微而稳定的空气泡的引入，也提高了施工性能。导入的空气量取决于砂浆的类型和所用的混合设备。

1. 引气剂的主要种类

（1）松香树脂：松香热聚物、松香皂类等（主要用于混凝土）；

（2）烷基和烷基芳烃磺酸盐：十二烷基磺酸盐、烷基苯磺酸盐、烷基苯酚聚氧乙烯醚类；

（3）脂肪醇磺酸盐类：脂肪醇聚氧乙烯醚、脂肪醇聚氧乙烯磺酸钠、脂肪醇硫酸钠；

（4）皂类：三萜皂类；

（5）非离子型表面活性剂：烷基酚环氧乙烷缩合物；

（6）其他：蛋白质盐、甲基纤维素醚类。

引气剂大部分是阴离子表面活性剂，在水气界面上，憎水基向空气一面定向吸附，在水泥界面上，水泥或其水化粒子与亲水基相吸附，憎水基背离水泥及其水化粒子，形成憎水化吸附层，并力图靠近空气表面，由于这种粒子向空气表面靠近和引气剂分子在空气-水界面上的吸附作用，将显著降低水的表面张力，使砂浆在拌合过程中产生大量的微细气泡，这些气泡带有相同电荷的定向吸附层，所以相互排斥并能均匀分布；另一方面许多阴离子引气剂在含钙量高的水泥溶液中有钙盐沉淀，吸附于气泡膜上，能有效防止气泡破灭，引入的细小均匀的气泡能在一定时间内稳定存在。

2. 影响聚合物砂浆含气量的主要因素

（1）水泥：①细度：越细的水泥颗粒，比表面积越大，吸附的引气剂分子增多，使水相中的引气剂浓度下降，砂浆含气量下降；②矿物组成：C_3A 增大砂浆的拌合物黏度、吸附引气分子，使含气量下降；③碱的形态：可溶性硫酸根离子降低了气泡的稳定性，钾、钠离子促进了水泥颗粒间离子键的形成，有助于气泡的稳定。

（2）粉煤灰：①影响引气剂在粉煤灰上的吸附，粉煤灰颗粒越细，相同引气剂掺量下，砂浆含气量越低；②碳含量：类似于活性炭吸附机理，碳含量越高，相同引气剂掺量下，砂浆含气量越低。

（3）砂：细粉含量越高，细度模数越小，吸附的引气剂的量越大，含气量越低。

（4）水灰比：水灰比越低，浆体黏度越大，引气困难。

（5）外加剂：①正效应：与引气剂之间具有协同效应的外加剂，有助于气泡的形成，如木质素磺酸盐减水剂和聚羧酸减水剂；②负效应：具有电荷性的外加剂，增加了水泥颗粒之间的排斥力，有利于气泡相互聚集，降低了引气剂的稳泡性能，如萘系减水剂。

（6）此外，引气剂品种与颗粒分布、砂浆搅拌机类型及其容量、拌合温度、拌合物稠度、气温等也都会对引气剂产生影响。

3. 聚合物砂浆中添加引气剂的作用

（1）改善聚合物砂浆的和易性：引气机掺入砂浆拌合物内形成大量微小的封闭状气泡，这些微气泡如同滚珠一样，减少骨料颗粒间的摩擦阻力，使拌合物的流动性增加。若保持流动性不变，就可以减少用水量。同时由于水分均匀分布在大量气泡的表面，这就使能自由移动的水量减少，湿砂浆的泌水量因此减少，而保水性、黏聚性相应随之提高。

（2）降低聚合物砂浆的强度：大量气泡的存在，减少了砂浆的有效受力面积，使强度有所降低，但引气剂有一定的减水作用，水灰比的降低使强度有一定的补偿。但引气剂的加入，还是会使砂浆的强度下降，特别是抗压强度。

（3）提高聚合物砂浆的抗渗性、抗冻性：引气剂使拌合物泌水性减少，因此泌水通道的毛细管也相应减少。同时，大量封闭的微气泡存在堵塞或隔断了砂浆中毛细管渗水的通道，改变了砂浆的孔结构，使砂浆抗渗性能得到提高。气泡有较大的弹性变形能力，对由水结冰产生的膨胀应力有一定的缓冲作用，因而砂浆的抗冻性能得到提高，耐久性也随之提高。

2.8.5 调凝剂

水泥作为聚合物砂浆的主要原料之一，它的凝结时间也是砂浆的一个重要性能指标，在许多类砂浆中都添加有调凝剂。

调凝剂的主要作用机理：

1. 无机盐调凝理论

（1）盐效应：在水泥浆开始搅拌时加入水泥矿物不含有的离子，如 Na^+，Cl^- 等将会分别吸引水化产物中的不同符号离子，使它们在溶液中的活度减少，溶解度增大，这会影响到水泥的水化速度和结晶速度。C_3S 的水化过程中，在诱导期产生的 $[Ca^{2+}]$ 浓度已达到 $Ca(OH)_2$ 的结晶浓度，但由于 Cl^- 的存在，则 Ca^{2+} 活度减小，C_3S 的溶解度将增加到 $[Ca^{2+}]$ 达到过饱和的浓度，才会出现 $Ca(OH)_2$ 晶体，于是延缓了凝结时间。

（2）同离子效应：在水泥浆中加入与水泥矿物所具有的同类离子，如 Ca^{2+}，SiO_4^{4-} 等可以促进 $Ca(OH)_2$ 晶体和硅酸钙凝胶的形成，因此，它们有促凝作用。

（3）生成复盐：复盐是指含有两种或两种以上正离子或负离子的盐，它们的溶解度往往小于相应的水化产物，因而最先结晶。如 $C_3A \cdot 3CaSO_4 \cdot 31H_2O$ 和 $C_3A \cdot CaCl_2 \cdot 10H_2O$ 的溶度积 KSP 分别是 1.1×10^{-40} 和 1.0×10^{-39}，比相应的简单盐要小得多，这样促使水泥浆凝结。

2. 沉淀理论

沉淀理论认为，有机物的极性基团如羧酸根等在水泥粒子表面生成难溶盐（通常是钙盐）或保护膜包裹未水化的水泥颗粒，由于屏蔽作用则使水分子不能接近，起延长诱导期的作用。对这个理论，目前尚有争议。

3. 成核、结晶理论

延缓晶核理论认为，诱导期的结束，加速期的开始是以 $Ca(OH)_2$ 结晶，$[Ca^{2+}]$ 浓度下降为标志。成核、结晶理论认为，任何加速 $Ca(OH)_2$ 的成核过程和晶核发育的化合物都可以成为促凝剂，反之，则是缓凝剂。可溶性钙盐如 $CaCl_2$ 在水化初期就有加速 $Ca(OH)^2$ 的成核作用，是有效的促凝剂。有机酸具有阴离子基团，它们与 Ca^{2+} 产生络合作用后，络合物吸附在正在发育的 $Ca(OH)_2$ 晶核上，抑制其生长，或者 Ca^{2+} 和 OH^- 重新形成晶核，因而诱导期明显变长。

2.8.5.1 早强剂

早强剂是一种加速水泥水化、提高砂浆早期强度的添加剂。

1. 早强剂的种类

（1）强电解质无机盐、水溶性有机物、无机物复盐等。

（2）强电解质无机盐：硫酸盐、硫酸复盐、硝酸盐、亚硝酸盐、氯盐等。

（3）水溶性有机化合物：三乙醇胺、甲酸盐、乙酸盐等。

2. 早强剂的主要性能指标（表 2-78）

早强剂的主要性能指标 表 2-78

性能指标		一等品	合格品
泌水率比/%		≤100	≤100
凝结时间之差 /min	初凝	−60～+90	−60～+120
	终凝	−60～+120	−120～+60
抗压强度比/%	1d		≥140
	3d	≥130	≥120
	7d	≥115	≥110
	28d	≥100	≥100
	90d	≥100	≥95
收缩率比/%	90d	≤120	

2.8.5.2 缓凝剂

缓凝剂就是降低水泥或石膏的水化速度和水化热，延长凝结时间的一种添加剂。

1. 缓凝剂的种类

（1）糖类：糖钙、葡萄糖酸盐等，添加量为 0.1%～0.3%；

（2）羟基羧酸及其盐类：柠檬酸、酒石酸及其盐，添加量为 0.01%～0.1%；

（3）无机盐类：锌盐、磷酸盐类，添加量为 0.1%～0.2%；

（4）木质素磺酸盐，添加量为 0.1%～0.2%。

2. 缓凝剂的主要性能指标（表 2-79）

缓凝剂的主要性能指标 表 2-79

性能指标		一等品	合格品
泌水率比/%		≤100	≤110
凝结时间之差/ min	初凝	−60～+210	−60～+210
	终凝	≤210	≤210
抗压强度比/%	1d	≥125	
	3d	≥100	≥90
	7d	≥100	≥90
	28d	≥100	≥90
	90d	≥100	≥90
收缩率比/%	90d	≤120	

2.8.6 消泡剂

消泡剂帮助释放砂浆混合和施工过程中所夹带或发生的气泡，提高抗压强度，改善表面状态的一类添加剂。目前正在聚合物砂浆中使用的粉状消泡剂主要是多元醇类和聚硅氧烷等。消泡剂可以防止砂浆在搅拌过程中产生气泡从而改善粉料的润湿过程，消泡剂还可以防止砂浆在施工过程中产生气泡，从而提高砂浆的抗压强度，防止砂浆表面出现缺陷并改善自流平砂浆系列的流平性能。

消泡剂是抑制或消除泡沫的表面活性剂,当体系加入消泡剂后,其分子杂乱无章地广布于液体表面,抑制形成弹性膜,即终止泡沫的产生。当体系大量产生泡沫后,加入消泡剂,其分子立即散布于泡沫表面,快速铺展,形成很薄的双膜层,进一步扩散、渗透,层状入侵,从而取代原泡膜薄壁。由于其表面张力低,便流向产生泡沫的高表面张力的液体,这样低表面张力的消泡剂分子在气液界面间不断扩散、渗透,使其膜壁迅速变薄,泡沫同时又受到周围表面张力大的膜层强力牵引,这样,致使泡沫周围应力失衡,从而导致其"破泡"。

1. 消泡剂性能

(1) 表面张力要比被消泡介质低;

(2) 与被消泡介质有一定的亲和性,分散性好;

(3) 具有良好的化学稳定性。

2. 消泡剂的种类

磷酸酯类(磷酸三丁酯)、有机硅化合物、聚醚、高碳醇(二异丁基甲醇)、异丙醇、脂肪酸及其酯、二硬脂酸酰乙二胺等。

粉剂消泡剂一般采用碳氢化合物、聚乙二醇或聚硅氧烷。聚合物砂浆的掺量一般为水泥用量的 0.01%～0.2%。

2.8.7 憎水剂

憎水剂是一类可以防止水分进入砂浆,同时还保持砂浆处于开放状态从而允许水蒸气扩散的一类外加剂。具有不同程度的憎水/防水功能对于许多聚合物砂浆产品来说是不可缺少的,如薄抹灰外保温系统的抹面砂浆、瓷砖填缝剂、彩色饰面砂浆和用于外墙的防水抹灰砂浆、外墙腻子、防水材料、粉末涂料和某些修补材料等。使砂浆具备一定憎水功能可以通过掺加憎水性添加剂来解决,它还可以与其他外加剂如减水剂等配合使用以进一步提高砂浆的防水能力,同时还可保持砂浆处于开放状态从而允许水蒸气扩散。

1. 憎水剂的种类

(1) 脂肪酸金属盐。如硬脂酸锌等。这些产品的单位成本相对较低,但主要的缺点是搅拌砂浆时需要较长的时间才能与水拌合均匀。典型的掺量为 0.2%～1%。

(2) 有机硅类的憎水剂。硅烷基粉末憎水添加剂。该产品不仅表现出高憎水效能,而且具有与砂浆快速拌合均匀的能力。市场上可以购买到不同品种的粉末状有机硅憎水剂,但最主要的区别是产品是否能够迅速与砂浆的搅拌均匀。硅烷在碱性环境下与水泥的水化产物形成高度持久的结合从而提供长期的憎水性能。典型的掺量为 0.1%～0.5%。

(3) 特殊的憎水性可再分散聚合物粉末可以提供良好的憎水性,但需要的掺加量较高,典型掺量为 1%～3%。这些聚合物还可以改善砂浆的粘结性、内聚性和柔性。

2. 憎水剂的特点

(1) 应为粉末状;

(2) 具有良好的拌合性能;

(3) 使砂浆整体产生憎水性并维持长期作用效果;

(4) 对表面的粘结强度没有负面影响;

（5）对环境友好。

2.8.8 纤维

水泥砂浆本身存在抗拉强度低、抗冲击能力差、抗裂性能差的固有缺陷，克服这些缺陷的最直接有效的办法就是在水泥基材中掺加纤维。掺加纤维可以提高砂浆的抗裂、抗折、抗渗、抗冲击、耐冻融等性能，是提高水泥基材性能和耐久性的有效手段。而掺加的纤维是多种多样的，性能上也有很大的差异。

1. 纤维的分类

纤维可以按照不同的原则进行分类。从工程实用观点考虑，可按纤维的材质、弹性模量以及长度分类，见表2-80。

纤 维 分 类 表　　　　　　　　　　　　　　表 2-80

分类原则	类　　　　　　别
按纤维的材质	（1）金属纤维——碳钢纤维、不锈钢纤维、钢棉等。 （2）无机纤维——玻璃纤维、碳纤维、石棉、矿棉、陶瓷纤维、玄武岩纤维等。 （3）有机纤维 天然纤维——纤维素纤维、麻纤维、草纤维等； 合成纤维——聚丙烯纤维、聚丙烯腈纤维、尼龙纤维、聚乙烯醇纤维等
按纤维的弹性模量	（1）高弹性模量纤维——弹性模量高于水泥基体的纤维，如钢纤维、石棉、矿棉、玻璃纤维、碳纤维、玄武岩纤维等。 （2）低弹性模量纤维——弹性模量低于水泥基体的纤维，如聚丙烯纤维、聚丙烯腈纤维、尼龙纤维等
按纤维的长度	（1）非连续的短纤维——如钢纤维、聚丙烯纤维、聚丙烯腈纤维、尼龙纤维、玄武岩纤维等。 （2）连续的长纤维——如连续的玻璃纤维、玄武岩纤维等

2. 纤维的主要力学性能

由于纤维品种的不同，它们的力学性能（包括抗拉强度、弹性模量、断裂延伸率等）不尽相同，甚至其中某些性能指标有较大差异。一般来说，纤维抗拉强度均比水泥基体的抗拉强度要高出两个数量级，但不同品种纤维的弹性模量值相差很大，有些纤维（如钢纤维与碳纤维）的弹性模量高于水泥基体，而大多数有机纤维（包括很多合成纤维与天然植物纤维）的弹性模量甚至低于水泥基体。纤维与水泥基体的弹性模量的比值对纤维增强水泥复合材料的力学性能有很大影响，如该比值愈大，则在承受拉伸或弯曲荷载时，纤维所分担的应力份额也愈大。纤维的断裂延伸率一般要比水泥基体高出一个数量级，但若纤维的断裂延伸率过大，则往往使纤维与水泥基体过早脱离，因而未能充分发挥纤维的增强作用。表2-81列出了常用纤维的主要力学性能。

常用纤维的主要力学性能　　　　　　　　　　表 2-81

纤维品种	密度/kg/m³	抗拉强度/MPa	弹性模量/MPa	断裂延伸率/%
碳钢纤维	7.80	500～2000	200～210	3.5～4.0
抗碱玻璃纤维	2.70	1400～2500	70～75	2.0～3.5
高模量聚乙烯醇纤维	1.30	1200～1500	30～35	5～7

纤维品种	密度/kg/m³	抗拉强度/MPa	弹性模量/MPa	断裂延伸率/%
聚丙烯单丝纤维	0.91	500～600	3.5～4.8	15～18
温石棉	2.60	500～1800	150～170	2.0～3.0
改性聚丙烯腈纤维	1.18	800～950	16～20	9～11
尼龙纤维	1.15	900～960	5.0～6.0	18～20
高密度聚乙烯纤维	0.97	2500	117	3.5
芳纶纤维	1.45	2800～2900	62～70	3.6～4.4
玄武岩纤维	2.8	4100～4840	93.1～110	3.1

3. 常用纤维

（1）抗碱玻璃纤维：玻璃纤维是由二氧化硅和含铝、钙、硼等元素的氧化物以及少量的加工助剂氧化钠和氧化钾等原料经熔炼成玻璃球，然后在坩埚内将玻璃球熔融拉丝而成。从坩埚中拉出的每一根线称为单丝，一个坩埚拉出的所有单丝，经浸润槽后，集合成一根原纱（丝束）。丝束经切断以后，可以用于聚合物砂浆中。在砂浆掺入抗碱玻璃纤维后，在高速分散的情况下，纤维束分散成无数根单丝纤维，但仍会有少量纤维束不能分散开。在选择抗碱玻璃纤维时，应注意纤维的分散性。

玻璃纤维的性能特点是高强、低模、高伸长率、低线胀系数、低热导。玻璃纤维的拉伸强度远远超出各种钢材的强度。

（2）维纶纤维：维纶的主要成分是聚乙烯醇，但乙烯醇不稳定，一般是以性能稳定的乙烯醇醋酸酯（即醋酸乙烯）为单体聚合，然后将生成的聚醋酸乙烯醇解得到聚乙烯醇，纺丝后再用甲醛处理才能得到耐热水的维纶。聚乙烯醇的熔融温度（225～230℃）高于分解温度（200～220℃），所以采用用溶液纺丝法纺丝。

维纶具有较强的吸湿性，是合成纤维中吸湿性最大的品种，接近棉花（8%）。维纶的强度稍高于棉花，比羊毛高很多。耐腐蚀性和耐光性：在一般有机酸、醇、酯及石油灯溶剂中不溶解，不易霉蛀，在日光下暴晒强度损失不大。缺点是耐热水性不够好，弹性较差。

（3）腈纶纤维：是指用85%以上的丙烯腈与第二和第三单体的共聚物，经湿法纺丝或干法纺丝制得的合成纤维。

腈纶耐光性和耐气候性特别优良，在常见纺织纤维中最好。腈纶放在室外暴晒一年，其强力只下降20%。腈纶具有较好的化学稳定性，耐酸、耐弱碱、耐氧化剂和有机溶剂。但腈纶在碱液中会发黄，大分子发生断裂。腈纶的准结晶结构使纤维具有热弹性。此外，腈纶耐热性好，不发霉，不怕虫蛀，但耐磨性差，尺寸稳定性差。

（4）聚丙烯纤维：由立体规整的等规聚丙烯聚合物经熔融纺丝法制成的一种聚烯烃类纤维。相对密度在合成纤维中属最小，干湿强度相等，耐化学腐蚀性好，但日光老化性差。聚丙烯纤维加入水泥基体中，理论上可起到：提高基体的抗拉强度；阻止基本中原有缺陷（微裂缝）的扩展，并延缓新裂缝的出现；提高基体的变形能力，并从而改善其韧性与抗冲击性等作用。

（5）尼龙纤维：聚酰胺俗称尼龙，是分子主链上含有重复酰胺基团—[NHCO]—的热塑性树脂总称。

尼龙具有很高的机械强度，软化点高，耐热，摩擦系数低，耐磨损，自润滑性，吸震性和消声性，耐油，耐弱酸，耐碱和一般溶剂，电绝缘性好，有自熄性，无毒，无臭，耐候性好，染色性差。缺点是吸水性大，影响尺寸稳定性和电性能，纤维增强可降低树脂吸水率，使其能在高温、高湿下工作。尼龙与玻璃纤维亲和性良好。

（6）聚乙烯纤维：由线型聚乙烯（高密度聚乙烯）经熔融纺丝法纺制成的聚烯烃纤维。其特点有：①纤维强度和伸长与丙纶相接近；②吸湿能力与丙纶相似，在通常大气条件下回潮率为0；③具有较稳定的化学性质，有良好的耐化学药品性和耐腐蚀性；④耐热性较差，但耐湿热性能较好，其熔点为 $110\sim120℃$，较其他纤维低，抗熔孔性很差；⑤有良好的电绝缘性。耐光性较差，在光的照射下易老化。

（7）芳纶：凡聚合物大分子的主链由芳香环和酰胺键构成，且其中至少 85％ 的酰胺基直接键合在芳香环上；每个重复单元的酰胺基中的氮原子和羰基均直接与芳环中的碳原子相连接并置换其中的一个氢原子的聚合物称为芳香族聚酰胺树脂，由它纺成的纤维总称为芳纶纤维。

芳纶纤维具有高拉伸强度、高拉伸模量、低密度、吸能性和减震性好、耐磨、耐冲击、抗疲劳、尺寸稳定等优异的力学性能和动态性能，良好的耐化学腐蚀性、高耐热、低膨胀、低导热、不燃、不熔等突出的热性能以及优良的介电性能。

（8）矿物纤维：

矿物纤维主要是从矿物中开采得到的一种天然无机纤维，例如海泡石纤维、硅灰石纤维、水镁石纤维、玄武岩纤维、石棉纤维等，后来也将人造无机纤维品种之一的矿物棉称为矿物纤维，矿物纤维具有性能综合、安全、使用性能好、性价比高的优点，保水性、亲水性、分散性、均匀性好，绝热性和化学稳定性好等特点，是符合 21 世纪发展需要的新型绿色纤维。

1）海泡石纤维

海泡石是一种层链状纤维富镁硅酸盐矿，因其特有的晶体结构，具有良好的吸附性、流变性和催化性。海泡石矿物纤维在水和其他高中等极性溶液中，纤维束易解散形成不规则的纤维网络，可在低浓度下形成高黏度的稳定悬浮液。在海泡石表面存在大量的 Si—OH 基，对有机物结合分子有很强的亲和力，可与有机物反应剂直接作用。其所具有的这些特性，使它在很多方面有较高的应用价值，可广泛地应用于石油、化学工程、冶金、建材、轻工、纺织、食品加工、军事、环保、农业及医药等部门。

2）水镁石纤维

水镁石纤维是一种对人体无害的天然矿物纤维，其主要化学成分为 $Mg(OH)_2$。无论从化学组成、晶体结构，还是化学性质等方面均与石棉有很大的不同。水镁石纤维具有优良的力学性能、抗碱性能、水分散性能及环境安全性能。水镁石纤维的性能特点以及在经济性、安全性方面的优势，决定了它具有极大的市场潜力和应用前景。

水泥基材料复合纤维水镁石，在挠曲强度、耐压强度、冲击强度、耐腐蚀性等方面获得大大改善。随着纤维水镁石的增加，混凝土的机械性能均有所改善，尤其是大大改善了混凝土的挠曲强度。

3) 硅灰石纤维

硅灰石 $CaSiO_3$ 是一种钙的偏硅酸盐类矿物，理论化学成分 $CaO48.3\%$，$SiO_251.7\%$。天然产出的硅灰石常呈针状、放射状、纤维集合体。由于其无毒，具有低吸油性、低吸水性、热稳定性和化学稳定性、白度高等物化性质，硅灰石被广泛应用在建筑陶瓷、涂料、塑料、橡胶、冶金和耐火材料等工业部门。

研究资料表明针状硅灰石纤维可以改善抗裂砂浆的性能。随着针状硅灰石纤维掺量的增加，抗裂抹面胶浆的堆积密度随之降低，相同质量下的浆料体积增加，即增加了施工面积；而抗裂抹面胶浆达到相同稠度时的单位用水量随之增加，提高了抗裂抹面胶浆的保水性，改善了其施工性能；同时抗裂抹面胶浆的抗折强度有所提高，抗压强度略有下降，抗裂抹面胶浆的压折比显著下降，因而抗裂抹面胶浆有更好的柔韧性和抗裂性。随着可再分散胶粉掺量的增加，抗裂抹面胶浆的压折比也有所降低，但降低幅度比增加针状硅灰石纤维掺量的小，因此，通过增加针状硅灰石纤维掺量来降低抗裂抹面胶浆的压折比更为经济。每吨抗裂抹面胶浆中针状硅灰石纤维的推荐掺量为 $50\sim75kg$。

4) 玄武岩纤维

玄武岩纤维是以天然的火山喷出岩作为原料，将其破碎后加入熔窑中在 $1450\sim1500℃$ 熔融后，通过铂铑合金拉丝漏板制成的连续纤维。玄武岩纤维为非晶态物质，其使用温度范围大，导热系数低，吸湿能力低且不随温度变化，这就保证了它在使用过程中的热稳定性；玄武岩纤维无毒、不易燃、耐化学腐蚀性好，并具有抗拉强度高、弹性模量大的力学性能。因此，可用于制备热绝缘材料、声绝缘材料、抗震材料、过滤材料和复合材料等。将短切纤维用于增强砂浆混凝土中，纤维通过桥接裂缝可提高水泥基体的韧性、抗拉强度和抗弯强度，使水泥混凝土制品所固有的脆性问题得到极大的改善。

研究表明：在最佳掺量下，玄武岩纤维水泥砂浆的各种力学性能优于聚丙烯纤维水泥砂浆；玄武岩纤维对水泥浆体早期具有显著的增强作用，但降低了水泥砂浆的 28d 强度；掺入玄武岩纤维可以增加砂浆的韧性，对砂浆的抗拉强度改善起到了一定作用；玄武岩纤维对砂浆的抗弯破坏强度改善不显著，但明显增大了相同荷载下试件的挠度。玄武岩纤维的最佳掺量为 $1.2kg/m^3$ 左右，在此掺量下其各种力学性能优于最佳掺量下聚丙烯纤维水泥砂浆性能，但其价格远远低于聚丙烯纤维，因而可以作为聚丙烯和聚丙烯腈的良好替代产品用于增强砂浆混凝土。

4. 纤维的作用

纤维加入聚合物砂浆中可以赋予商品聚合物砂浆具有高品质、高性能、高强度、抗裂、抗渗、抗爆裂、抗冲击、抗冻融、耐磨损、耐老化等方面的功能。

聚合物砂浆在硬化的过程中由于显微结构与体积的变化，不可避免的产生许多微裂缝，并随着干缩、温度变化、外部载荷的变化而扩展，水泥基体的瞬间脆性断裂导致基体失效。如果把纤维均匀、无序地分散于水泥砂浆基体之中，这样水泥砂浆基体在受到外力或内应力变化时，纤维对微裂缝的扩展起到一定的限制和阻碍作用。数以亿计的纤维纵横交错，各向同性，均匀分布就如同几亿根微钢筋植入于水泥砂浆的基体之中，这就使得微裂缝的扩展受到了这些微钢筋的重重阻挠，微裂缝无法越过这些纤维而继续发展，只能沿着纤维与水泥基体之间的界面绕道而行。裂是需要能量的，要裂下去必须打破纤维的层层包围，而仅靠应力所产生的能量是微不足道的，只能被这些纤维消耗殆尽。所以由于数量巨大的纤维存在，既消耗能量有缓解了应力，组织裂缝的进一步发展，起到了阻断裂缝的作用。

（1）阻裂：防止砂浆基体原有缺陷裂缝的扩展，并有效阻止和延缓新裂缝的出现；

（2）防渗：提高砂浆基体的密实性，阻止外界水分侵入，提高耐水性和抗渗性；

（3）耐久：改善砂浆基体的抗冻、抗疲劳性能，提高了耐久性；

（4）抗冲击：改善砂浆基体的刚性，增加韧性，减少脆性，提高砂浆基体的变形力和抗冲击性；

（5）抗拉：并非所有的纤维都可以提高抗拉强度，只有在使用高强高模纤维的前提下才可以起到提高砂浆基体的抗拉强度的作用；

（6）美观：改善水泥砂浆的表面形态，使其更加致密、细腻、平整、美观、耐老化。

5. 对纤维的要求

（1）高耐碱性

纤维必须具有足够的耐碱性，不受碱性物质和水泥水化产物的侵蚀。

（2）安全无害

砂浆所掺加的纤维必须对人体无害。

（3）自分散性

纤维在砂浆中必须具有良好的自分散性，不结团、不成束。

（4）具有较高的抗拉强度

纤维在水泥基体中要发挥作用，必须具有较高的抗拉强度。与水泥基体的抗拉强度相比，至少要高出两个数量级。

（5）粘结强度

纤维与水泥基体的界面粘结强度一般不应低于1MPa。纤维与水泥基体之间的粘结强度不仅取决于纤维本身材质的特点，还受到纤维表面形状和粗糙程度的影响。

（6）变形能力大

与水泥基体的极限延伸率相比，纤维的极限延伸率至少要高出一个数量级。

（7）粗细适度

纤维的长径比大于临界值时才能对水泥基体产生明显的增强效应。这就是说，纤维要有一定的长度，而且不能太粗。在均匀分散的前提下，纤细而挺实的纤维具有更好的抗裂增强性能。

（8）弹性模量

纤维与水泥基体的弹性模量相比，其比值越高，则受荷时纤维所分担的应力也就越大，纤维的作用也就越加明显。

（9）价格合理

应采用技术经济的分析方法和手段，以不同纤维产品之间的性能价格比进行比较，不宜只关注以重量为单位的单价。

2.8.9　木质纤维

木质纤维是采用富含木质素的高等级天然木材（松木、山毛榉），以及食物纤维、蔬菜纤维等经过酸洗中和，然后粉碎、漂白、碾压、分筛而得到的不同长度和细度的一类不溶于水的天然纤维。制成后的颜色呈白色或灰色粉末状纤维。在砂浆中添加适量不同长度的木质纤维，可以增强抗收缩性和抗裂性，提高产品的触变性和抗流挂性，延长开放时间和起到一定增稠的效果。木质纤维是多孔长纤维状的，平均长度为 $10\sim2000\mu m$，平均直径小于 $50\mu m$，主要取决木质纤维素的品种。如松木的直径 $18\mu m$、山毛榉的直径 $35\mu m$。

（1）聚合物砂浆用木纤维的主要物理性能：

1）木质纤维密度为 $1.3\sim1.5g/cm^3$；

2）木质纤维的含水率为 $6\%\sim8\%$，它在空气中的易吸水，饱和吸水率为 $6\%\sim8\%$，故应储存在在干燥的场地；

3）不溶于水和有机溶剂，耐稀酸和稀碱；

4）耐温性：160℃，几小时；180℃，1～2h；大于 200℃，短时间；

5）无毒、可代替 $30\%\sim50\%$ 的石棉；

6）渗到木质纤维毛细孔中的水，冰点可达到－70℃，因此耐冻融；

7）pH 值等于 7.5，呈中性。

（2）在聚合物砂浆中添加木质纤维与纤维素醚的区别，如表 2-82 所示。

木质纤维与纤维素醚的比较　　　　　　　　　　　　表 2-82

项　目	纤维素醚	木质纤维
水溶性	溶于水	不溶于水
粘着性	有	无
保水性	约 2000%	约 600%
增粘性	有	有，小于纤维素醚

（3）聚合物砂浆中常用的纤维的区别，如表 2-83 所示。

常用的纤维的区别　　　　　　　　　　　　表 2-83

纤维品种	石棉纤维	玻璃纤维	有机纤维	纸纤维	木质纤维
形状	直、弯曲	直	直	弯曲、片	弯曲
表面	凹凸粗糙	光滑	光滑	半粗糙	凹凸粗糙
纤维长度	长	长	长	中-短	短
分散性	一般	差	一般	好	好
搭接	无序	无序	无序	无序	网状
保水	不保水	不保水	不保水	少量保水	保水
强度	强	强	强	弱	弱
耐腐蚀性	强	弱	强	弱	强
耐变性	无	无	无	无	有
毒性	有毒				无毒

（4）木质纤维添加到聚合物砂浆中可以在以下方面对砂浆性能进行提高：

1）增稠效果：木质纤维具有强劲的交联织补功能，与其他材料混合后纤维之间构成三维立体结构，纤维长度越长，表面交织越好，同时可以把水包含在其中，达到保水和增稠的效果。

2）改善和易性：当体系一旦受到外力部分液体会从木质纤维的网络中释放出来，网络顺序与流动方向一致，体系的黏度降低，和易性提高，当停止搅动时，水很快重新回到木质纤维的网络中，并很快恢复到原始的黏度。

3）抗裂性好：木质纤维素可以降低硬化和干燥过程所出现的机械能，提高抗裂性。

4）低收缩：木质纤维的生物尺寸稳定性好，混合料不会发生收缩沉降，提高抗裂性。

5）流动性好：木质纤维的毛细管可吸收自重的 $1\sim2$ 倍的液体，利用结构吸收 $2\sim6$ 倍的液体。

6）热稳定及抗下垂性：由于增稠效果明显，不会出现下垂现象，可一次涂抹较厚的灰。在高温条件下，木质纤维素也有很好的热稳定性。

7）延长"开放时间"并缓凝：由于木质纤维素的网状性结构能传送液体，可以使水从里边传送液体到产生蒸发液体的表面上来，使表面有充足的水进行水化，提高强度。

8）添加量为 $0.3\%\sim0.5\%$，掺加木质纤维素的料浆，其添水量应在原有基础上增加 $6\%\sim10\%$。

2.8.10　颜料

用于聚合物砂浆的颜料一般为氧化铁系。耐碱矿物颜料对水泥不起有害作用，常用的有：氧化铁（红、黄、褐、黑色）、氧化锰（褐、黑色）、氧化铬（绿色）、赭石（赭色）、群青（蓝色）以及普鲁士红等。

颜料在聚合物砂浆中应用的注意事项：

（1）氧化铁系的颜料是砂浆的合适颜料。

（2）颜料不能影响水泥、石膏等胶凝材料的水化和强度的增长。铬系、铅系是粉末五级颜料，但铅离子是水泥的一种缓凝剂，而且属于重金属，对人体有害，因此不能用于聚合物砂浆。

（3）颜料必须能和水泥等材料相容。大部分的有机颜料与水泥等无机材料不相容，不能用于聚合物砂浆的着色。炭黑是一种无机的粉末颜料，但由于与水泥不相容，而且对水泥的水化有影响，也不适合用于聚合物砂浆。

（4）制造红色、黑色或棕色水泥时，可在普通硅酸盐水泥中加入耐碱矿物的颜料，而不一定用白色硅酸盐水泥。

3 预拌砂浆的生产工艺及生产设备

湿拌砂浆和干混砂浆的生产方式不同。湿拌砂浆的生产过程为：将水泥、矿物外加剂、化学功能外加剂及经过筛分的砂分别加入各自的罐仓，生产时将各种原料送至电子秤计量后进入电脑控制全自动搅拌机，并由汲取泵将水按配比计量后一起送入搅拌机搅拌。砂浆拌合物经和易性检验合格后由砂浆运输车送至工地直接使用或装入不吸水的密闭容器内待用。湿拌砂浆可在混凝土搅拌站改进后的混凝土搅拌设备生产，可实现配料控制自动化、工厂化大生产，产品质量稳定可靠。运输可用混凝土运输车，现场储存可用特制金属容器，即到即用，但必须在规定的时间内用完。

干混砂浆的生产过程与湿拌砂浆不同之处在于不加水且对砂要进行预处理。砂的预处理分为河砂处理和机制砂处理两类。河砂的处理过程为：干燥、筛分、贮存。机制砂的处理则包括对从砂矿运回的粗料进行破碎、干燥、筛分、贮存的过程，但也有部分厂家直接采用成品机制砂。经处理后的砂、胶凝材料、矿物外加剂以及化学功能外加剂等分别装入各自贮料仓贮存，经过电子秤计量后进入搅拌机混合，由自动包装机按设定质量计量包装出厂或由散装头灌入干混砂浆专用散装车，以散装形式运至工地。干混砂浆是在工厂里精确配制而成，与传统工艺配置的砂浆相比，具有质量稳定、生产效率高、绿色环保、适用性广、文明施工的特点。除普通干混砂浆外，特种预拌砂浆如防水砂浆、自流平地面砂浆、保温防火砂浆的市场活跃，成为预拌砂浆发展的一个重要分支。

预拌砂浆的生产线可采用模块化设计，生产线应采取隔声降噪措施，距其外侧 1.5m 处的噪声不应大于 85dB（A），厂界噪声应符合《工业企业厂界环境噪声排放标准》GB 12348—2008 的要求；生产线必须配置收尘系统，在正常工作时，正对生产线下风口距离 50m，高度 1.7m 处的粉尘浓度不大于 $10mg/m^3$。生产线适宜工作环境为：温度 1～40℃，相对湿度不大于 80%。生产线安装完毕后，应无故障运行 160h 后，方可交付使用。正常生产时，应设置质量控制点，在线控制。生产线上的上料装置、料仓、工作及检修平台等涉及人身安全的部位。应设置防护装置，并应符合国家安全管理规定，生产线传动系统的运动部件应配置防护装置，连锁断电装置和警示信号装置。

3.1 湿拌砂浆的生产

湿拌砂浆指水泥、细骨料、外加剂和水以及根据性能确定的各种组分，按一定比例，在搅拌站经计量、拌制后，采用搅拌运输车运至使用地点，放入专用容器储存，并在规定时间内使用完毕的湿拌拌合物。

目前，湿拌砂浆主要由预拌混凝土搅拌站生产、供应。预拌混凝土企业通过对预拌混凝土搅拌设备相应调整，就可以利用其生产湿拌砂浆。通过统筹安排和工艺参数、附加设备的适当调整，既可在该设备上生产预拌混凝土，也可在该设备上生产湿拌砂浆。利用预拌混凝土设备生产湿拌砂浆，可提高设备的利用率，为预拌混凝土企业带来更多的利润。

根据湿拌砂浆的生产要求对预拌混凝土的搅拌设备进行以下改进和调整：

（1）搅拌设备系统：设置过筛砂及砂浆复合添加剂专用料仓，调整搅拌机的搅拌叶片和筒体的间隙。

（2）搅拌控制系统：改编电脑控制程序，调小原料秤称量的感量。

（3）筛分系统：湿拌砂浆要求砂粒径符合《普通混凝土用砂、石质量及检验方法标准》JGJ 52—2006 的规定，必须小于 5mm，因此必须通过机械筛分后才能使用。筛分设备一般可分为平板式和滚筒式。

湿拌砂浆的生产工艺流程如图 3-1 所示。

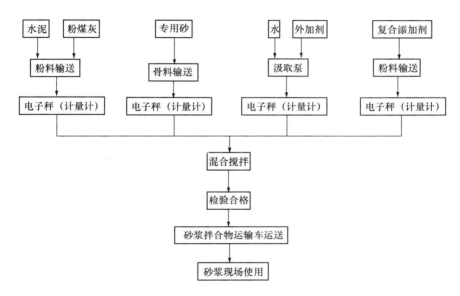

图 3-1　湿拌砂浆的生产工艺流程

湿拌砂浆在我国有着多年的发展历史，但一直以来，由于湿拌砂浆砂粒级配不稳定，性能相差较大，缺乏高性能砂浆外加剂的配合，其机械化施工推广受到了严重制约。到目前为止，湿拌砂浆成套设备提供厂家为数不多。全机械化湿拌砂浆成套设备由筛砂机、砂浆站、搅拌车及砂浆泵组成（见图 3-2）。

1. 筛砂机

砂浆用砂要求中砂，粒径为 5mm 以下，天然砂或机制砂一般均需要经过筛选才能满足使用要求，筛选设备通常为圆振筛式筛砂机或滚筒筛式筛砂机（见图 3-3）。

上述两种筛砂机均是由上砂斗、斜皮带及振动筛组成。工作时由铲车上料至上砂斗，原砂通过进料皮带输送至筛砂机，经筛分后的成品砂通过出料皮带输送出去，废砂料由废料斗收集。

圆振筛式筛砂机主体结构是圆振动筛。圆振动筛因其运动轨迹近似于圆，故简称为圆振筛，是一种多层数、高效新型振动筛。圆振动筛采用筒体式偏心轴激振器及偏块调节振幅，物料筛淌线长，筛分规格多，具有结构可靠、激振力强、筛分效率高、振动噪

图 3-2　湿拌砂浆成套系统

图 3-3　圆振筛式筛砂机和滚筒筛式筛砂机

声小、坚固耐用、维修方便、使用安全等特点。其筛箱支承方式有悬挂支承与座式支承两种悬挂支承，筛面固定于筛箱上，筛箱由弹簧悬挂或支承，主轴的轴承安装在筛箱上，主轴由带轮带动而高速旋转。带偏心重的圆盘安装在主轴上，随主轴旋转，产生离心惯性力，使可以自由振动的筛箱产生近似圆形轨迹的振动。偏心重与轴承中心线的距离为激振偏心距。

滚筒筛式筛砂机的主体结构是筛分筒，它是由若干个圆环状扁钢组成的筛网，整体与地平面呈倾斜状态，外部被密封隔离罩所密封，以防止污染环境。通过变速减速系统使筛分筒在一定转速下进行旋转，沙石料自上而下通过筛分筒得到分离，细沙从筛分筒前端下部排出，粗沙从筛分筒下端尾部。

因砂浆用砂要求粒径为 5mm 以下，故筛砂机筛网通常选择 5mm×5mm 左右的网孔为宜。在筛分较易过筛的物料时，圆振筛因其激振力大，筛分效率要高于滚筒筛；在筛分含泥量、含水率较高的砂粒时，两种筛砂机均会有不同程度的堵网情况出现，但滚筒筛清网更容易。

2. 砂浆站

砂浆站是制备砂浆的成套专用机械，其功能是将砂浆的原材料—水泥及掺合料、水、砂和外加剂等，按预先设定的配合比，分别进行上料、储存、称量、输送、搅拌合出料，生产出符合质量要求的成品砂浆。

砂浆站的型式是多样的，主要体现在砂供料形式上的区别和机电结构组合的多样性。如按生产工艺过程进行分类，传统的划分方法为一阶式（如图 3-4）和二阶式（如图3-5）。我们称一阶式为搅拌楼，它的优点是设备一般采用全封闭形式，所以适应一切气候条件，缺点是安装高度高，一次性投资大。二阶式为搅拌站，物料（主要指骨料）需经过二次提升，即计量完毕后，再经皮带机或提升斗提升到搅拌机中进行搅拌，这种结构优点是结构高度低，投资小。还有一种产品是介于一阶式与二阶式之间的搅拌设备，图 3-6 是其工艺流程，其特点是骨料计量后提升到搅拌机上方的储料斗内，当程序要求投骨料时，斗门打开将骨料投入搅拌机中，这样前一盘骨料在储料斗中等待时，后一盘骨料计量可以同时进行，从而提高了生产效率。

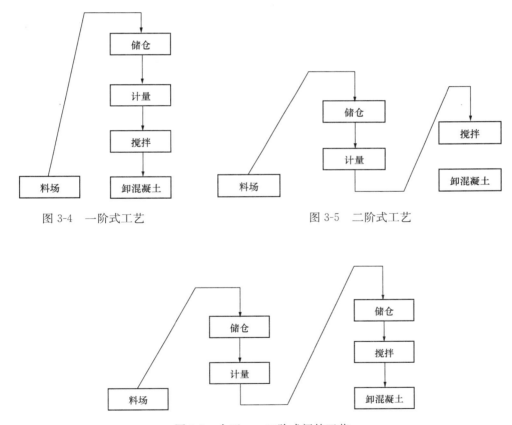

图 3-4　一阶式工艺　　　　　　　　　图 3-5　二阶式工艺

图 3-6　介于一、二阶式间的工艺

由于安装及造价的因素影响，大多数砂浆站均采用二阶式工艺流程（如图 3-7），由配料站、提升系统、搅拌主楼和粉料罐组成。

湿拌站生产工艺分为原材料准备阶段、原材料称量阶段、原材料输送阶段、原材料卸料阶段、搅拌阶段、成品料卸料阶段共 6 个阶段进行，整个系统的运行工作原理如图 3-8 所示。

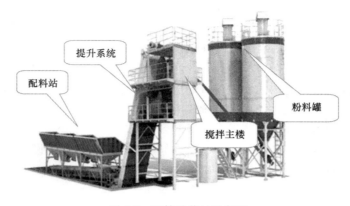

图 3-7　湿拌砂浆站设备图

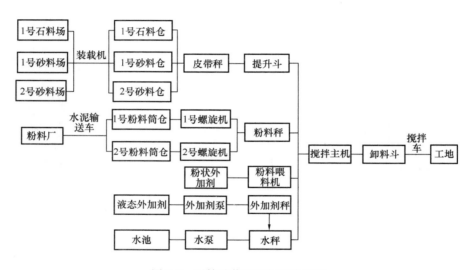

图 3-8　湿拌砂浆站运行工作原理

（1）原材料准备阶段

原材料准备阶段包括以下几个过程：装载机将骨料从堆料场装入骨料仓储存；散装水泥输送车将水泥及掺合料分别打入粉料罐储存；水及液体外加剂分别装入水池和外加剂罐储存。

（2）原材料计量阶段

启动搅拌站（空压机、搅拌机、斜皮带机、平皮带机开始运转），设置所需要生产的砂浆原材料配方，运行设备。骨料仓的料门打开，将骨料投入计量斗，开始骨料的粗精称量。当计量斗传感器测得的重量值达到设定的粗称值时，关闭其中骨料仓一个料门，开始对骨料进行精计量。称量完毕即关闭料门。

根据设定选用的水泥及掺合料，相应料仓下的螺旋输送机启动，将水泥及掺合料分别输送到水泥计量斗、掺合料计量斗进行称量，称量完毕即关闭螺旋输送机。

根据设定选用的液体外加剂，启动相应的外加剂泵，将外加剂送入外加剂计量斗称量，称量完毕即关闭外加剂泵。水泵启动将水送入水计量斗进行称量，称量完毕即关闭水泵。

（3）原材料输送阶段

骨料称量完毕后，当系统检测到骨料待料斗斗阀门关闭后，骨料计量斗卸料门打开，将骨料卸到已经运行的平皮带机上，秤空后关闭卸料门。平皮带机将骨料转运到斜皮带机上，斜皮带机将骨料转入骨料待料斗。

（4）原材料卸料阶段

当水和外加剂完成称量后，外加剂计量斗上卸料气动蝶阀动作，将外加剂投入到水计量斗。根据系统设定的动作顺序，骨料待料斗斗阀门、水计量斗卸料气动蝶阀、水泥及掺合料卸料气动蝶阀分别打开，将骨料、水、外加剂、水泥及掺合料卸入搅拌机，进行搅拌。

（5）搅拌阶段

处于运行状态的搅拌机将卸入的原料，按照控制系统设定的搅拌时间，将原材料进行拌合，直到拌制成所需要的砂浆。

（6）成品料卸料阶段

搅拌完成后，搅拌机驱动机构打开卸料门，将成品砂浆经卸料斗卸至砂浆搅拌运输车中。其卸料时间及卸料状态（半开门、全开门）可根据实际使用情况调整。

在搅拌机卸料完毕，卸料门关闭后，即进入下一个工作循环。

在砂浆搅拌设备中搅拌合计量是砂浆生产工艺过程中最重要的工序。在砂浆站中，通过搅拌机来实现对砂浆原材料的搅拌。因此搅拌机是砂浆站的关键部件之一，其结构性能好坏将直接影响到砂浆的均匀性和设备的生产效率。而计量系统控制着砂浆生产过程中各种原料的配比。精确、高效的称量设备不仅能提高生产效率，而且是生产优质高品质砂浆的必要保证。对计量系统的要求，首先是准确。但由于物料下落时的冲击、传感器安装分布均载误差及摩擦扭矩的存在、计量器动态综合响应速度等问题，实际动态计量精度与传感器标示精度有相当大的差距。其次是要求快速，以提高砂浆站的生产效率。

3.2　干混砂浆的生产工艺流程

干混砂浆生产采用特殊混合机，不但适合于干混砂浆系列产品的制备，而且具有不同的容量和结构，可以实现快速、均匀地混合。在整个混合过程中，干混砂浆的温度不应超过 65℃，以免热塑性和对热敏感的有机组分性能劣化。干混砂浆的大型生产设备原来均为从国外进口，但价格昂贵，致使建厂投资过高，在一定程度上制约了干混砂浆在我国的应用发展。近年来国内已有多家企业研发和生产干混砂浆设备，为大中小型干混砂浆生产线的建立提供了选择余地。

干混砂浆生产工艺流程主要分下列五个生产环节（见图 3-9）：

（1）原材料预处理和入仓。粒度和含水率不符合要求的原材料需要进行预处理，进行破碎、烘干、筛分后，通过输送设备入仓储存。

（2）配料与称量。

（3）各种原料投入混合机进行搅拌、混合。

（4）成品砂浆进入成品储仓进行产品包装。

（5）包装好的成品运输至工地。

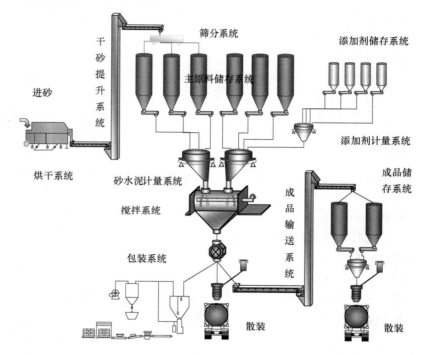

图 3-9　干混砂浆生产工艺流程图

3.3　干混砂浆的生产工艺分类

预拌砂浆生产线应结合所在区域、地形、产品品种、资金状况、政策、市场情况等多种因素决定工艺布置方案。一般分为塔楼式、阶梯式、站式等形式。

塔楼式干混砂浆生产线布局图如图 3-10，实物图如图 3-11 所示。是将砂浆生产设备按照生产流程自上而下布置，依次是砂筛分机、原料储存仓、喂料机、计量秤、包装机或散装机等。这些设备安装在高达数十米的多层混凝土或钢结构楼内，外观形似高楼而得名。

适合于特种砂浆和普通预拌砂浆的生产；沿海地区，特别是台风多发地区，需要结合当地的台风情况，对风荷载进行计算，在成本上会比内陆地区有所增加。

阶梯式干混砂浆生产线布局图如图 3-12，实物图如图 3-13 所示。适合于大规模普通砂浆的生产。

站式干混砂浆生产工艺线布局图如图 3-14 所示，实物图如图 3-15 所示。它与混凝土搅拌站类同，以混合楼为中心，储库分布在其两侧。站式干混砂浆生产线较阶梯式生产线结构紧凑、占地面积较阶梯式小，适用于普通砂浆的生产。

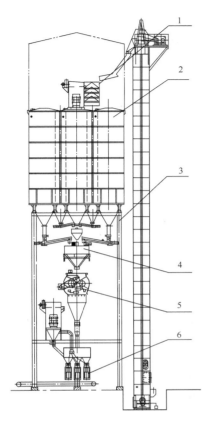

图 3-10　塔楼式干混砂浆生产线布局图

1—砂筛分进料系统；2—储存仓；3—塔楼，4—喂料
计量系统；5—混合系统；6—袋装或散装发放系统

图 3-11　塔楼式干混砂浆生产线外观图

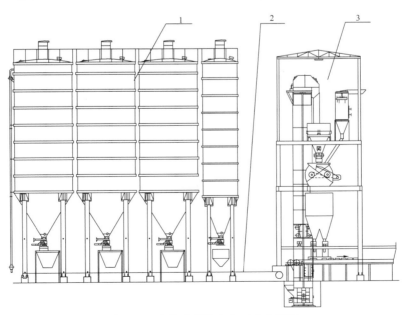

图 3-12　阶梯式砂浆生产工艺布局图

图 3-13　阶梯式砂浆生产线外观图

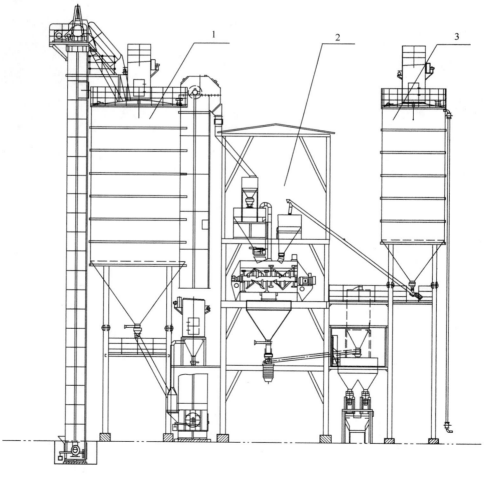

图 3-14　站式干混砂浆生产线布局
1—储存仓；2—计量输送系统；3—混合楼

图 3-15 站式干混砂浆生产线外观图

3.4 干混砂浆主要的生产设备

干混砂浆生产设备主要的基本组成分为：原料砂干燥、筛分、输送和仓储系统；各种粉状物料仓储系统；配料计量系统；混合搅拌系统；包装和散装系统；除尘系统；电控系统及辅助设备等组成。

3.5 干混砂浆原砂干燥、筛分、输送系统

干混砂浆主要成分是砂，其比例占砂浆总用量的 $70\%\sim80\%$ 左右。干混砂浆所用砂分为天然砂和机制砂。天然砂是砂浆传统的骨料，在干混砂浆生产流程中，需要经过水分测定、干燥、筛分后才能使用。

3.5.1 原砂干燥

天然砂所含水为表面水，但由于砂的比表面大，形成了许多毛细管，天然砂的含水率可以在 $0\%\sim12\%$ 之间（有时可达 20%）变化。砂应经过干燥处理，干燥后含水率应小于 0.5%。生产中应该测定砂的含水率，每一工作班不应少于一次，当含水率显著变化时，应增加测定次数。

烘干设备中应具有砂在线测湿系统，当今使用较多的是微波自动显示测湿系统，它的原理是利用水对微波具有高吸收能力，不同的含水率砂微波吸收程度不相同，通过微波能量场的变化，测量出正在通过的物料湿度百分比。微波自动测湿系统装置于砂仓壁上，它的主要组成如图 3-16 所示。由于各种物料的粒径区别和含有杂质的不同，还需要实测和修正。

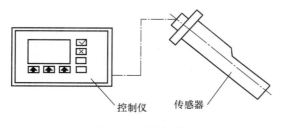

控制仪　　传感器

图 3-16　测湿系统

烘干设备的热风进风口和干砂出料口配置自动测温装置，砂的出料温度要求低于 65℃。烘干设备有滚筒式和振动流化床式两种。

1. 滚筒式干燥机

是一种以对流换热和辐射换热为主要加热方式来处理大量物料干燥的干燥器。可分单层滚筒干燥机、双层滚筒干燥式和三层滚筒干燥机（简称三回程滚筒）三种方式。

单回程滚筒干燥强制风冷却式干燥机滚筒物料和热风流向原理图如图 3-17、系统布局图如图 3-18、外观图如图 3-19 所示。该设备筒体略为倾斜，滚筒转速可根据物料的含水率实现人工或自动调节，湿物料在通过滚筒内的热风顺流或加热壁面进行有效接触，从而达到干燥的目的。在滚筒的出料口安装有除尘的强制冷却风机构，冷风进入滚筒逆流热交换以达到冷却的目的。该设备具有结构简单、运转可靠、维护方便、生产量大的特点，其缺点是能耗和占地较大。

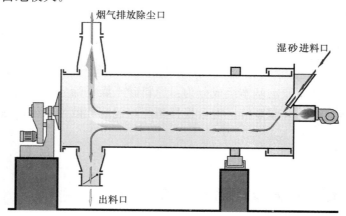

图 3-17　单回程干燥强制风冷却滚筒式干燥机原理示意图

热风　砂

2. 双回程干燥冷却滚筒系统

双回程干燥冷却滚筒物料和热风、冷风流向原理图如图 3-20，双回程干燥冷却滚筒式干燥机结构示意图如图 3-21，实物图如图 3-22 所示。滚筒主体部分由内筒和外筒两部分构成。其中内筒为干燥筒，筒体内布置多种叶片结构，可实现砂在干燥区形成极佳的料帘分布，使砂与热风进行充分的热交换，达到最佳的温度场分布，砂中的水分不断地蒸发，随尾气经除尘系统排出。外筒为冷却筒，落入外筒中的干砂在外筒反向螺旋叶片的推动下回流至出口，强大的引风机将冷却风从滚筒夹层内引出，对热砂强制逆流冷却；外筒内壁布置了扬料叶片，有效避免了砂与内筒筒壁直接接触，为逆流冷却风与返程砂的热交换提供了充分的保证。由于外筒壁是分体式可拆卸的，所以夹层叶片磨损后，可以方便地更换叶片。双回程干燥滚筒干燥机系统由双回程封闭式滚筒、滚筒大梁、限位轮装置、驱动装置和出料端等组成。燃烧器可按用户需求配置燃油、燃气、燃煤等多种形式，适用于和大型干混砂浆生产设备配套。

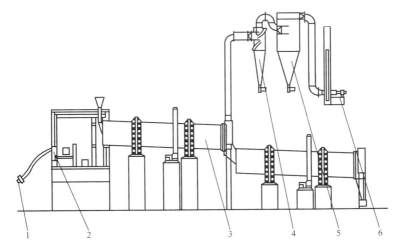

图 3-18　单滚筒干燥强制风冷却式干燥机

1—喷煤机；2—燃煤热风炉；3—滚筒；4—旋风除尘器；

5—脉冲布袋除尘器；6—系统引风机

3. 三回程滚筒干燥机

三回程干燥滚筒式物料和风向图如图 3-23，滚筒外观和内部结构图如图 3-24，设备系统示意图如图 3-25 所示。该滚筒由三层结构组成，工作时热风在出风口抽风机的作用下由热风炉进入内筒，经过两个回程到达外筒，逐渐冷却排出。湿砂由皮带输送机（或斗式提升机）经燃烧炉上部的进料溜管均匀进入滚筒，砂子在滚筒内经过两个回程进入外筒，经过排料漏斗 3 进入筛分工段，烘干过程中的粉尘随水蒸气经除尘器处理后排入振动冷却机 4。

图 3-19　单回程干燥强制风冷却
滚筒式干燥机实物图

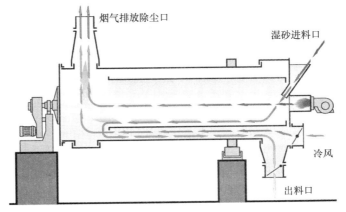

图 3-20　双回程干燥冷却滚筒式干燥机原理示意图

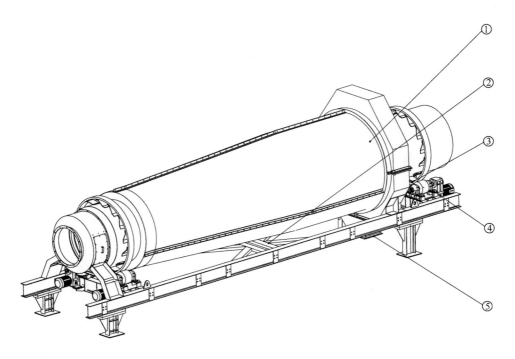

图 3-21　双回程干燥冷却滚筒式干燥机结构示意图

1—双回程封闭式滚筒；2—滚筒大梁；3—限位轮装置；4—驱动装置；5—出料端

图 3-22　双回程干燥冷却滚筒式干燥机

三回程干燥机具有以下主要优点：

（1）由于采用了彼此镶嵌的组合式结构，内筒和中筒被外筒所包围，便形成了一个自我保温结构筒体，使散热面积大大减少，而热交换面积大大增加，而且外筒的散热面积处于低温区，为了进一步提高烘干机的热效率，减少散热损失，还可以在外筒的外表面加一层保温材料，用白铁皮或 0.2mm 厚不锈钢板包起来，由于采用了三筒式结构，在内筒和中筒的外表加设扬料板，这样不但增加了筒体的热容量，同时使物料在筒内的分散度进一步提高，提高了干物料产量，降低了能耗。

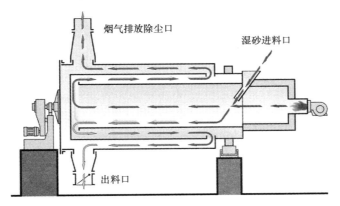

图 3-23 三回程滚筒干燥机滚筒物料流向和风向图

热风 ■砂

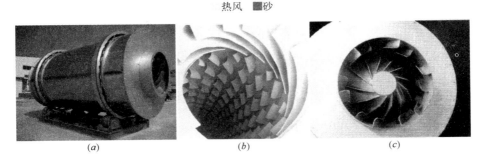

(a)　　　　　　　(b)　　　　　　　(c)

图 3-24 三回程滚筒外观和内部结构图

(a) 外观图；(b) 内筒 (热风炉侧)；(c) 中筒和外筒 (远离热风炉侧)

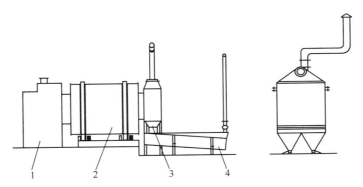

图 3-25 三回程滚筒干燥冷却式干燥机布局图

1—热风炉；2—三回程烘干滚筒；3—排料漏干；4—振动冷却机

（2）由于采用了三筒式结构，使筒体的长度大大缩短，从而减少了机体的占地面积，一般减少三分之二到二分之一，降低了土建投资费用。但是，直径加大，增加了物料在筒内的落差，从而加大了噪声和筒体的磨损，并且由于直径方向尺寸加大，造成运输困难。

（3）由于中间层被封闭，夹层叶片磨损后，不能更换叶片，不易维护。并且砂子温度的稳定性需要熟练的炉工才能控制。

4. 振动流化床式干燥机

振动流化床式干燥机的设备原理图如图 3-26，设备图如图 3-27 所示。振动流化床主要由上下箱体、摆动机构、流化板以及减振系统组成。经过燃烧室 3 加热的高温气体进入振动流化床的前半部分——干燥段，通过流化板对湿砂进行干燥。在流化床振动作用和热风流化作用下，物料层形成沸腾流化状态，热风与物料迅速完成热交换，物料表面水分被蒸发，同时也使物料升温。其中产生的热风尾气含湿量较高，且含氧量较低，不适合回收利用，经过除尘管路 12，利用除尘引风机 5 通过烟囱直接排向高空。当物料表面的水分基本被烘干，进入了流化床后半部分——冷却段，此时大量冷空气被冷却风机 9 送入下箱体冷风室，通过流化板，使得进入该区域的物料继续流化，并蒸发掉剩余水分，同时冷空气与物料进行充分的热交换，将物料冷却至使用温度。用于冷却的空气（与物料换热后温度升高）经连接弯管 7 进入脉冲除尘器 10 除尘后，被热风回收风机 4 引入冷却风尾气收集管 11 送入燃烧系统 2 回收利用。出于工艺需要，振动流化床 6 需要放置于较高的基础 8 上，并且燃烧器需要配置一个检修平台 1。

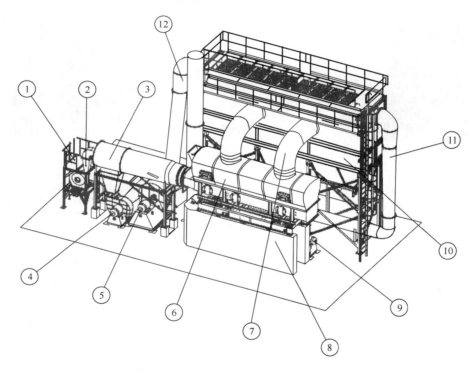

图 3-26　振动流化床式干燥机结构图

1—燃烧器检修平台；2—燃烧系统；3—燃烧室；4—热风回收风机；5—除尘引风机；6—振动流化床；7—流化床与除尘器连接弯管；8—流化床系统基础；9—冷却风机；10—脉冲除尘器；11—冷却风尾气收集管；12—除尘管路

振动流化床干燥系统比干燥滚筒具有更多优点，是干混砂浆湿沙干燥系统的理想选择：

（1）振动流化床的干燥方式是热风与物料错流接触，热风没有短路，基本上全部与物料进行了接触和热质交换，热效率高；而滚筒烘干机中热风与物料基本上是平流接触，有一部分热风短路，热能没有得到充分利用。

（2）物料停留时间短，干燥速率快。

（3）振动流化床干燥非常均匀，砂在流态化下干燥，通过振动走料，物料颗粒在流化

104

图 3-27　振动流化床实物图

床内的停留时间均等，干燥后的含水量也非常均匀。而物料在滚筒烘干机筒体内停留时间不均匀，热风与物料接触机会和程度也不均匀，造成干燥末端的产品温度和含水量都不够均匀。

（4）振动流化床通过控制振动频率和料层厚度，可以很方便地控制物料停留时间，从而控制产品的最终含水率。

（5）振动流化床中利用 PLC 进行多点温度控制，可以将干燥尾气的温度降到最低并很好地维持这个温度，将干燥末端产品的温度控制在需要的最低点上，这样耗费的能源就比干燥滚筒低得多。

（6）振动流化床可以通过冷却段尾气回收和蒸发冷却的方式将热能回收利用，最多可节能 20％～30％。（采用冷却段尾气回收的方式，可节能 10％～15％。）

（7）流化床故障率很低，比干燥滚筒减少很多维修成本。

（8）振动流化床干燥系统占地面积比干燥滚筒小。

3.5.2　干砂筛分系统之振动筛

1. 概述

振动筛用于将各个粒径的物料分离开来，其种类繁多，但主要都是由激振器、筛箱、隔振装置、支架等几部分组成。

（1）隔振装置一般为金属螺旋弹簧或橡胶弹簧。金属螺旋弹簧用得最广，寿命长，内摩擦小，且对使用环境无特殊要求。

（2）筛箱内含筛网，筛网为易损件。

（3）激振器一般为振动电机或偏心轴。

2. 类型

适于筛分干砂的振动筛有：旋振筛和直线筛。

（1）旋振筛

旋振筛如图 3-29、图 3-30 所示，8 振动电机上、下两端安装有 7、9 偏心重锤，将电

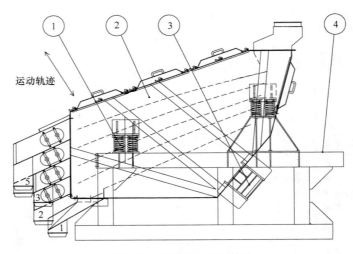

图 3-28 振动筛的主要构成
1—隔振装置；2—筛箱；3—激振器；4—支架

机的旋转运动转变为水平、垂直、倾斜的三次元运动，再把这个运动传递给 10 筛网，使物料在筛面上做外扩渐开线运动。这种设备筛分精度高，但排料不方便，产量较低，因而应用较少，可用于精细筛分。

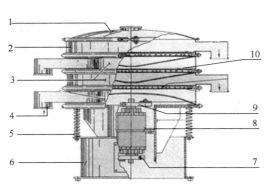

图 3-29　旋振筛结构
1—防尘盖；2—上框；3—中框、底框；4—出料口；
5—弹簧；6—机座；7—下部重锤；8—振动电机；
9—上部重锤；10—筛网

图 3-30　旋振筛

（2）直线筛（目前干混砂浆上用的多为直线筛）

直线筛的运动轨迹近似为直线，激振器大多为振动电机，是根据双振动电机自同步直线振动原理制成。在振动过程中由电机产生的纵向激振力（由于两电机反向同步转动横向力抵消）使筛体在与水平面成一倾斜角度的方向作直线振动，使物料在筛网上向前不断地做抛料运动，从而达到筛分目的。其结构紧凑，运动平稳，效率高，能耗小，全封闭结构，粉尘溢散小，使用维修方便。

以下介绍两种干混砂浆上常用的直线筛。

1) 直线概率筛

直线概率筛采用多层大倾角筛面，利用概率理论，筛孔大于所需筛分粒度，一般为1.2～2.2倍，大大提高了筛分效率和生产力。

直线概率筛结构示意图见图 3-31。工作时，物料由 6 进料斗进入振动筛。在 9 振动电机的作用下，物料在 3 筛网上做抛料运动。粒径小于筛孔尺寸的将落到下一层继续筛分（或由下一层 7 出料斗排出），粒径大于筛孔尺寸的将由本层的 7 出料斗排出。5 张紧弹簧用于张紧筛网，使筛网处于一定的紧绷状态，促进物料流动。每层筛网上的 4 链条，通过不断拍打筛网，也可促进物料流动，同时能有效防止筛网堵孔。

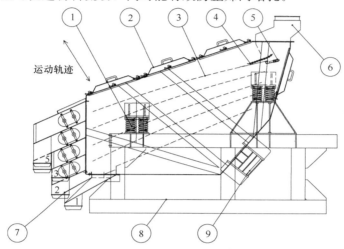

图 3-31　直线概率筛结构示意图

1—弹簧；2—检视盖；3—筛网；4—链条；5—张紧弹簧；6—进料斗；
7—出料斗；8—支架；9—振动电机

根据需要，安装不同的筛网层数，就可筛分出（筛网层数＋1）种粒径的物料（图 3-32、图 3-33）。

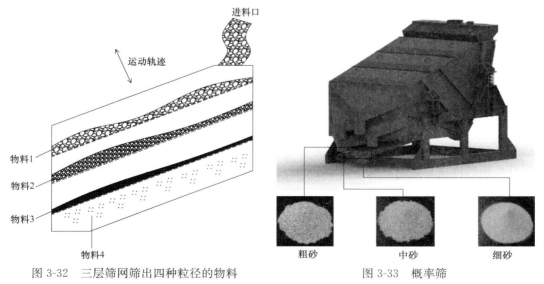

图 3-32　三层筛网筛出四种粒径的物料　　图 3-33　概率筛

107

2）单层直线筛

即一层筛网，出两种物料的直线筛。主要用于砂源的预处理，将砂源中粒径过大的物料筛除。见图 3-34、图 3-35。

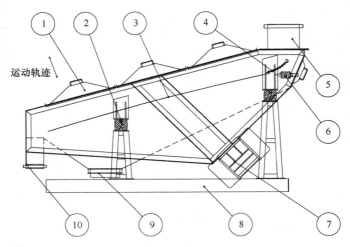

图 3-34 单层直线筛结构示意图

1—检视盖；2—橡胶弹簧；3—筛网；4—链条；5—进料斗；6—张紧弹簧；7—振动电机；8—支架；9—细料出口；10—粗料出口

图 3-35 单层直线筛

3.5.3 干砂输送机

干砂的输送不同于水泥、石灰粉及工业废弃物粉煤灰等，干混砂浆生产线主要采用斗式提升机输送或皮带输送，也有少量采用耐磨螺旋输送。

斗式提升机有倾斜式和立式两种，以立式为例，结构如图 3-36、实物如图 3-37 所示，该机在皮带或链条等绕性牵引构件上每隔一定间隙安装若干个钢质料斗，连续向上输送物料。斗式提升机具有占地面积小，输送能力大，输送高度高（一般为 30～40m，最高可达 80m），密封性好等特点，因而属于干砂的重点输送设备。

斗式提升机主要包括：闭合绕性牵引构件（胶带 1）、固定在其上的料斗 2、驱动滚筒

3、张紧轮 4、外壳上部 5、外壳中部 6（一般为调整节与标准节）、外壳底部 7。斗提机的驱动装置 9 位于外壳上部 5，出料处一般设有导向轨板 11。经过一段时间的使用，可通过观察孔 8 处观察绕性牵引构件是否伸长，这时必须调整张紧装置 10，使闭合绕性牵引构件正常张紧。斗式提升机的牵引构件分为带式和链式，料斗形式分为深斗式和浅斗式等。并可根据用户要求增加各种装置及维修用辅助驱动装置等。

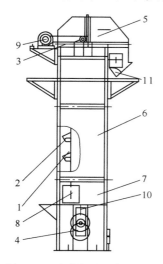 

图 3-36　斗式提升机构造简图　　　　图 3-37　斗式提升机外观图

1—胶带；2—料斗；3—驱动滚筒；4—张紧滚筒；5—外罩的上部；6—外罩的中间节段；7—外罩的下部；8—观察孔；9—驱动装置；10—张紧装置；11—导向轨板

皮带运输机，皮带运输机的基本形式有五种：①倾斜式；②水平式；③先水平后倾斜式；④先倾斜后水平式；⑤水平—倾斜—水平式。以水平式皮带输送机为例，其构造如图3-38、外观图如图 3-39 所示，输送带 1（平皮带或波纹带等）绕在传动滚筒 14 和改向滚筒 6 上，由张紧装置张紧，并用上托辊 2 和下托辊 10 支承，当驱动装置驱动传动滚筒回转时，由传动滚筒与胶带间的摩擦力带动胶带运行。物料一般由料斗 4 加至胶带上，由传动滚筒处卸出。倾斜布置的皮带机倾角一般不大于 20°，应设置逆止器或制动装置，以防止由于偶然事故停车而引起胶带倒行。制动装置应与电动机连锁，以便当电动机断路时能自动操作。采用皮带运输机的优点是生产效率高，不受气候影响，可以连续作业而不易产生故障，维修费用低，只需定期对某些运动件加注润滑油。为了改善环境条件，防止骨料

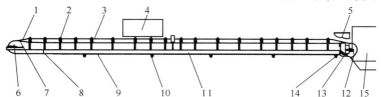

图 3-38　水平式皮带运输机构造示意图

1—输送带；2—上托辊；3—缓冲托辊；4—料斗；5—导料拦板；6—改向滚筒；7—螺丝拉紧装置；8—尾架；9—空段清扫器；10—下托辊；11—中间架；12—弹簧清扫器；13—头架；14—传动滚筒；15—头罩

的飞散和雨水混入，可在皮带运输机上安装防护罩壳。

图 3-39　水平式皮带运输机实物图

3.6　粉状物料储存系统

　　干混砂浆除骨料（干砂）外，还有水泥、石膏粉、稠化粉、粉煤灰和外加剂等物料。由于干混砂浆的特性，所有的物料应储存于密封的粉料筒仓内。计量时，除特殊外加剂采用手工投料外，其余物料的输送有气浮排料系统和螺旋式排料系统，以保证配料的过程中物料的正常输送。粉状物料储存系统主要有粉料储仓、气浮式排料系统和螺旋输送机。

3.6.1　粉料储仓

　　粉料储仓根据生产工艺要求可以设置成多个相同规格或不同规格筒仓，筒仓一般由钢板焊接而成，简图如图 3-40 所示。

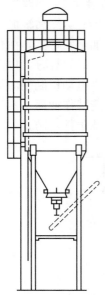

图 3-40　粉料筒仓

　　筒仓由仓体、仓顶、下圆锥、底架和辅助设备五部分组成，一般采用焊接连接。有时为了运输和安装等需要，对于容量较大的筒仓也有制成片装式的，但是这种形式的筒仓密封性不够好，而且制造费用昂贵。向筒仓内输送物料，可以采用管道气力输送和斗式提升机组成的机械输送系统，也可采用螺旋输送机输送。

　　为了防止粉料在筒仓内搭拱阻塞，筒仓锥部一般都设有不同形式的破拱装置，用以防止粉料供应的中断，从而保证混合设备能连续地运转。

　　粉料的破拱，国内外生产厂商一般采用机械式破拱、气动破拱、振动破拱。

　　（1）机械式破拱：机械式破拱类型较多，基本原理都是靠机械在物料中的运动来破坏物料拱层，是一种有发展前途的破拱方式，主要有以下特点：

　　1）破拱装置设置在起拱要害之处。能量集中，可靠性好，效果最佳。

2）可直接破坏松散物料内摩擦剪力的平衡。由于在锥部物料受压最大，密实度也最大，物料在空气稍潮或其他条件下容易产生并增大内聚力，造成起拱。机械在物料中作往复的剪切运动则是消除这种内聚力的过程。

3）机械式破拱可以连续破坏拱形平衡，有利于实现均匀给料，提高物料的计量精度。

目前在使用中的机械式破拱装置还存在一些不足之处，比如成本造价太高，在物料内工作的机件容易磨损，甚至产生故障，维修困难等。

（2）气动破拱。气动破拱是通过压缩空气的冲击来破坏拱形平衡的，主要使用于有气源的混合设备，使用时只需在仓体锥部安装几个喷嘴就可实现破拱，比较经济，效果也可以。但在使下料均匀方面还有不足，特别是在空气潮湿的季节或地区，吹气会加速罐内水泥的冷却，水气促使物料结块，导致给料不匀，影响计量。再者，在吹管附近易形成黏层，使破拱效果降低。因此，此处的气路必须增加油水分离器。

（3）振动破拱。物料受振动有助于破拱，因为任何颗粒性散体物料受振动时其内摩擦系数减小，抗剪强度就降低。据有关试验证实：某一状态下的颗粒性散体物料在任何振动频率的干表观密度都大于振动频率为零时（即静止状态）的干表观密度，即振动会使产生压密作用。尤其在罐锥体部分，粉料在上部物料荷载作用下受振，振动压密将更严重。但由于在混合设备中，物料使用周转快，仓内物料的半流动性质被消除，振后的静放时间不长，振动压密的后果可在下次振动中被消除。

振动破拱的特点是简单方便，易于控制，破拱有一定效果。但在物料振后静放时间长时，就有可能失效，甚至因为振密而使物料产生结块或堵塞料门的现象。同时，由于在锥体部振动，振动能量容易被锥体的钢板所吸收，导致破拱效果下降。

（4）料位指示：

为了控测筒仓内的贮存量，在筒仓内设置有各种料位指示器。

贮料斗中料面的高度是通过料位指示器来显示的，料位指示器根据设定可发出指令进行装料或停止装料。料位指示器根据其功能分为两类：

① 极限料位测定：可指示料空或料满。

② 连续料位测定：连续测定料面位置，可随时了解贮料的多少。

料位指示器的种类很多，其常见形式如下：

1）薄膜式料位指示器：属于极限位测定指示器，料满时压迫薄膜发出信号。图3-41是这种指示器的构造图，它主要由橡皮膜1、金属盘2和挺杆3组成，指示器装在料斗壁上。当物料压迫橡皮膜时，挺杆3向右移动，触动开关发出信号。

2）浮球式料位指示器：属于极限位测定指示器，料满时压迫使浮球偏摆发出信号。

3）阻旋式料位指示器：属于极限位测定指示器，利用料满迫使由电机带动的叶片停转发出信号。

4）电容式料位指示器：它利用悬挂料仓内的重锤作为一个测量电极，利用料仓壁作为另一个电极，随着料仓内料的增加或减少，电极之间的介质即被改变，从而引起电容量的变化，此变化通过电容式传感器感应仪表显示出料位的变化。

5）超声波料位指示器：一种无触点、连续测定式料位指示器。指示器由一个超声波发生器和接收器组成，安装在料斗顶部，如图3-42所示。超声波从发生器发射出来遇到物料以后再反射回来，被接收器接受。从发生器发出超声波，遇到物料再反射回接收器的时间与发生器到料面的距离成正比，所以测定这一时间即可求得料面的位置。

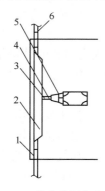

图 3-41　薄膜式料位指示器

1—橡皮膜；2—金属盘；3—挺

杆；4—弹簧；5—行程开

关；6—贮料器

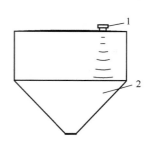

图 3-42　超声波料位

指示器

1—超声波料位指示器；

2—筒体

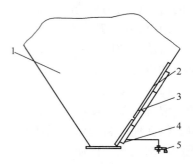

图 3-43　气浮式料仓排料系统

1—料仓；2—气浮片；3—快速接头；

4—气管；5—电磁阀

超声波料位指示器不受温度变化和湿度的影响。它不与物料接触，因此也不会受到冲击。这种装置能连续测量料面的位置，同时电能够在料满和料空时发出警报。

3.6.2　气浮式料仓排料系统

气浮系统由均匀安装在料仓锥形底部的浮化片构成，如图 3-43 所示。气浮效果是由根据物料特性手动或自动调节气量的压缩空气均匀地透过这些特制的浮化片实现的。这种有效的料仓排料方式几乎适用于所有精细干混物料。气浮式系统所需压缩空气的量很小，是较经济的排料送料方式。

3.6.3　螺旋输送机

螺旋输送机是通过控制螺旋叶片的旋转、停止，达到对粉料上料的控制。水泥螺旋输送机的结构简图见图 3-44，实物图见图 3-45。螺旋输送机的特点是倾斜角度大（可达60°），输送能力强，防尘，防潮性能好。螺旋输送机输送长度在 6m 以内可不加中间支承座，6～18m 的长度必须加中间支承。为提高输送能力，采用变螺旋输送叶片的形式，下端加料区输送螺旋小。

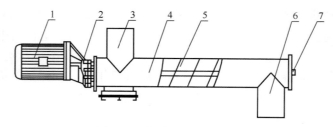

图 3-44　螺旋输送机示意图

1—电机；2—减速器；3—进料口；4—壳体；5—螺旋体；

6—出料口；7—前盖总成

112

图 3-45　螺旋输送机实物图

在加料区段填充量大，随着螺距变大，填充量减小，可防止高流动粉状物料在输送时倒流。在使用过程中，必须注意螺旋轴轴承的密封与润滑；注意螺旋叶片磨损情况，若实测螺旋体外径与管体内壁间隙单边超过 1.5mm，螺旋体应进行修补或更换。如输送酸、碱性物料，必须采用耐腐蚀的不锈钢衬料制作。

3.7　配料计量系统

干混砂浆的配料计量系统是干混砂浆生产工艺中的重要环节，控制着各种混合料的配比。精确、高效的称量设备不仅能提高生产率，而且是生产优质砂浆的可靠保证。为保证计量结果准确可靠，根据国家规定，计量器具应定期到相关部门进行鉴定。配料计量系统采用电子秤。电子秤没有复杂的杠杆系统，它是用电阻式传感器来测定物料质量，所以测量控制都很方便，自动化程度也易提高。电子秤可分为电子正秤和电子负秤；电子正秤即为料仓向秤斗投料后的称重；电子负秤中料斗秤斗合二为一，只要物料离开秤斗、秤斗利用减法就将物料质量称出。降低了上料高度，简化了工艺，无落差，也避免了皮重以及秤斗未卸空对下次质量的影响。

配料计量系统如图 3-46，生产线中实物图如图 3-47 所示，计量方式分为单独计量和

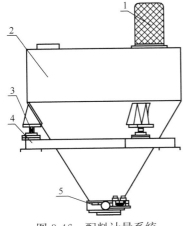

图 3-46　配料计量系统

1—收尘布袋；2—斗体；3—传感器；

4—支架；5—蝶阀

图 3-47　配料计量系统生产线实物图

累积计量。单独计量是指把每一种材料，放在各自的料斗内进行称量，称量完后都集中到一个总料斗内再加入搅拌机；累积计量是指把各种材料逐一加入到同一个料斗内进行叠合称量。单独计量法称量精度高，但称量斗太多就难以布置，从而使机构复杂。一般周期分批计量装置，可用于计量骨料（干砂）、粉料、特殊添加剂等，由斗体、传感器、气缸、蝶阀等组成，其中斗体有粉料进料口及出气口，粉料进料口与螺旋输送机相接，出气口与除尘装置相接，有时粉料计量斗上需增加振动器，以保持下料畅通。

3.8　混合搅拌系统

混合搅拌是干混砂浆生产工艺过程中极为重要的一道工序，是工厂的"心脏"。它的选型和质量好坏直接影响到产品质量和效益。只有将各种配合料混合均匀才能获得品质合格的砂浆。

国内外设备商通过研究开发和应用，已得出关键设计的准则是物料在达到什么样的运动状态下才具有最有效的混合。所以，高效混合机的系列产品开发应以相似力学为基础，通过试验手段来确定最优参数。

干混砂浆的混合过程是混合机构连续不断克服混合料的剪切应力和摩擦阻力的过程。从本质上讲，混合过程就是在流动场中进行动量传递或者进行动量、热量、质量传递的过程，使物料最终达到混合均匀。实际上，理想的完全均匀搅拌是无法达到的，其最佳状态总是无序的不规则的排列，是一种通过取样而得的"概率拌合"。

随着混合技术的发展，已经形成多种机型来满足不同干混砂浆的生产要求。混合机的原理有多种，粉体材料中常用的是强制式动力混合、重力混合、气力混合。考虑干混砂浆中组分特性的差异，强制式的动力混合原理得以进一步应用，一些具有很强附着力粉体材料如颜料需要足够的剪切力方能分散，使得微细颜料颗粒通过分散混合附着在其他颗粒外表而形成鲜艳的色泽，高速分散还能混合短纤维及难混合的材料。

目前市场上的混合机以犁刀型混合机、单轴桨叶混合机、双轴桨叶混合机和螺带型混合机为主。

3.8.1　双轴无重力桨叶式混合机

卧式筒体、双轴多桨结构，混合机体成 W 型，物料自顶部加入，混合后由底部大开门卸出，顶部可配置飞刀。

本机具有两个旋向相反的转子，电机通过减速机、链条带动双轴以大于临界转速的速度同步旋转时，以一定角度安装在双轴上的桨叶将物料抛洒到筒体内整个空间。一方面，桨叶带动物料沿筒体内壁作周向旋转；另一方面，物料受桨叶翻动抛洒，在转子的交叠处形成失重区域，在此区域内，无论物料的形状、大小和密度如何，都能上浮处于瞬间失重状态，使物料在筒体内形成全方位的连续对流、扩散和相互交错剪切，从而达到快速、柔和、均匀的效果。其主要特点如下：

（1）适用范围广，尤其对比重、粒度等物性差异较大的物料混合时不产生偏析。

（2）混合速度快，混合精度高，混合过程温和，不会破坏物料的原始物理状态。

（3）多角度交叉混合，均匀无死角。

（4）设双大开门及取样装置，下料迅速干净、免清扫、无残留，并可随时观察机内物料搅拌情况。

（5）采用耐磨衬板及活浆叶片，便于更换、维修、保养，使用寿命长。

（6）能耗低，密封操作，运转平稳，噪声低，粉尘浓度低，不污染环境。

双轴无重力浆叶式混合机可适用于各种不同形式的砂浆生产线。即塔楼式或站阶式。全容积可分为 $2m^3$、$4m^3$、$6m^3$ 等各种不同规格，可根据用户的产量大小来设计。

双轴浆叶混合机有两种形式，一种是装有可调换耐磨合金衬板和搅拌叶片的Ⅰ型混合机，结构示意图如图 3-48，适合于骨料较粗的普通干混砂浆的生产，有很好的耐磨性和使用寿命。另一种是无衬板的Ⅱ型混合机，结构示意如图 3-49 所示。搅拌叶片端部装有可调换耐磨合金铲片，适用于粉料和骨料较细的特种干混砂浆的生产，还可以加装高速飞刀，进一步提高混合性能，增加适用范围。

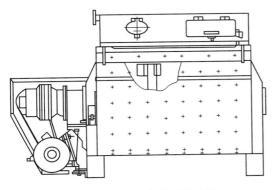

图 3-48　Ⅰ型双轴浆叶混合机

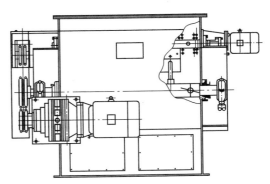

图 3-49　Ⅱ型双轴浆叶混合

双轴无重力浆叶混合机台时产量可根据砂浆的比重、流动性、最佳搅拌系数、不同砂浆配方的搅拌时间等因素计算。以全容积 $6m^3$ 混合机为例：

（1）普通砂浆比重约为：$1500kg/m^3$，最佳搅拌系数为：$0.4\sim0.6$（取中间值按 0.5 计算），即每个批次可搅拌砂浆：$6m^3$（混合机全容积）$\times1.5t/m^3$（物料比重）$\times0.5$（搅拌系数）$=4.5t$。

如每个批次可生产砂浆 4.5t，混合机搅拌时间 $1\sim3min$，根据物料搅拌的均匀度，搅拌时间可在此范围内任意设定；为保证生产速度，砂浆在搅拌的同时，原料计量、卸料、输送提料动作同时进行。砂浆混合完毕后开始卸料，混合机卸料完毕后待混仓又开始卸料，整个混合生产过程连贯运行，中间参数可在软件中任意设置。因此每个批次的循环时间计算方法如下：

第一个批次循环时间：原料计量、卸料及物料输送的时间约为：180s，混合机搅拌时间约为：180s，待混仓卸料时间约为：$90\sim180s$，混合机卸料时间约为：20s。因此第一个批次循环时间约为：$480\sim540s$ 之间，即约 $8\sim9min$。

第二个批次循环时间：当第一个循环混合机在搅拌物料的同时，第二个循环中原料计量、卸料及物料的输送已基本完毕，两次动作时间不冲突同时进行。因此第二个批次循环

115

时间约为：180s（混合机搅拌时间）+90s—100s（待混仓卸料时间）+20s（混合机卸料时间）=300s。

故以后每个批次生产时间可设定为：5～6min 左右。即每小时可生产 10 个批次。

（2）每小时产量为：4.5t/次×10 次=45t。

3.8.2　犁刀式混合机

犁刀式混合机如图 3-50 和图 3-51 所示，使用范围广，可混合干性或潮湿物料，粉末物料和各类粗粒散装物料。

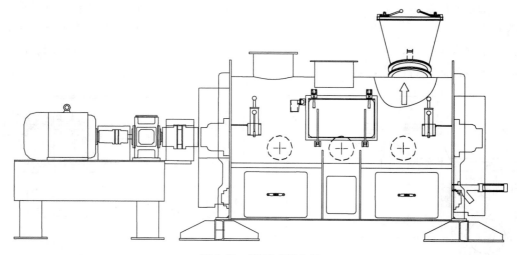

图 3-50　犁刀式混合机

1. 犁刀式混合机的特点

（1）高混合均匀度：具有高效搅拌区，质量均匀，混合时间短；

（2）高混合效率：有效形成颗粒的剪切、扩散、对流混合机理；

（3）卸料速度快，无残余卸料：可配套密封性能优异的大倾角开门机构或小倾角开门；

（4）能耗低：能实现带载启动；

（5）更有效地配置高速刀片，高效地混合纤维和颜料；

（6）整体的耐磨损设计；

（7）多层保护轴头气密封；

（8）配置在线取样装置：可方便取样检测；

（9）维修保养方便，运行费用低。

2. 混合参数理论

犁刀式混合机由动力传动机构、混合机构以及辅助机构组成，混合搅拌机构是混合机的核心，其几何参数和工作参数对

图 3-51　犁刀式混合机实物图

116

混合机的性能和搅拌质量起决定作用。干混砂浆混合参数可分为结构参数、运动参数和工艺参数。

（1）结构参数

混合机结构参数指其几何参数，主要包括叶片的安装角、搅拌臂排列形式以及拌筒长径比。结构参数决定了混合过程中物料的运动形式，对混合效果具有很大影响。

1）叶片安装角

混合机叶片的安装角包括轴向安装角和径向安装角，其中轴向安装角是指：搅拌叶片面内，搅拌臂轴线的垂线与搅拌轴轴线的夹角，如图 3-52 中的 α；径向安装角是指：搅拌叶片与对应搅拌臂轴线的夹角，如图中 β，其中搅拌轴轴线与 X 轴平行，搅拌臂轴线与 Y 轴平行。

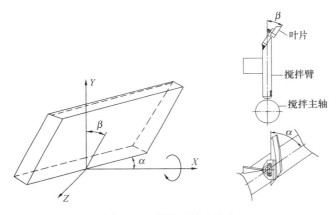

图 3-52　搅拌叶片安装角

干混砂浆混合机在搅拌的过程中，拌筒内的搅拌叶片推动物料沿拌筒的轴向、轴向和径向循环流动，进而实现物料在三维空间内的运动。如果径向安装角 β 过小，叶片主要带动物料绕轴转动和沿轴向运动，缺乏必要的径向运动，不能有效加强低效区物料的流动；当径向安装角 β 过大，叶片推动物料的轴向和周向运动都很弱，物料得不到充分的扩散和对流。同理，对于轴向安装角 α，当 α 过大或过小时，物料都得不到充分的搅拌，搅拌效率都比较低。因此，只有选定合理的安装角度，才能保证混合物料在轴向、周向和径向都得到最好的搅拌。

2）搅拌臂排列形式

搅拌臂排列形式是影响搅拌质量和搅拌效率的重要参数。合理的搅拌臂排列形式应能保证物料实现配合良好的轴向大循环运动和轴间小循环运动。此外还要保证在搅拌过程的任一瞬间，参与搅拌的叶片数量相同，以便保证电机负荷均匀，减小冲击的目的。

搅拌臂的排列形式包括搅拌臂的料流排列和搅拌臂的相对位置。其中搅拌臂的相对位置指相邻两个搅拌臂之间的相对位置关系。搅拌臂的不同排列形式，可使拌筒内物料产生不同的料流运动形式，因搅拌臂数量和排列形式不同，物料的均匀度将不同。

同一轴上采用较小的相位角可使物料获得较多的搅拌次数，但相位角太小，物料在拌筒内翻动剧烈程度降低，即物料周向流动变差，这不利于物料在整个筒内方向的均部。因此，搅拌轴上相邻搅拌臂间的相位角与轴上搅拌臂的数量密切相关。

3）搅拌筒直径和长度

搅拌筒的长径比是混合机的基本参数。在计算搅拌筒的长径比时，多采用弗鲁德数 F_r 进行设计。R 为拌筒半径，ω 为搅拌轴角速度，g 为重力加速度，则：

$$F_r = \frac{r \times \omega^2}{g}$$

（2）运动参数

1）搅拌线速度

运动参数是指混合机工作时的参数，对于一般干混砂浆混合机主要指混合机的搅拌线速度。

搅拌线速度是搅拌轴的转速 n，影响搅拌质量和效率的重要参数。由于搅拌轴带动其上搅拌臂和叶片旋转，实现混合料的搅拌过程。叶片的线速度 $v = R \cdot W$，R 是指叶片端部到搅拌轴心的距离，叶片线速度在各个点是不同的，存在线速度梯度。因此，搅拌转速是指搅拌叶片端部的最大线速度 V_{max}。

图 3-53　高速搅拌器

搅拌速度增加，物料运动的阻力增加，从而增加物料与筒体之间的摩擦力，增加拌筒的磨损，进而使功率损耗增加，会增加骨料的磨损。

2）高速搅拌器速度

在一些特种干混砂浆中，增加了一些颜料和纤维，为提高混合效果和生产率，干混砂浆混合机增设了高速搅拌器，如图 3-53 所示。

高速搅拌器的高速刀片，能高效地混合纤维和颜料，使得纤维分散和彩色产品的色差问题很好解决。

高速搅拌器的飞刀通过联轴器直接和电机相连接，因此其飞到速度即为电机转速。

3.8.3　卧式螺带混合机

卧式螺带混合机分为单卧轴螺带混合机、双卧轴螺带混合机，如图 3-54、图 3-55 所示。

单卧轴螺带混合机属间歇式混合机，叶片呈连续式或间断式螺旋片状排列，叶片与转动主轴通过支臂相连，左边叶片呈左旋布置，右边叶片呈右旋布置，正反旋转螺条安装于同一水平轴上，形成一个低动力高效的混合环境，螺带状叶片一般做成双层或三层，外层螺旋将物料从两侧向中央汇集，内层螺旋将物料从中央向两侧输送，可使物料在流动中形成更多的涡流。加快了混合速度，提高混合均匀度。

双卧轴螺带混合机搅拌叶片呈双螺带

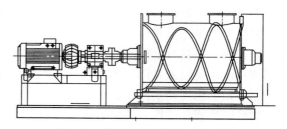

图 3-54　单卧轴螺带混合机示意图

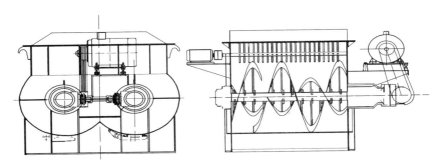

图 3-55　双卧轴式螺带混合机示意图

形状，使螺旋排列的搅拌叶片形成双螺旋曲面，两轴相向转动；叶片产生的搅拌力，使得物料在剧烈径向运动的同时，轴向推进运动加剧，物料在搅拌桶内成沸腾状态，在短时间内剧烈而充分拌合，搅拌效率提高 30%～50%。叶片的双螺带结构和独特设计的叶片形状，减少了砂料对叶片的阻力，延长叶片使用寿命。

　　卧式螺带混合机搅拌叶片和搅拌臂通过螺栓固定，可便捷地调整搅拌叶片与筒体间隙，延长叶片寿命，维修和更换也很方便。该搅拌机适合低黏性的细粉物料的搅拌，尤其适合普通砌筑砂浆的生产。

3.8.4　单轴桨叶混合机

　　单轴桨叶混合机结构示意图如图 3-56、实物图如图 3-57 所示。

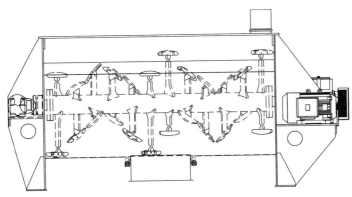

图 3-56　单轴桨叶混合机示意图

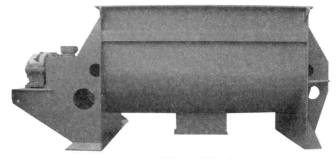

图 3-57　单轴桨叶混合机

单轴桨叶混合机与双轴桨叶混合机的特点基本相同，但单轴桨叶混合机的性价比更高。

其工作原理是：当主轴在一定的转速下旋转时，柄座和内外桨叶同时以一定的圆周速度旋转，由于柄座和桨叶自身的形状以及它们在主轴轴向上的分布有倾斜角度的缘故，使得柄座和内层桨叶在混合时使物料以一个中间层面为中心，把物料以中间层面向两端端板处扩散，而外桨叶把分布在外层圆周方向上的物料向中间层面聚合，内外桨叶和柄座的共同作用能使在筒体内的物料短时间内产生对流混合，随着主轴以最高转速的运转，外层桨叶的线速度也最大，筒体内物料受到桨叶和柄座的推动作用而相对流动，又由于桨叶本身是断开形式，物料在流动的同时会把部分物料抛起，一部分物料沿着筒体壁做圆周运动，另一部分物料沿着筒体母线方向做直线运动，达到抛起物料空间对流的混合，以此使物料达到最佳的混合状态。

3.9 成品干混砂浆的散装和包装

混合后的成品干混砂浆进入，经过混合机下的中间贮料仓，通过它下面的四通分料阀，可分别进行散装和包装。直接进入专用干混散装运输车或可选择进入包装机。

1. 干混砂浆的散装

干混砂浆可通过密闭皮带和斗式提升机进入成品砂浆散装贮仓，在砂浆生产厂储存。成品系统结构如图 3-58 所示：干混砂浆通过 1 斗提机提升至顶部，然后通过 2U 型螺旋进 3 分料阀分料，可控制 3 分料阀的流向决定干混砂浆进入 4 成品罐的指定贮仓内；当需要出料时4 成品罐出料口插板阀打开，利用重力自流的方法，使干混砂浆在重力的作用下通过 5 散装装置进入散装罐车。成品系统的实物如图 3-59 所示。

干混砂浆用散装机结构如图 3-60 所示，当散装罐车停放在散装机下方，现场操作员或主控制室人员给出信号，1 驱动装置控制散装机开始下放。待 4 卸料机构接触罐车进料口时，安装料位计的卸料倒锥继续下放，至卸料通道阀门全部打开，此时卷扬钢丝绳处于放松状态，下限位开关动作，机构停止下放。下限位开关动作时，电控系统同时将解除散装头上方蝶阀开启锁定，此时操作人员给出信号后，散装头上方蝶阀即可打开，成品罐内干混砂浆通过 2 进料口开始卸料。

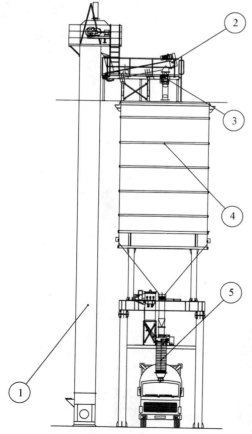

图 3-58 成品系统结构示意图

1—斗提机；2—U 型螺旋；3—分料阀；

4—成品罐；5—散装装置

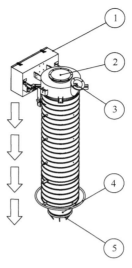

图 3-59　成品系统实物图

图 3-60　散装机结构示意图

1—驱动装置；2—进料口；3—除尘口；

4—卸料机构；5—料位计

　　卸料过程中，除尘器将卸料过程中罐车内的含尘气体不断地从 3 除尘口抽出。保证了罐车内的压力平衡和整个装填物料过程中的环境洁净。

　　当罐车内 5 料位计检测到料满之后，散装头上方蝶阀立即关闭，停止放料，系统延时一段时间，脉冲除尘系统引风机停止工作，脉冲反吹继续对布袋进行反吹清灰，然后回粉至散装机并进入罐车。延时结束后，脉冲清灰动作停止，同时系统解除散装头上升锁定，此时操作人员才能发出信号将散装头提升脱离罐车。待散装头提升至上限位置时，限位装置给出信号，停止散装头上升。至此散装头的一个工作周期完结。整体散装装置的效果如图3-61 所示。

　　如图 3-62、图 3-63 所示，装载完成的干混砂浆由干混砂浆专用运输车直接运到工地施工，关于干混砂浆专用运输车的结构详情，将在第 5 章物流设备中叙述，在此不再赘述。

图 3-61　干混砂浆散装
装置效果图

2. 干混砂浆的包装

　　干混砂浆也可通过包装机包装后运到工地施工。

　　干混砂浆包装机是将干混砂浆装入包装袋的机器。干混包装袋有两种形式：敞口袋、阀口袋。敞口袋包装后需采用缝线封口，但包装后的密封性较高，保存期长，适合高附加值、长距离运输的材料包装。阀口袋包装后可自动封袋，减少了缝线封口的人工，但包装后的密封性较敞口袋差，在运输过程中易撒料，适合于短途内使用的材料包装。目前干混砂浆的包装主要以阀口袋包装为主。

　　阀口式包装机根据给料方式不同又分为：螺旋包装机、叶轮包装机、气压式包装机。

图 3-62　散装机械实物图

图 3-63　散装干混砂浆运输车

（1）螺旋包装机

螺旋包装机原理如图 3-64、实物图如图 3-65 所示。如图 3-64 所示，给料螺旋 4 在电机 1 的驱动下旋转，然后将进入螺旋的物料运送到出料管 3，完成包装。

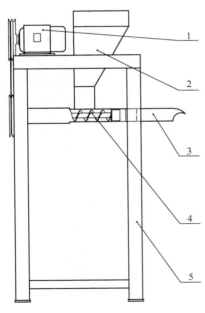

图 3-64　螺旋包装机结构原理图

1—电机；2—料仓；3—出料管；4—给料螺旋；5—机架

螺旋包装机是在水泥包装机上发展而来的，大多还延用水泥包装的模式，但由于干混砂浆特殊材质，并不是适用于全部品种的干混砂浆的包装。对于颗粒比较大，流动较差的物料，包装时易堵料，性能也不稳定。近年来，为了适应干混砂浆的包装，螺旋包装机根据自身的特点（无离心力，不产生气体），采用全螺旋贯穿出料管，外层套管结构，所以不会出灰管中堵料，并采用合金螺旋叶片，大大提高了包装机的使用寿命。但由于阀口袋袋口大小的限制，其产量很低。单出料嘴的螺旋包装机产量只有 4～6t。（阀口袋袋口直径在 80mm 左右时）。但其包装时产生的粉尘较少，配套的除尘设备要求不高，在市场上包装细实料（如水泥、石膏等）时还是得到了广泛的应用。总的来说，螺旋包装机适合包装品种单一，磨琢性低的预拌砂浆。

（2）叶轮包装机

叶轮包装机原理如图 3-66，实物图如图 3-67 所示。物料从料仓 1 进入叶轮给料装置 2，在电机和旋转叶轮 5 的带动下，沿叶片的切线方向被抛入出料管 3，然后在借助惯性，经辅吹口吹气 4 流化、给料装置内压力的共同作用下经过出料管排出进入包装袋。

图 3-65　螺旋包装机实物图

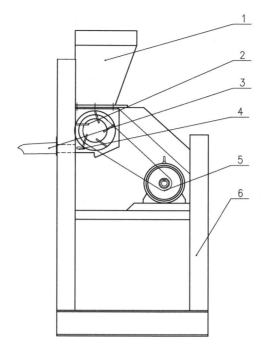

图 3-66　叶轮包装机原理图

1—料仓；2—叶轮给料装置；3—出料管；4—辅吹口；

5—电机；6—机架

早期的叶轮式包装机也是从水泥包装机上借用过来的，其出灰机构是由电动机带动主轴叶轮旋转，由旋转的叶轮将水泥排出，经出灰管装入包装袋，由于干混砂浆砂的比例比较大，有的砂浆流动性较差，密度较大，也出现了堵料的情况，用于干混砂浆必须做出改进，在出料嘴上加上相应的吹气助流装置，使物料能够顺利流出，从而实现产品的包装。有些干混砂浆的含砂量很高，对叶轮的磨损比较大，所以在选用叶轮包装机时一定要注意叶轮的材质与结构，以耐磨性料和可换性结构为佳。

（3）气压式阀口包装机

气压式阀口包装机工作原理图如图 3-68、实物图如图 3-69 所示。物料首先从料仓 1 经过进料蝶阀 5 进入流化室，风机 4 将低压气体分出两路（3 加压、流化）从上部和底部分别进入流化室 6，使其在气流的带动下向出料管方向流动，进入包装袋，其中出料阀 7 在包装过程中起打开、关闭及控制流量的作用，清扫阀 8 用于包装快要结束时对出料管清灰。气压平衡阀 2 用来调节料仓 1 和流化室 6 内的气压平衡。

气压式阀口包装机工作原理是建立在气力输送的理论基础上，实验输送空气速度同物料

图 3-67　叶轮式包装机实物图

流动状态的关系，利用低压空气作为动力，使被输送的物料成流动化，宛如水在流动板上流落，实现物料的输送。包装时，先让物料进入流化仓，流化仓上部由圆锥台结构仓体，下部由流化室、出料口组成。流化室、出料口与流化仓成一定的角度，更利于物料的流态化处理。这其中流化室结构非常特殊，流化室按球截面结构设计，靠近球面底部设有一布风板，流化气体由底部进入，经布风板作用，使之均匀化。在流化室上部设有多孔材料承压板，在靠出料口位置设有月牙形特殊结构开口，此开口能引导流化物料的流动方向。出料口与水平具有一定的夹角，出口处安装夹阀，通过控制出料流量的变化来实现粗灌装和细灌装控制计量精度。这种包装设备只有很少的运动零件，运动只限于气动控制的阀的开关。由于设备上没有轴承和传动装置，使得设备几乎免保养，所以在大批量包装的工厂，其优势就很明显，适用包装的物料密度变化也比较大，是产品多变、产量大的工厂的首选。

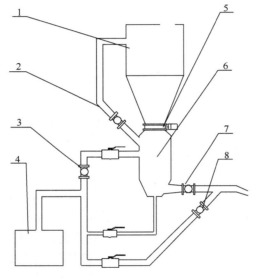

图 3-68　气压式阀口包装机示意图
1—料仓；2—气压平衡阀；3—加压阀；4—风机；5—进料
蝶阀；6—流化室；7—出料口；8—清扫阀

图 3-69　气阀式包装机

气压式阀口包装机配套链网输送机、压包机、质量分拣机、长皮带输送机、自动码垛机，成为一条包装主线，提高劳动效率。设备配有除尘器，以保证环境无粉尘污染，外观美观，维护方便。

3.10　收尘系统

收尘设备能将粉尘截留以免其散发到空气中的装置，是改善干混砂浆生产设备现场工作环境的重要手段，收尘系统一般在系统中产生扬尘的部位均需布置。目前常用的收尘设备有重力旋风收尘器和袋式脉冲收尘器。

3.10.1 重力旋风收尘器

重力旋风收尘器如图 3-70 所示，是利用颗粒的离心力而使粉尘与气体分离的一种收尘装置，常用于干燥系统的收尘。它是由锥形筒、外圆筒、进气管、排气管、排灰管及贮灰箱组成，具有结构简单、性能好、造价低、维护容易，因而被广泛应用。除尘系统的引风机将含尘气体引入旋风收尘器，从进气口 1 以较高的速度（一般为 12～25m/s）沿外圆筒的切线方向进入外圆筒 2，并获得旋转运动。含有粉料颗粒的空气在旋转进程中产生很大的离心力，由于颗粒的惯性比空气大许多倍，因此将大部分的颗粒甩向筒壁，当颗粒与筒壁接触后便失去惯性力，而沿壁面下落与气体分离开，经锥形筒 3 排入排灰管及贮灰箱 4 内。当旋转气流的外旋气流旋转到圆锥部分时，随圆锥的变小而向收尘器的中心靠拢；气流到达锥体下端时，便开始旋转上升，形成一股自下向上的内旋气流，并经排气口 5 向外排出。

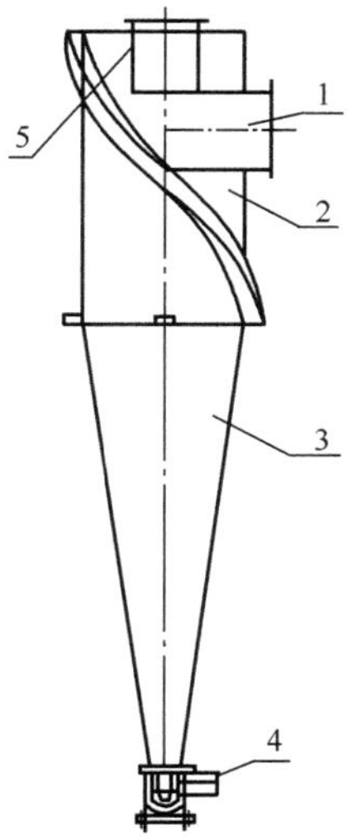

气流在旋风收尘器内除上述内、外旋流运动外，还有第二个旋流运动（称为二次旋流）。二次旋流对旋风收尘器的净化效果影响较大，因为筒体的中心处是负压较大的区域，容易使上部区域的二次旋流短路，将粉尘带出排气管，因而收尘效率一般只能达到 90%。

图 3-70　旋风收尘器
示意图

1—进气口；2—外圆筒；
3—锥形筒；4—排灰管
及贮灰箱；5—排气口

3.10.2 袋式收尘器

袋式收尘器是一种利用天然纤维或人造纤维作过滤布，将气体中的粉尘过滤出来的净化设备。因为滤布都做成袋形，所以一般称为袋式收尘器。袋式收尘器常用于混合粉尘源的收尘。这种方式在安装初期效果显著，时间一长，袋壁上积尘如不予清理，则除尘效果就差，所以干混砂浆生产设备的收尘器要定期清理积尘，具有这种功能的常用袋式收尘器为机械振动式和负压圆筒形收尘机式。

图 3-71 为中部振打袋式收尘器，主要由振打清灰装置（该装置设在顶部，通过摇杆、振打杆和框架，在收尘器的中部摇晃滤袋达到清灰的目的）、滤袋、过滤室、集尘斗、进出风管及螺旋输送机等部分组成。

过滤室 1，根据收尘器的规格不同，分成 2～9 个分室，每个分室内挂有 14 个滤袋 2，含尘气体由进风口 3 进入，经过隔风板 4 分别进入各室的滤袋中。气体经过滤袋后，通过排气管 5 排出。排气时，排气管闸板 6 打开，回风管闸板 7 关闭。滤袋的上口悬挂在清袋铁架 8 上，并将上口封闭。滤袋下口固定在花板 9 上，摩擦轮 10 可使摇杆 11、振打杆 12 与框架 13 运动。

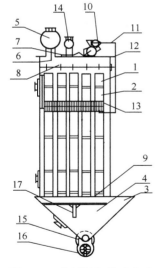

图 3-71　中部振打袋式收尘
器示意图

1—过滤室；2—滤袋；3—进风口；4—隔风板；5—排气管；6—排气管闸板；7—回风管闸板；8—清袋铁架；9—花板；10—摩擦轮；11—摇杆；12—振打杆；13—框架；14—回风管；15—螺旋输送机；16—分格轮；17—电热器

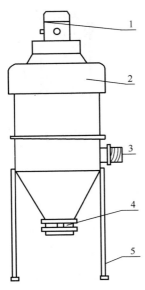

图 3-72　负压圆筒形袋式
收尘机示意图

1—风机；2—收尘布袋；3—进
气口；4—蝶阀；5—支架

振打装置按一定的周期振打，振打前通过拉杆先将排气管闸板 6 关闭。将回风管闸板 7 打开，同时摇杆通过振打杆带动框架前后摇动，袋上附着的粉尘随之脱落。由于回风管闸板 7 打开后，利用通风机的压力或大气压力使空气以较高的速度从滤袋外向滤袋内反吹，滤袋纤维内滞留的粉尘便被吹出，并与被振打掉的粉尘一起落入下部的集尘斗中，由螺旋输送机 15 和分格轮 16 送走。

各室的滤袋是轮流振动的，即在其中的一个室振打清灰时，含尘气体通过其他各室，因而每个室是间隙工作的，但整个收尘器是连续工作的。

收尘器中还装有电热器 17，在气温低或气体湿度大时使用。中部振打袋式收尘器结构简单，故障少，维修容易，已成为我国袋式收尘器定型产品之一。

负压圆筒形袋式收尘机是砂浆厂采用的另一种收尘机，如图 3-72 所示，该机由 1 收尘风机、2 滤芯、控制器、下料口 4 蝶阀、壳体等组成。3 进气口连接混合机或其他有粉尘源的部件，在控制系统的控制下间隙或常开工作通过 1 收尘风机形成的负压将粉尘收入滤芯外壁，然后通过高压空气程序循环反吹 2 滤芯内壁，将粉尘压出，落入回收容器内。该机结构简单、收尘率高，能耗低、滤芯需要经常清理。

3.11　控制系统

砂浆的生产控制系统负责对整个生产过程的精确控制，目前，砂浆厂较为流行的为可编程序控制器（PLC）和计算机控制方式，可对配料、称重和混合等进行精确控制，从而实现整个生产工艺流程的自动化。界面模拟显示干混生产线的整个动态工艺流程，如图 3-73 所示，操作直观、简单、方便。并具有配方、记录和统计显示，数据库的计算机监测控制功能，客户/服务器数据库的系统扩展以及网络功能。在多点安全监视系统的辅助下，操作人员在控制室内就可了解整体生产线的重点工作部位情况。可提供的订单处理程序，能控制干混砂浆生产设备中的所有基础管理模块，包括订单接收、时序安排到开具发货单整个过程。

3.11.1　机械制砂—干混砂浆生产一体化成套生产系统

机械制砂—干混砂浆生产一体化成套生产系统是干混砂浆行业近年来的一个重大进展。其显著特点是用块状矿石破碎，形成机制砂，然后以机制砂直接用于制造干混砂浆。在生产过程中，只要通过控制入料矿石的表面含水率，就可保证破碎后所得砂子的含水率不大于 0.5%，砂子就不需要烘干，可起到节省设备投资，降低能耗的综合效果。由于这种机械制砂—干混砂浆一体化成套生产系统在实际的生产中不存在烘干环节，因而，目前

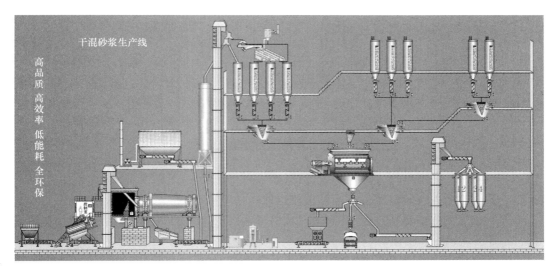

图 3-73　砂浆的生产控制系统界面

市场上也将其称为"免烘干"干混砂浆生产线。

机械制砂—干混砂浆生产一体化成套生产系统采用计算机全自动程序控制，主要通过对各系统的工艺过程及配方和防尘进行自动控制来实现全自动生产，其结构及生产工艺流程示意如图 3-74、图 3-75 所示。该系统主要由机制砂的制造（尾矿破碎、制砂、筛分）及储存系统；胶结料、填料及添加剂的仓储系统；主、辅材料的配料计量系统；搅拌混合

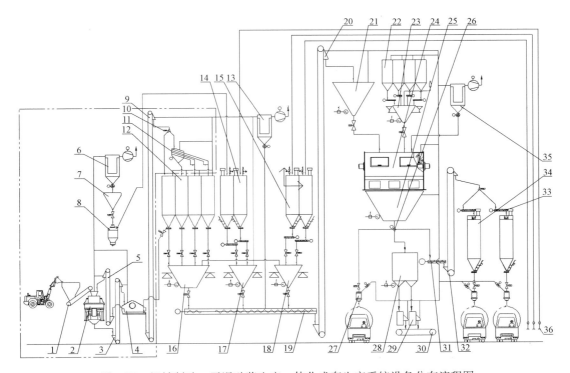

图 3-74　机械制砂—干混砂浆生产一体化成套生产系统设备分布流程图

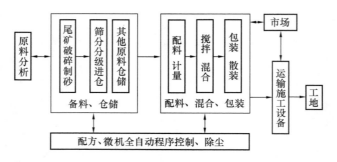

图 3-75　机械制砂—干混砂浆生产一体化成套生产系统工艺流程图

系统；产品的储存、包装、散装及运输系统组成。

图中所示上料皮带机 1、破碎制砂机 2、出料斗提机 3、循环振动筛 4、回料斗提机 5、石粉收尘器 6、石粉暂存仓 7、石粉发送罐 8、筛分斗提机 9、三通分料阀 10、分级振动筛 11、分级砂储仓 12、单机定点收尘器 13、石粉及添加料仓 14、水泥仓 15、砂配料计量装置 16、添加料配料计量装置 17、水泥配料计量装置 18、计量料螺旋输送机 19、计量料斗提机 20、计量料中间过渡仓 21、添加剂储料仓 22、精确配料计量装置 23、混合机 24、成品料过渡仓 25、四通分料阀 26、散装头 27、包装用成品料仓 28、包装机 29、包装输送皮带机 30、成品料储存螺旋输送机 31、成品料储存斗提机 32、防离析输送卸料装置 33、成品料散装储存仓 34、中央集中收尘器 35、进料输送管接口 36 等组成了机械制砂—干混砂浆生产一体化成套生产系统。

机制砂的制造及储存系统主要由破碎制砂机、循环筛分机、振动分级筛、分级储存仓、石粉仓、相应的输送、提升设备及除尘设备组成。原矿石首先进行冲洗除去含泥杂质，在原料场初级破碎矿石使其符合系统的制砂进料尺寸要求，这些无含泥杂质的干净矿石原料送入工厂库房（凉棚）堆放储存，干混砂浆生产时通过上料皮带机送至破碎制砂机，成型砂通过出料斗提机送至循环筛分系统；符合要求的人工机制砂提升到分级振动筛分级后进入相应的分级砂储仓储存，不符合要求的人工机制砂回送至破碎制砂机循环破碎；制砂产生的石粉送入石粉仓储存。

该系统的关键设备为制砂机和分级振动筛。如图 3-76 所示，破碎制砂机主要由机体 2.1、分料器 2.2、圆周落料口 2.3、中间落料口 2.4、叶轮 2.5、涡动腔 2.6、衬层托板 2.7、涡支腔 2.8、转轴总成 2.9、联轴器 2.10、电动机 2.11 和排料口 2.12 等组成。其工作原理为：被破碎物料从进料斗进入破碎制砂机，经分料器 2.2 将物料分成两部分，一部分由分料器 2.2 的中间落料口 2.4 进入高速旋转的叶轮 2.5 中，在叶轮 2.5 内被迅速加速，可达数百倍重力加速度，从叶轮 2.5 的均布流道内抛射出去。首先同分料器 2.2 的圆周落料口 2.3 落下的另一部分物料冲击破碎，然后一起冲击到涡支腔 2.8 内的衬层托板 2.7 上的物料衬层上，被物料衬层反弹，斜向上冲击到涡动腔 2.6 的顶部，又改变其运动方向，偏转向下运动，从叶轮流道发射出来的物料形成连续的物料幕。这样一块物料在涡动腔内受到两次以至多次机率撞击、摩擦和研磨破碎作用，把其尖锐棱角磨钝抛圆，使其外形呈球状，达到仿天然砂效果。被破碎的物料由下部排料口 2.12 排出；由破碎制砂机 2、出料斗提机 3、循环振动筛 4 和回料斗提机 5 一起构成循环破碎筛分系统形成闭路，合格的人工机制砂排出机外，经筛分斗提机 9、三通分料阀 10、进入分级振动筛 11 筛分

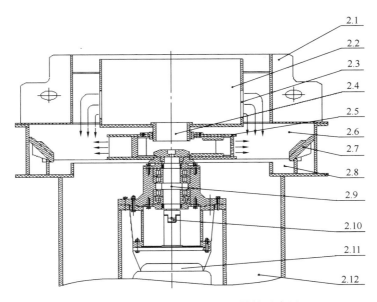

图 3-76　机械制砂破碎制砂机结构示意图

分级后进仓，不合格的再进入下一轮破碎，直到全部破碎到合格尺寸为止。

分级振动筛的结构如图 3-77 中所示，由振动布料器 3.1、筛体 3.2、多层筛网 3.3、干砂仓 3.4 等组成，其工作原理为：由筛分斗提机 9 将待筛砂料送至振动布料器 3.1，保证机制砂在筛网全部宽度上的均匀分布，下层筛根据上层筛的投影宽度，并经上层筛网筛落的砂在筛网全部宽度上均匀分布，筛下的合格料进入相应的干砂仓储存。当一种级差的砂量比较高，在一层筛网上筛分不清，达不到规定的筛分精度和过筛率时，就在这层筛网上增加几层过渡筛网，筛网孔径比规定级差筛网的孔径从下到上合理增大，以保证

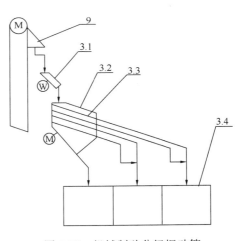

图 3-77　机械制砂分级振动筛

这种级差的砂在这几层组合筛网的作用下筛分干净并达到规定的要求。通过这种多层筛网组合结构组成的分级振动筛才能达到最大的筛分精度和过筛率。由于机制砂和天然砂的砂型有差异，为确保筛分精度和过筛率，在筛上部必须安装振动布料器 3.1 和每层筛网架下安装气动高频振动器。

由上述过程得到的骨料进入储仓，在后续的干混砂浆生产线中进入普通干混砂浆工艺流程。

3.11.2　干混砂浆产能问题

干混砂浆生产企业的成套设备，决定单位时间产量大小的主要环节是混合搅拌设备。目前市场上的砂浆混合机主要有三种类型，分别是无重力双轴桨叶混合机、卧式螺旋混合

机、单轴犁刀式混合机。不同类型、不同容积、不同转速的混合机在单位时间内（如：每小时）搅拌出的砂浆量是不同的。干混砂浆生产企业根据所生产的砂浆品种及产量效能的需求来选购不同类型的混合机。

成套设备的生产能力，也称为设备的"产能"，是设备选型的重要指标，也是衡量和评价设备生产效能的重要数据。通常有两种评价方式：

（1）成套生产设备在单位时间内的生产量。一般是指成套设备每天或每小时所生产的产品总量。干混砂浆生产企业是按每小时生产的砂浆总量来计算单位时间产能的。

（2）成套生产设备在额定条件下全年累计的生产总量。国家宏观经济统计数据中的"产能"就是照此估算的。对干混砂浆生产企业而言，年度产能数据也是统一衡量企业生产效能的评价指标。

不同产品的年度产能计算方法各异。参考部分相关产业产能计算的方法并经教材审定专家组研究议定，干混砂浆生产线的年度产能统一按以下计算方法进行计算：

年产能（万 t）＝ 生产线产量(t)/h×16h/ 天×300 天 / 年÷10000

即：年度产能等于干混砂浆生产线每小时的产量（t）乘以每天平均工作 16h、再乘以每年平均工作 300 天、除以 10000 而得出的总产量（万 t）。

例如：某企业有一条每小时平均产量为 83.3t 的干混砂浆成套生产设备，请计算这条生产线的产能是多少？

计算：产能（万 t）＝每小时产量(t)×16h×300 天÷10000

83.3×16×300÷10000＝39.9840 万 t（约 40 万 t）

答：该生产线的年产能约为 40 万 t。

在行业内统一产能的计算口径及方法，有利于行业统计数据的一致性和准确性，也便于干混砂浆设备制造企业进行宣传和用户在设备选型时参考交流。

3.12　干混砂浆生产线建站案例

3.12.1　建站选址

干混砂浆站选址应遵循以下几个原则：

（1）运输合理，靠近市场的选址原则。

（2）环境宽松，规模可扩的选址原则。

（3）场地使用费用及居民情况。

（4）项目建设规模：

干混砂浆站总占地面积 1300m²，总建筑面积雷达 6400m²，主要建设内容：原料料场，车辆用地、土建工程、办公大楼、实验室、砂浆生产线及其他设施建设。

3.12.2　干混砂浆生产线的组成

干混砂浆生产设备的主要组成部分为：

（1）砂的预处理系统：砂石破碎、干燥、筛分、储存；河砂只需干燥、筛分、储存。含水率<0.5%以下的机制砂可以免烘干。

（2）原料储存系统：砂仓储，胶结料、细实料以及添加剂的仓储。

（3）计量系统。

（4）混合机。

（5）成品包装系统及散装系统。

（6）全自动过程电脑控制系统。

3.12.3　干混砂浆原料来源

水泥：采用国家标准散装 32.5 级普通硅酸盐水泥，可由水泥厂直接在厂区建造水泥储罐进行供应。

砂：视投资地点，就近选购适合级配之河砂。河砂资源缺少的地区，可采用机制砂，使用含水率<0.5%机制砂可免烘干。

粉煤灰：采用国家标准散装 3 级粉煤灰，可由火力发电厂或供应商在厂区建造粉煤储罐进行供应。也可利用发电厂废炉进行加工利用，但必须增加一套加工设备。

添加剂：向专业的添加剂生产厂订购。

包装袋：向专业的包装厂订购。

3.12.4　干混砂浆生产线的工艺流程

干混砂浆生产设备的工艺流程如图 3-78 所示。

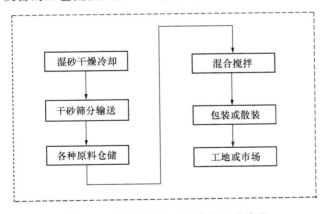

图 3-78　干混砂浆生产设备的工艺流程

3.12.5　建站选型

根据当地建筑施工面积混凝土用量来预估干混砂浆的市场需求总量，建与市场容量相匹配规模的工厂。目前市场上常见规模的工厂年产量为 5、10、20、30、40、60 万 t。

3.12.6　常规设备配置

主楼的结构形式有高塔式和阶梯式两种，这里以高塔式为主进行介绍。

1. 湿砂上料系统

原料输送系统由料仓、斗提机、变频给料皮带机组成。

（1）湿砂仓容积为 6m³ 地下仓，装载机上料。

（2）定量变频给料皮带机，用于定量给料至斗提机。

（3）环链式斗提机，生产能力依产量而定，用于冷料提升到干燥滚筒内。

（4）干燥冷却系统。

2. 干燥冷却系统组成

干燥冷却系统由二回程干燥冷却滚筒、沸腾炉组成。

（1）干燥冷却滚筒采用先进的欧洲技术设计制造。

（2）滚筒为内外双层结构，内筒为加热筒，外筒为冷却筒，物料由内层流到外层，结构紧凑，占地面积小。

（3）外筒结构采用与内筒结构相反的导料板，使物料沿干燥方向相反的方向出料。外筒为锥形分段连接，可方便拆除维护导料板，且易保证同心度。

（4）筒体采用材质为 20g，特殊部位考虑耐磨损处理，能够满足长时间安全稳定运行。滚圈采用锻钢材质，其韧性更高，运行稳定使用寿命长。

（5）采用第四代防爆沸腾炉，破碎机有效对煤块的破碎，利于燃料充分燃烧。燃料供给使用用变频电机实现给料量可根据炉温供料，便捷炉工操作。炉体可压火隔夜，综合运营成本低；无二次污染，热风洁净度高，与燃油相当，从而有效控制干燥物料的干燥品质，使出料干砂含水率低于 0.5％ 同时控制出料温度在 65℃ 以下。

（6）耐磨型高灵敏度热电阻传感器，可精确显示温度。

（7）采用气压传感器，保证滚筒内恒定的真空度，粉尘不外泄。

3. 干燥除尘系统

（1）本机采用重力＋布袋二级除尘方式，将重力除尘器收到的粗颗粒粉尘通过螺旋输送机送入干砂皮带机中。布袋除尘器选用大气反吹除灰布袋除尘器，采用精制的专业布袋。

（2）引风机采用离心式风机，通过 V 形皮带驱动风机。

（3）除尘系统采用负压检测控制方式，在烟道上装有温度检测装置和冷风阀，系统有温度安全限定功能，确保除尘布袋工作安全。

（4）热料筛分提升系统：

热料筛分提升系统由直线振动筛分机、斗提机组成。

1）烘干好的砂由滚筒进入直线振动筛。

2）直线振动筛分机，单层筛网，筛分粒径为 5mm，可将超限料除去。

3）板链式斗提机，生产能力依产量而定，用于将热料提升到原料筒仓顶，运行稳定噪声相对较小。

（5）分级细筛分机：

1）一般筛分层面为 3 层，最多可得到 4 种不同级配的砂，筛分粒径可由筛网孔径选择。

2）具有筛网清洁系统，有效的筛网清洁系统保证筛机能连续地进行筛分。

3）高精度的筛分使有用的原料不会被浪费掉。

4）高耐磨筛网，可减少维修费用以及停机时间，进一步提高使用率。

5）简易筛网拆装装置，使筛网更换更加节省时间。

（6）原料储存系统：

原料储存系统由胶结料、细实料筒仓及掺合料、添加剂料斗组成。

1）胶结料、细实料筒仓外形与常规粉罐相同，设有高低料位指示器、除尘器、破拱装置、安全阀、手动闸阀、进灰管等。筒仓的数量根据用户的产品原料种类多少而定，常规为粉料罐 3 个，砂罐 4 个。

2）掺合料及添加剂料斗一般为 4 个；每个料斗体均配置低料位计 ILTC2 一只，振动器一个；对于小型的干混搅拌站，采用人工计量加料时，则没有该料斗。

3）细实料（石粉）及胶结料（水泥、粉煤灰等）的输送一般为气力输送，如用户只能买到袋装料时，则采用货梯（简易电动葫芦、升降梯）吊运，人工拆包投料。

4）掺合料及添加剂一般为袋装，采用货梯（简易电动葫芦、升降梯）吊运，人工拆包投料。

（7）搅拌主楼：

1）主楼结构采用大型 H 型钢制成。

底层设有包装系统及气源，并在三层布置一台布袋脉冲除尘器用于包装机的除尘。控制室位于二层粉罐下。

2）第二层预留了散装输送的通道（小型机台没有该层）。

3）搅拌主机在第三层，检修空间大。

4）第四层平台用于安装砂秤、粉秤。

5）第五层平台用于安装 4 个添加剂料斗和 4 个砂罐。楼内楼层间设有楼梯，可从底层上到第五层。

6）楼内第五层顶设有货梯（简易电动葫芦、升降梯），可将袋装添加剂原料从地面吊至第五层平台上。

7）分级细筛分机设在楼顶层。

8）主楼外封采用 C 型槽钢作框架，外封为彩钢板，窗门为塑钢材料。

（8）计量系统：

1）小型机台配置一个大秤和一个小秤，均为累加计量；中大型机台配置两个大秤和一个小秤，也为累加计量。

2）大秤主要称量细实料、胶骨料。小秤主要称量掺合料、添加剂，称量后进入粉秤，保证下料完全。

3）计量斗由三个压式传感器、连接件构成称量单元。

4）小秤计量斗由不锈钢板制成，斗上设有一个气吹式振动器。

5）喂料螺旋机采用螺旋输送机，所有螺旋均采用变频调速控制，精确计量驱动。

6）微量变频喂料螺旋机出口处均设有气动碟阀，可精确控制落差。

（9）混合机：

1）单卧轴铧犁式搅拌主机。

2）壳体由低碳钢制成，外框由厚钢板组成，刚性可靠。

3）主轴采用平行轴式减速机传动，变频电机，可平稳启动。

4）混合机底部一侧装有高速旋转刀，可使物料搅拌均匀、快速，均匀度能达到 1：

133

100000，能满足彩色砂浆的搅拌。

5）备有在线取样口，可方便取样化验。

6）快速单大开门卸料门，卸料干净快速。

7）犁形搅拌叶片为防磨钢＋碳化钨表面，耐磨性好，使用寿命长。

（10）气动系统：

1）气动系统配有空压机、冷干机，气体缓冲输送罐及管路，24V电磁阀、管件、气缸。

2）气源压力：10kg；工作压力：7kg。

（11）电控系统：

1）控制系统由PLC和计算机组成，采用双机热备系统——双机双控。

2）控制软件：PLC系统软件由NFLG自主知识产权的系统程序。

3）计算机控制系统实现砂的干燥冷却、配料、卸料、搅拌合出料全过程的自动控制及手动功能。

4）管理及监控计算机系统可被选择为备份机进行工作。

5）具有打印统计生产日报表、月报表，在线检测、故障诊断及监控作用。

6）能随机存储各种生产数据，随机打印每拌用料表。

7）操作台面板设有手动按钮，可完成砂的干燥冷却、原料配料自动控制，卸料、出料手动控制功能。

8）计算机操作平台为WindowsNT4.0，控制软件运行可靠。

9）能存储20000个配方及任务号，并能随时修改和调用。

10）各种机械动作状态模拟显示以及整个生产工艺流程显示。

11）通过手动输入粉料过秤后的数据，可动态直观显示库存粉料的重量，具备连锁功能。

12）在自动生产过程可改变为手动操作调整，且不影响后续自动生产过程。

13）具备落差自动调整修正，确保配料准确度。

14）电缆采用阻燃电缆。

（12）成品输送系统：

成品输送系统由包装机和散装装置组成。

1）包装机一般采用阀口式，定量范围在25～50kg，计量精度为±250g。

2）散装装置由脉冲除尘器、散装接头组成。散装接头是一个伸缩料斗，带料位计、双层卸料管，料加满时可及时停止卸料，并配置除尘器，保证卸料口及散装车出料口无粉尘污染。

3.12.7 年产30万t塔式干混砂浆生产线经济核算

1. 投资概算

以某型年产量30万t、每小时最大产量60t干混砂浆自动生产线为例进行经济核算。设备占地约1300m²，考虑料场、仓库、道路、行政等设施约10530m²。见表3-1。

干混砂浆生产线项目投资一览表 表3-1

项　　目	土地征用	厂　房	设备（预估）	安装调试	金　　额
基建	已有	70万元	215万元		285万元

项　目		土地征用	厂　房	设备（预估）	安装调试	金　额
干混砂浆生产线				760 万元		760 万元
散装物流设备	背罐车×1			35 万元		35 万元
	散装车×3			36 万元		108 万元
	砂浆罐×24			5 万元		120 万元
辅助设备生产	电力设施			80 万元		80 万元
	叉车×1			9 万元		9 万元
	装载机×1			28 万元		28 万元
实验室设备	实验器材			10 万元		10 万元
施工设备	喷涂机等			20 万元		20 万元
规划设计及办证费						25 万元
投资总计						1478 万元

注：以上价格为市场预估，会有一定出入。土地价格与地理位置密切相关。

2. 普通砂浆成本

成本构成：材料、能源消耗、设备、厂房折旧，管理费用、财务费用、销售成本。资产折旧年限：①土地折旧：50 年摊销；②厂房折旧年限 30 年；③机械设备 10 年。见表3-2～表3-4。

普通砂浆产品的原材料成本分析表　　　　表 3-2

项　目	每吨砂浆的比例	材料单价	每吨砂浆所含重量	金　额
砂	75％	60 元/t	750kg	45
水泥	15％	380 元/t	150kg	57
粉煤灰	10％	100 元/t	100kg	10
添加剂	0.03％	40000 元/t	0.3kg	12
煤		0.6 元/kg	12kg/t	7.2
电		0.8 元/度	4.38 度/t	3.5
合计				134.7 元/t

注：用电：设备装机总功率375kW，实际有效功率375×0.7=262.5kW，每小时耗电 262.5 度，按每小时生产能力 60t 计算得：4.38 度/t。

固定成本分析表　　　　表 3-3

项　目	年成本	计算方法
土地及厂房	6.65 万元	70÷30+215÷50=6.65 万元/年
设备	116.8 万元	1168÷10=116.8 万元/年
规划设计及开办费	5 万元	25 万元÷5 年=5 万元/年
人员工资	48 万元	12 人×4 万元/年·人=48 万元
社保、福利等	19.2 万元	48×40％=19.2 万元
流动资金利息	21 万元	300 万元×7％=21 万元
销售广告宣传费	10 万元	
合计	226.65 万元	
每吨砂浆固定成本	7.555 元	226.65/30=7.555 元

项目	普通砂浆单位成本/元/t	备 注
原材料	134.7	砂、粉煤灰、水泥、添加剂、电、煤
销售成本	7.5	按销售单位 3% 计算，250×3%＝7.5
运输成本	18	成品运输，汽运距离在 30km 以内，0.6 元/（t·km），30×0.6＝18
税金	16.3	按销售单位 6.5% 计算，250×6.5%＝16.3
设备维修	1.6	
合计	178.1	

单位产品的总成本＝固定成本＋可变成本＝7.555＋178＝185.555 元/t

3. 利润及风险

目前市场普通散装干混砂浆销售价格为 250 元/t，如按纯理论计算，生产线能够达产时的年度产值为：30×250＝7500 万元；年度固定成本：227 万元；可变成本：普通干混砂浆 178.1 元/ t×30 万 t＝5343 万元；

年度总利润＝年销售额－年固定成本－年可变成本＝7500－227－5343＝1930 万元

年度盈亏点：年销售额＝固定成本＋可变成本，可列式计算出当销售量达到 3.2 万 t 时，即可保证盈亏平衡。

按纯理论计算，生产线的生产能力及市场销售只要达到 10.5% 的生产能力，即可保持盈亏平衡，其生产线的生产能力尚有 89% 可作为市场竞争的储备条件和投资回收的保证，8 个半月即可收回投资成本。如此大的获利空间，还可以为企业提供良好的抗风险基础，足以适应市场变化（波动）的需求，提高产品的市场竞争力。

以上分析大多基于生产设备理论生产能力，干混砂浆目前还处于市场培育阶段，需要一定的前期投入，并且利润随时间变化很大。对于这些敏感性问题，可采用加大不确定因素在成本分析中的比重，即加大成本风险系数进行分析。

4. 项目特种砂浆产品分析

干混砂浆生产线具备几乎全部品种特种砂浆生产能力，根据市场需求和技术力量，以生产表 3-5 所列品种为主：

特种砂浆产品方案 表 3-5

特种干混砂浆	
瓷砖粘结砂浆	内外墙砖和地面砖
填缝砂浆	瓷砖和天然石材勾缝
保温砂浆	建筑外墙保温处理
界面处理砂浆	有特殊要求的墙面、天面处理
彩色砂浆	室内外墙面装饰

特种砂浆的包装和销售与普通砂浆有所不同，通常是以 25kg 袋装或桶装为主，甚至还有一些采用一二公斤的小包装。其平均销售价格按每吨计算如表 3-6 所示。

特种砂浆销售参考价格 表 3-6

建筑干混砂浆种类	销售价格/元/t	建筑干混砂浆种类	销售价格/元/t
瓷砖胶粘剂（普通）	1100～1400	保温砂浆	8000～8500
瓷砖胶粘剂（高强度）	1800～2000	界面处理砂浆	5500～6000
瓷砖填缝（灰色）	2500～3000	彩色砂浆	5500～6000
瓷砖填缝（彩色）	3500～5000		

特种砂浆的配方复杂多样，以下三种常见的特种砂浆——瓷砖胶粘剂、瓷砖填缝剂、玻化微珠保温砂浆为例，其原材料成本如表3-7～表3-9所示：

瓷砖胶粘剂原材料成本　　　　　　　　　　　　　　　　表3-7

序号	材料名称	用量/kg	单价/元/t	合计/元	配合比/%
1	水泥	350	500	225	35%
2	砂35-120目	600	120	64.8	60%
3	重钙	50	160	8	5%
4	PVA	2.5	18000	45	0.25%
5	胶粉	9	20000	180	0.9%
6	HPMC（10万）	2	38000	76	0.2%
7	淀粉醚	0.3	30000	9	0.03%
8	（包装）	20只	1.5元/只	30	
	合计			637.8	

瓷砖填缝剂原材料成本　　　　　　　　　　　　　　　　表3-8

序号	材料名称	用量/kg	单价/元/t	合计/元	配合比/%
1	水泥	300	500	175	36%
2	石英砂100-200目	600	120	72	62%
3	重钙	50	160		
4	胶粉	7	20000	400	2%
5	HPMC	1	38000	38	0.1%
6	木纤维	2	4000		
7	憎水剂	2	70		
	（包装）	20只	1.5元/只	30	
	合计			715.0	

保温砂浆原材料成本　　　　　　　　　　　　　　　　表3-9

序号	材料名称	用量/kg	单价/元/t	合计/元	配合比/%
1	水泥	200	500	225	20%
2	聚乙烯醇粉末17-88	3	20000	60	0.3%
3	可再分散乳胶粉	7	20000	140	0.7%
4	HPMC（10万）	5	38000	133	0.35%
5	PP短纤维（6mm）	2	16000	32	0.2%
6	木质素纤维	2	4000	8	0.2%
7	玻化微珠	120	1000	120	12%
	合计			718	

注：以上价格为推算价格，未包含运费。

5. 建设周期

干混砂浆生产设备工厂的建设周期为6个月。建设工程计划如表3-10所示。

项目 \ 时间	1月	2月	3月	4月	5月	6月
测量基础数据	★					
申请及审批	★	★				
设备制造	★	★	★			
土建		★	★			
国内配套设备安装				★	★	
配电安装					★	
人员培训					★	★
试产						★

3.12.8 组织管理与资源配置

1. 管理规划

干混砂浆站的管理将严格按照有限公司的有关规定,设立董事会等管理机构。在总结和吸收上海、北京、广州及其他区域先进管理经理的基础上,科学组织,严格规范各项管理。公司管理体制实行董事会领导下的总经理负责制。车间、班组三级管理、二级核算。

2. 管理制度及人力资源配置

(1)总体设想

本项目年生产天数按 300d 考虑,采用 2 班制生产 8h 工作制,定员 42 人。见表 3-11。

管理与生产人员配置表 表 3-11

序号	部门	人数	备注
1	管理		
1.1	总经理	1	
1.2	总经理助理	1	
1.3	生产部经理	1	
1.4	销售部经理	2	
1.5	材料部经理	1	
1.6	质量技术部主任	1	
1.7	办公室主任	1	
1.8	财务部经理	1	
2	员工		
2.1	生产部	12	
2.2	销售部	8	
2.3	材料部	3	
2.4	质量技术部	3	
2.5	办公室	5	
2.6	财务部	2	
合计		30	

(2)组织机构设置(见图 3-79)

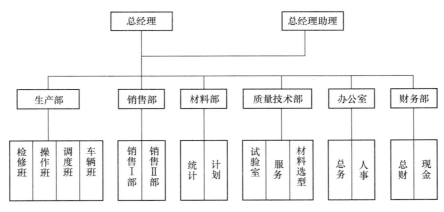

图 3-79　组织机构图

生产部：规划并完成组织生产目标；协调生产管理团队的工作；与其他部门协作共同满足现有及潜在的客户需求。

销售部：制定并组织实施完整的销售方案；与客户、同行业间建立良好的合作关系；引导和控制市场销售工作的方向和进度；完成销售计划及回款任务；掌握市场动态，熟悉市场状况并有独特见解。

材料部：调查、分析和评估市场以确定公司的采购需要和采购时机；拟订和执行采购战略；根据产品的价格、促销、产品分类和质量，有效地管理特定货品的计划和分配；发展、选择和处理当地供应商关系，如价格谈判、采购环境、产品质量、供应链、数据库等；改进采购的工作流程和标准，通过尽可能少的流通环节，减少库存的单位保存时间和额外收入的发生，以达到存货周转的目标。

质量技术部：对工艺参数的改变对产品的影响进行认定，并论证设定的合理性；根据公司整体质量状况组织质量控制方案，定期评估解决的工艺或控制方案；制定产品质量检验标准、产品信息反馈、统计流程；总结产品质量问题并推动相关部门及时解决；来料检验及出货评审工作。

办公室：发展规划、计划与预算方案；组织制定行政管理规章制度及督促、检查制度的贯彻执行；组织、协调公司年会、员工活动、市场类活动及各类会议，办理公司所需各项证照；起草及归档公司相关文件，管理公司重要资质证件；搜集、整理公司内部信息，及时组织编写公司大事记；组织好来客接待和相关的外联工作；组织制定公司人力资源发展战略，进行招录及定岗定薪工作；制定公司岗位编制计划，组织制定岗位职责和作业指导；组织进行公司员工培训工作；组织制定绩效考核方案，组织对员工进行考核和薪资调整；组织进行企业文化建设，协调企业的媒体推广工作。

财务部：利用财务核算与会计管理原理为公司经营决策提供依据，并主持公司财务战略规划的制定；建立和完善财务部门，建立科学、系统符合企业实际情况的财务核算体系和财务监控体系，进行有效的内部控制；制定公司资金运营计划，监督资金管理报告和预、决算；对公司投资活动所需要的资金筹措方式进行成本计算，并提供最为经济的酬资方式；筹集公司运营所需资金，保证公司战略发展的资金需求，审批公司重大资金流向；

主持对重大投资项目和经营活动的风险评估、指导、跟踪和财务风险控制；协调公司同银行、工商、税务等政府部门的关系，维护公司利益。

（3）人员培训

人员培训：建立人才培养机制。干混砂浆行业的专业比较强，特别是在外墙领域，技术人员、服务人员需要具有一定的工作经验。对于一些现场服务人员、拥有产品应用经验的人员在现在的人才供给市场来看是比较紧俏的，需要设立特种人才的培养机制。同时可依托设备厂家，共同开发培训机制。

3.12.9 风险分析

1. 风险分析

干混砂浆站运营期的整个过程的风险因素，对风险因素的全面识别及评估如下：

干混砂浆属于新产品，在一定的市场培育期后，即将会有很大的市场回报。

（1）资源风险：当地城市发展状况及政府支持力度。

（2）技术风险：干混砂浆站依托设备厂家多年的设备经验，定期培训，不断进取，所以技术不足以成为制约站发展的因素。

（3）建筑行业的风险：干混砂浆消耗在建筑产品上，因此建筑行业的兴旺发达与砂浆生产厂息息相关，如当地基本建设的投资大，开发面广，建筑业持续发展的后劲强，是干混砂浆发展的有利时机。

（4）资金风险：干混砂浆需要一定的市场前期投入。

（5）政策风险：干混砂浆属环保产业，符合社会发展的大环境、大趋势。随着商品混凝土被建筑商的接受，普通干混砂浆很快会被建筑商接受，而且周期很短。

（6）外部协作风险及社会风险：地区社会环境稳定，不会发生大的动荡与变化，不会干混砂浆站带来意外的风险与损失。

因此，干混砂浆站的风险属一般风险，对干混砂浆站的正常营运及获利影响不大。

2. 风险防范对策

从以上分析来看，生产商品干混砂浆，从风险的等级上都为一般风险，不存在较大风险或严重风险。

一般风险主要是受市场价格的风险及供求关系的风险。新设干混站从设备、生产线的配置上有竞争优势，在管理上有先进成熟的管理优势，这些都会增加在市场竞争中的优势，增强在市场中的抗风险能力。

3.12.10 研究结论及建议

（1）市场调查全面、广泛、有深度，产品的市场预测客观、公正，干混砂浆市场前景广阔，可实现持续发展。

（2）资源条件评价资源供应可靠。

（3）建站规模与产品方案符合市场需求与项目自身发展的要求，基本做到追求最大的投资利润率，在建站规模及设备配备上做到经济节约，充分发挥效率。

（4）设备与工程方案充分考虑到了适用、适应性，既有较强的竞争力，又节约投资。

（5）原材料供应对市场摸底清楚，为干混站将来正常运营及年度成本计划提供了可靠的依据。

（6）环境评价符合环保的总体要求，环保可行。

（7）总投资规模合理，符合当前行业水平及发展需要，资金筹措方式经济节约，但筹资来源及在限定时间内筹集到全部资金有一定风险。

（8）经济效益及社会效益评价：效益评价的基础数据选取客观公正，符合实际情况，评价的方法科学，项目的获利水平较高。

该项目的社会效益非常明显，在目前节能减排，建设节约型社会的大环境下，用干混砂浆代替现场拌制砂浆，不是简单意义的同质产品替代，而是采用了先进工艺拌制、提高了技术含量、产品性能得到增强的更高层次的替代，是用一种新型建筑材料来代替传统、落后的建筑材料。

在生产流通过程中，干混砂浆从搅拌、运输到使用均在密封的装备和环境下作业，全部使用机械化、自动化操作，使水泥从袋装变散装，彻底告别了一次性包装袋。这首先节约了一大笔为制造包装袋花费的能源开支。干混砂浆生产过程中，还可大大减少水泥、石灰用量。

干混砂浆采用计算机程序控制成分配比，可避免现场搅拌过程中受人为因素影响造成的建筑质量隐患；专业化生产形成的一套可追溯的质量保证体系，从制度上强化了生产单位的质量意识，保证了建筑质量安全，大大降低了工程返工率，从而实现了更广泛意义上的"节材"，并能更好地服务于建筑节材、建筑节能、延长建筑物使用寿命的需要，更好地服务于我国建设节约型社会的发展大局。

干混砂浆生产过程中，可利用尾矿废石、钢渣、矿渣等固体废物制成的人工砂来代替天然砂，这就为固体废物再利用、发展循环经济提供了新途径。

干混砂浆的封闭式、机械化生产工序还可以大大减少城市施工现场搅拌带来的噪声污染，以及建筑材料露天堆放、现场施工造成的粉尘等污染。

发展干混砂浆还改变了过去靠人拉肩扛、人工装卸的落后作业方式，改变了机器轰鸣和尘土飞扬的施工场面，在维护了城市环境、造福了城市居民的同时也改善了工人的劳动环境、减轻了工人的劳动强度，符合以人为本的科学发展理念。

应对气候变化和节能减排工作已经被提到前所未有的高度，成为中国经济社会发展倍加重视的战略任务。作为高能耗、高污染的典型行业，以水泥产品为主体的建材工业自然是国家节能减排的重点。

（9）干混砂浆站的风险较小，市场稳定。

可行性研究报告结论：投资干混砂浆站市场前景广阔，技术可行，政策宽松，投资节约，投资利润率高，效益稳定，是投资者的理想选择。

3.12.11 膨胀玻化微珠保温砂浆的生产

除普通的砌筑砂浆、抹面砂浆和地面砂浆外，特种砂浆是当今砂浆的一个重要发展方向。特种预拌砂浆主要包括保温板粘结砂浆、保温砂浆、修补砂浆、防水砂浆、饰面砂浆、灌浆砂浆、内外墙腻子、陶瓷砖粘结砂浆、陶瓷砖填缝砂浆等。在各种砂浆中，保温砂浆的发展是近年来发展较快的预拌保温砂浆。膨胀玻化微珠保温砂浆则是最近发展较快的保温砂浆之一，因而此节对膨胀玻化微珠保温砂浆的生产进行介绍。

膨胀玻化微珠保温砂浆由膨胀玻化微珠、水泥、高弹性模量纤维及其他添加剂组成，其主要工艺难点有：高模纤维在干混中极易成团不易分散，干混砂浆各种材料密度和配比量不同，量差很大，轻质骨料易分层漂浮，配合量小的添加剂不易均匀分散包裹骨料，并且由于膨胀玻化微珠超轻壁薄的特点，尽管它相比于闭孔珍珠岩及膨胀珍珠岩较好的强度，但颗粒强度较低，在砂浆制备的干混过程中容易破碎。

针对轻质干混砂浆各种材料密度差和量差很大，轻质骨料在搅拌混合过程中易分层离析和破碎，小掺量添加剂不易均匀分散包裹骨料，高模纤维在干混中极易成团不易分散等问题，一种新的搅拌混合设备-反向螺旋对流摩擦混合设备得到了开发。其特征是为解决上述技术问题，采用在搅拌装置其搅拌主轴上安装有一组正反向设置的螺旋带，使物料形成对流循环，从而在极短时间内达到均匀混合，减少了轻质骨料的破碎。而在主轴上安装有两组正反向设置的螺旋带，外层螺带将物料从两侧向中央汇集，内层螺带将物料从中央向两侧输送，则进一步缩短均匀混合时间，在短时间内使轻质干混砂浆达到匀质性、并使轻质骨料破碎率降低，解决了不同密度材料、配比量差大和不同容重的轻质砂浆在生产过程中轻质骨料易分层离析和破碎，小掺量添加剂不易均匀分散包裹骨料，高模纤维在搅拌混合中极易成团不易分散的问题。而在卧式搅拌罐的侧下方安装有飞刀机构，彻底解决了高模纤维在搅拌混合中极易成团不易分散的问题。在螺旋带上安装有橡胶带，在搅拌过程中，进一步减少轻质骨料的破碎率。在不同密度物料混合的条件下，可以进行分序混合搅拌，混合精度高、混合速度快、不会出现轻质骨料分层离析和破碎，有效地解决了轻质干混砂浆预拌混合的技术问题。

该生产线可生产轻质保温隔热砂浆、轻质砌筑砂浆和轻质抹面砂浆。整个生产线由膨胀玻化炉、轻质砂浆搅拌站、散装贮供料仓、中央收集系统和总控室五个部分组成，整个生产过程可由一人在总控室完成，从计量、配料、混合、包装，整条生产流水线全部实行自动控制，由电脑监控实施。该集成化的设备成功实现了从松脂岩原料到膨胀玻化微珠砂浆生产过程的高度集成化，具有生产连续性好、易于操作和控制、占地面积小及粉尘污染小的特点。见表3-12。

膨胀玻化微珠保温防火砂浆主要设备 表 3-12

序　号	名　　称	数　量	单　位
1	提升机	3	套
2	分级筛	1	套
3	螺旋给料机	8	件
4	预热炉	1(3组)	套
5	膨胀玻化炉	2(14组)	套
6	鼓风机	2	台
7	膨胀玻化微珠储仓	2	套
8	预拌砂浆混合机组	1	套
9	计量系统	2	组
10	原材料储仓	2	套
11	中央控制系统	1	套
12	中央除尘系统	1	套

相关内容见图 3-80～图 3-82。

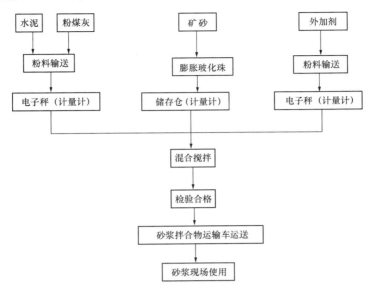

图 3-80　膨胀玻化微珠保温砂浆的生产工艺

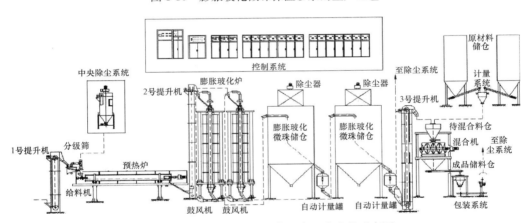

图 3-81　膨胀玻化微珠砂浆生产工艺流程示意图

图 3-82　膨胀玻化微珠砂浆工艺流程实况图

4 预拌砂浆的质量控制及试验方法

质量是企业的生命。预拌砂浆生产企业应强化质量意识，遵守国家有关法律、法规和相关产品标准，结合企业实际状况建立健全质量管理体系，编制质量管理手册，制定质量考核制度。把质量工作落实到预拌砂浆生产的各个环节，从而保证预拌砂浆产品的质量。本章从质量管理组织、质量管理制度、原材料质量管理、配合比设计管理、生产过程质量管理、成品质量管理等方面介绍预拌砂浆的产品质量控制。最后介绍预拌砂浆的基本性能试验方法及检验控制项目。

4.1 质量管理组织

4.1.1 质量管理组织的设置

企业应建立由法人代表或管理者代表直接负责的质量管理组织。

4.1.2 质量管理组织的职责

（1）制定企业的质量方针和质量目标；
（2）编制质量管理体系文件；
（3）监督企业质量管理体系的有效运行；
（4）制定质量奖惩制度，并考核质量管理工作质量；
（5）负责质量事故的分析处理；
（6）组织企业质量管理和培训；
（7）组织企业内部的质量审核；
（8）负责企业质量管理档案（纸质和电子）建立和管理。

4.2 质量管理制度

企业应结合自身实际情况，按生产技术规程的要求，制定企业质量管理实施细则，编制生产过程质量控制图表和原材料、半成品及成品的内控质量指标，编制保证质量管理体系有效运行所必需的文件。

4.2.1 质量技术档案管理制度

（1）各主要生产工序必须建立原始质量控制记录，做好质量技术文件的档案管理工作，原始记录和台账使用统一的表格。各项检验应有完整的原始记录和分类台账；

（2）各项检验原始记录和分类台账的填写，必须清晰，不得任意涂改。当笔误时，须在笔误数据中央画"＝"，在其上方书写更正后的数据并加盖修改人印章，涉及出厂预拌砂浆的检验记录的更正应有试验室主任签字或加盖试验室主任印章；

（3）对质量检验数据要及时整理分析，每月要有产品质量月报和分析报告，全年要有年报和质量工作总结；

（4）管理部门发布的有关质量方面的文件和技术档案应及时归档保存，质量及主要生产部门应有相应的复印件，以便使用。

4.2.2 培训制度

企业每年应制定培训和考核计划，安排检验人员进行培训，建立检验人员培训档案，考核成绩应作为评价其技术素质的依据之一，对连续两次考核不合格者，应调离质检岗位。

4.3 原材料的质量管理

企业应根据质量控制要求选择合格的供方，签订采购合同，建立并保存合格供方的档案，应严格按照原材料质量标准均衡组织进货。

原材料质量必须符合现行标准、规范和有关规定要求。企业必须按批验收质量证明材料，拒收质量证明材料不全的原材料。原材料进场后必须按照国家产品标准《预拌砂浆》GB/T 25181 有关要求按批取样、检验，坚持"先检验，后使用"的原则，检验合格后试验人员在入库单上签字，原材料方可入库，不得使用不合格原材料。企业应对进场材料实施分类管理，建立《原材料进场分类台账》。原材料进厂的验收、取样及检验项目见表4-1。

原材料进厂的验收、取样及检验明细表　　　　表4-1

序号	类别	物料	控制项目	控制指标	合格率	取样方式	取样地点	检验频次
1	进厂原材料	细骨料	细度模数	自定	自定	瞬时	细骨料仓	1次/批
			含水率	自定	自定			
			含泥量	<5.0%	≮90%			
			泥块含量	<2.0%	≮90%			
			表观密度	>2500kg/m³	100%			
			堆积密度	>1350kg/m³	100%			
			氯离子	<0.06%	100%			
		水泥	细度	达到相关标准要求	100%	综合	水泥车	1次/批
			凝结时间					
			安定性					
			强度					

序号	类别	物料	控制项目	控制指标	合格率	取样方式	取样地点	检验频次
1	进厂原材料	粉煤灰	含水量	≤1.0%	100%	综合	粉煤灰车	1次/批
			细度	≤45.0%	100%			
			烧失量	≤15.0%	100%			
			SO₃	≤3.0%	100%			
			需水量比	≤115%	100%			
		建筑石膏	全套物检	符合 GBT 9776—2008《建筑石膏》标准	100%	综合	卸货车辆	60吨
		添加剂	自定	自定	自定	综合	进库时	1次/批
2	烘干/破碎	细骨料	含水率	<1%	≮90%	瞬时或连续	烘干机出口/破碎机出口	1次/每小时
3	筛分	细骨料	筛分合格率	自定	自定	瞬时或连续	筛出口	1次/每小时

原材料应按品种、规格分类储存，并标记醒目标志。

（1）水泥筒仓须有醒目的指示铭牌，标明水泥生产企业、水泥品种、强度等级等，不同生产企业或不同品种的水泥严禁混仓。对存放期超过三个月的水泥，使用前应重新检验，并按检验结果使用。水泥贮存时保持密封、干燥、防止受潮；

（2）掺合料须设置专用筒仓，有醒目的指示铭牌，标明品种和等级，不同品种的掺合料严禁混仓。掺合料贮存时保持密封、干燥、防止受潮；

（3）骨料须按不同品种、规格分别堆放，有防止混用的措施或设施。堆场不得露天，应采用硬地坪，有可靠排水措施。堆场内应有醒目的指示铭牌，标明品种和规格；

（4）外加剂、添加剂须按不同生产企业、品种分别存放，有醒目的指示铭牌，标明外加剂、添加剂生产企业、品种等。对存放期超过三个月的外加剂、添加剂，使用前应重新检验，并按检验结果使用。

企业应根据原材料准备的难易程度，在能保证正常生产的前提下，保持合理的原材料贮存量。同时，保证各种原材料在有效使用期内，做到先入库先使用。

4.4 配合比设计管理

预拌砂浆生产前必须进行配合比试验，确保按配合比生产的产品能满足《预拌砂浆》GB/T 25181 等现行标准中规定的质量要求。

配合比设计应符合国家与行业的有关现行标准、规范的规定，并根据砂浆的用途、强度等级、稠度、凝结时间指标、原材料性能等通过试验确定。

应建立砂浆配合比汇总表。砂浆配合比汇总表是指确定某一等级的砂浆产品配方时试验室的各种试验数据的汇总表。可包括各原材料的名称、来源、品种等级、批号、用量以及使用该配合比所生产产品的各项性能指标。生产实际使用的配合比不得超越汇总表范围，当生产配合比汇总表中未曾出现的产品时，必须经过试验确定配合比，并将其纳入配合比汇总表。

当出现下列情况之一时，应对配合比重新进行设计。

（1）合同有要求；

（2）原材料的产地或品种有显著变化；

（3）根据统计资料反映的信息，产品质量出现异常；

（4）该配合比产品生产间断半年以上。

选定的生产配合比，应编号管理，定期考核执行效果。同一编号的配合比，对比厂内取样和施工现场（或其他场所）取样砂浆的各项性能指标，定期（每季或每月）进行统计分析，控制砂浆质量。统计分析的资料必须送资料室列册存档。

试验室主任审查配合比执行效果和考核统计分析资料，并根据情况确定停止使用不合格和质量不稳定的配合比，以确保砂浆各项指标合格。

生产使用的配合比必须经试验室主任签字确认。

4.5 生产过程质量管理

试验室会同有关部门制定的重要质量控制方案，经总工程师或管理者代表批准后执行。试验室负责监督、检查上述方案的实施。

预拌砂浆的生产过程控制应采用电脑程序控制，计量应采用电子计量秤，并定期对计量秤进行校准。

烘砂过程的质量控制，烘干后砂的含水率应小于 0.5%，干砂的含水率测定每班不应少于 1 次，当含水率有显著变化时，应增加测定次数。

应根据砂浆配合比中对砂的要求进行筛分储存，并确保颗粒均匀。

为保证预拌砂浆质量，配料岗位应根据试验室下达的配方通知单要求进行称量配料。配料计量要准确、操作要精心，力求配料均匀、稳定。

各种原材料的计量均应按质量计，计量允许偏差不应大于表 4-2 规定的范围；计量设备应具有法定计量部门签发的有效检定合格证。

预拌砂浆原材料计量允许偏差 表 4-2

原材料品种	胶凝材料	骨料	保水增稠材料	外加剂	掺合料	其他材料
计量允许偏差（%）	±2	±2	±2	±1	±2	±2

预拌砂浆应采用机械强制搅拌混合，搅拌时间和混合搅拌设备要满足生产不同品种预拌砂浆要求。

不同品种、强度等级的预拌砂浆应按生产计划组织生产；生产品种更换时，混合及输送设备必须清理干净；原材料和生产条件发生变化时，应及时调整配合比。

预拌砂浆散装库应有明显标识，预拌砂浆必须送入试验室指定的库内。特种预拌砂浆必须采用专用库贮存。

预拌砂浆的生产过程控制要详细记录并保留各原始记录。具体可包括：

（1）原材料的进厂记录，包括材料的品种、批号、批量、进厂时间、供应商、生产商等信息；

（2）原料库的入库记录；

（3）烘砂过程控制记录；

（4）计量、搅拌控制记录。包括使用的原料库号、数量，搅拌时间以及搅拌时各设备的工作状态、参数等；

（5）各种通知单，包括原料入库通知单、配方通知单、成品包装通知单、产品出厂通知单等。

企业应按照表 4-3 的要求设立关键质量控制点和检验项目。

生产过程的验收、取样及检验明细表　　　　表 4-3

序号	类别	物料	控制项目	控制指标	合格率	取样方式	取样地点	检验频次
1	烘干/破碎	细骨料	含水率	<1%	≮90%	瞬时或连续	烘干机出口/破碎机出口	1次/h
2	筛分	细骨料	筛分合格率	自定	自定	瞬时或连续	筛出口	1次/h
3	搅拌	砂浆	稠度	达到相关标准要求	≮95%	瞬时	混合机中	1次/每次搅拌
			保水率					
			凝结时间					

4.6　成品质量管理

生产部门依据试验室的《产品出厂通知单》，按指定的批号、品种、强度等级、数量、生产日期发货，并做好发货记录。

试验室填写产品质保书、出厂检测报告和产品使用说明书与产品同步放行。

试验室应配备专业技术人员负责预拌砂浆出厂的管理等有关事宜。出厂预拌砂浆质量必须按相关的预拌砂浆标准严格检验和控制，经确认预拌砂浆各项质量指标及包装质量符合要求时，方可出具预拌砂浆出厂通知单。各有关部门必须密切配合，确保出厂预拌砂浆质量合格率 100%，努力提高预拌砂浆均匀性、稳定性。普通干混砂浆贮存期不得超过 3 个月，超过 3 个月的普通干混砂浆，特种干混砂浆贮存期一般不得超过 6 个月，超过 6 个月的特种干混砂浆，试验室应发出停止该批砂浆出厂通知，并现场标识，经重新取样检验，确认符合标准规定后方能重新签发预拌砂浆出厂通知单。

出厂预拌砂浆必须按产品标准取代表性样品进行检验并留样封存，封存日期按相关产品标准规定。

预拌砂浆产品检验分为型式检验、出厂检验和交货检验。

（1）型式检验，需进行型式检验的情况：

1）新产品投产或产品定型鉴定时；

2）正常生产时、每一年至少进行一次；

3）主要材料、配合比或生产工艺有较大改变时；

4）出厂检验结果与上次型式检验结果有较大差异时；

5）停产六个月以上恢复生产时；

6）国家质量监督检验机构提出型式检验要求时。

（2）型式检验的项目为《预拌砂浆》GB/T 25181—2010 中第六章规定的全部项目。

（3）预拌砂浆出厂前应进行出厂检验。出厂检验的取样试验工作应由供应方承担。

（4）交货检验应按下列规定进行：

1）供需双方在合同规定的交货地点对湿拌砂浆质量进行检验。湿拌砂浆交货检验的取样试验工作应由需方承担。当需方不具备试验条件时，供需双方可协商确定承担单位，其中包括委托供需双方认可的有检验资质的检验单位，并应在合同中予以明确。

2）当判定预拌砂浆质量是否符合要求时，交货检验项目以交货检验结果为依据；其他检验项目按合同规定执行。

3）交货检验的结果应在试验结束后 7d 内通知供方。

（5）取样及组批：

1）出厂检验的湿拌砂浆试样应在搅拌地点随机采取，稠度、保水率、凝结时间、抗压强度和拉伸粘结强度检验的试样，每 50m³ 相同配合比的湿拌砂浆取样不应少于一次；每一工作班相同配合比的湿拌砂浆不足 50m³ 时，取样不应少于一次。抗渗压力检验的试样，每 100m³ 相同配合比的砂浆取样不应少于一次；每一工作班相同配合比的湿拌砂浆不足 100m³ 时，取样不应少于一次。

2）干混砂浆出厂检验试样应在出料口随机采取，试样应混合均匀。取样应根据生产厂产量和生产设备条件，按同品种、同规格型号分批：

年产量 $10×10^4$t 以上，不超过 800t 或 1d 产量为一批；

年产量 $4×10^4$t～$10×10^4$t，不超过 600t 或 1d 产量为一批；

年产量 $1×10^4$t～$4×10^4$t，不超过 400t 或 1d 产量为一批；

年产量 $1×10^4$t 以下，不超过 200t 或 1d 产量为一批。

3）交货检验：

湿拌砂浆、干混砂浆交货检验项目由需方确定，并经双方确认。

交货检验的湿拌砂浆试样应在交货地点随机采取。当从运输车中取样时，砂浆试样应在卸料过程中卸料量的 1/4 至 3/4 之间采取。

交货检验湿拌砂浆试样的采取及稠度、保水率试验应在砂浆运到交货地点时开始算起 20min 内完成，试件的制作应在 30min 内完成。

干混砂浆交货检验以抽取实物试样的检验结果为验收依据时，供需双方应在交货地点共同取样和签封。每批取样应随机进行，试样不应少于试验用量的 8 倍。将试样分为两等份，一份由供方封存 40d，另一份由需方按标准规定进行检验。

在 40d 内，需方经检验认为产品质量有问题而供方又有异议的，双方应将供方保存的试样送省级或省级以上国家认可的质量监督检验机构进行仲裁检验。

干混砂浆交货检验以生产厂同批干混砂浆的检验报告为验收依据时，交货时需方应在同批干混砂浆中随机取样，试样不应少于试验用量的 4 倍。双方共同签封后，由需方保存 3 个月。

在 3 个月内，需方对干混砂浆质量有疑问时，供需双方应将签封的试样送省级或省级以上国家认可的质量监督检验机构进行仲裁检验。

4）建筑砂浆试验用料应从同一盘砂浆或同一车砂浆中取样。取样量不应少于试验所需量的 4 倍。

5）当施工过程中进行砂浆试验时，砂浆取样方法应按相应的施工验收规范执行，并宜在现场搅拌点或预拌砂浆装卸料点的至少 3 个不同部位及时取样。对于现场取得的试样，试验前应人工搅拌均匀。

6）从取样完毕到开始进行各项性能试验，不宜超过 15min。

4.7　预拌砂浆的检测及性能试验方法

《建筑砂浆基本性能试验方法标准》JGJ/T 70—2009 适用于工业与民用建筑物和构筑物的砌筑、抹灰、地面及其他建筑砂浆的基本性能试验。

4.7.1　预拌砂浆企业的试验室

1. 试验室的职责和权限

（1）按照有关标准和规定，对原材料、成品进行检验和试验。按规定做好原始质量记录和标识，及时提供准确可靠的检验数据，掌握质量动态，保证必要的可追溯性；

（2）根据产品质量要求，制定原材料和成品的企业内控质量指标，及时采集各工序质量数据和掌握质量动态，对采集的数据进行分析研究，提高质量的预见能力并及时发布质量指令，运用科学的统计方法掌握质量波动规律，保证生产过程处于受控状态；

（3）监督、检查生产过程，有权制止各种违章行为，采取纠正、预防措施，及时扭转质量失控状态；

（4）加强合格证印制、登记、发放等管理，按照有关标准和规定对出厂的预拌砂浆产品进行合格确认和验证，杜绝不合格产品出厂；

（5）研究提出改善产品质量的方案，进行质量统计、分析和总结，修正本企业的质量控制参数，提出改进措施；

（6）建立原材料、半成品及成品的检测数据档案；

（7）质量事故分析处理；

（8）负责质量、计量和技术标准化方面的专业管理；

（9）行使质量否决权。

2. 试验室基本条件

（1）试验室环境条件

建立满足产品质量检验用的试验室，样品存放室等，周围环境的噪声、振动、电磁辐射等均不得影响检验工作。

试验室根据试验要求，必须达到规范规定的标准条件。试验室的面积、采光、温、湿度等均应满足检验项目及相关国家标准的规定要求。

试验室应保持整齐清洁。

（2）试验室人员配备

试验室应配备主任、工艺员、统计员及检验员等专业技术人员。检验人员人数必须满足检验工作需求，且不得少于3人。

试验室主任应具有工程师及以上职称，熟悉砂浆生产工艺、产品性能并具有较丰富的质量管理经验和良好的职业道德，熟悉与产品有关的各项标准和质量法规。

检验人员应具有中专或高中及以上文化水平，具有相应专业初级以上技术职称，能熟练操作相关的试验。

（3）试验室检测仪器（设备）配置

试验室应按国家产品标准《预拌砂浆》GB/T 25181中规定的检测项目要求配齐检验仪器和设备，其性能应满足有关规定的技术要求。

仪器设备的精度等级和检定（校验）周期应符合有关规定要求。见表4-4。

实验室配备仪器设备一览表　　　　　　　　　　　表4-4

编号	仪器名称	主要技术要求（精度）	检定（校验）周期
1	砂浆搅拌机	搅拌转速 80±4r/min	12个月
		搅拌筒转速 60±2r/min	
		固定叶与内壁间隙 2±0.5mm	
		搅拌叶与筒底间隙 2±0.5mm	
2	砂浆稠度仪	试锥连同滑竿的重量为(300±2)g	12个月
		试锥高度 145mm	
		试锥直径 75mm	
3	砂浆保水性测定仪	金属硬质圆形环试模，内径100mm，内部深度25mm	12个月
		坚固金属或玻璃的不透水片，规格为方形：110mm×110mm 或圆形，直径110mm	
		电子秤，量程范围200g，精度为0.1g	
		2kg重物或者砝码	
4	水泥砂浆振动台	振幅 0.5±0.05mm	12个月
		频率(50±3)Hz	
5	砂浆凝结时间测定仪	试针由不锈钢制成	12个月
		截面积 30mm²	
		压力表精度 0.5N	
6	试模	内径 70.7mm 立方三联体	12个月
		不平度为每100抹面不超过 0.05mm	
		40×40×160 三联试模	
7	压力试验机	精度不大于±1%	12个月

编号	仪器名称	主要技术要求（精度）	检定（校验）周期
8	秒表	精度不大于 0.5s	12 个月
9	拉伸粘结强度测定仪器	试模内部尺寸为 40mm×40mm×10mm，下层为普通水泥砂浆基底块，尺寸为 70mm×70mm×20mm	12 个月
		上部夹具为 40mm×40mm×10mm 钢板，下部夹具为凹形结构，正中间有 ϕ13 的钢制连杆	
		钢制垫板，外部尺寸为 68mm×68mm，内部尺寸为 43mm×43mm，厚度为 3mm	
		捣棒，直径为 9mm，长度为 300mm，顶端呈半球状	
10	收缩测定仪器	立式砂浆收缩仪，标准杆长度为 176±1mm，测量精度为 0.01mm	12 个月
		收缩头，黄铜或不锈钢加工而成	
		试模为 40mm×40mm×160mm 棱柱体，且在试模的两个端面中心，各开一个 ϕ6.5mm 的孔洞	
11	抗渗性测定仪器	砂浆渗透试验仪（SS15 型）	12 个月
		截头圆锥金属试模，上口直径 70mm，下口直径 80mm，高 30mm	
		捣棒，直径 10mm，长 350mm，一端为弹头形	

3. 试验室建立健全内部管理与检验制度

（1）试验室主任及试验人员的岗位职责；

（2）原材料采购与检验制度；

（3）出厂检验制度；

（4）与质检机构的对比验证制度；

（5）检验和试验仪器设备的管理制度；

（6）文件管理制度；

（7）产品留样管理制度；

（8）检验原始记录、台账与检验报告填写、编制、审核制度；

（9）计量检定管理制度；

（10）质量事故分析、处理报告制度。

4.7.2 试样的制备

（1）在试验室制备砂浆试样时，所用材料应提前 24h 运入室内。拌合时，试验室的温度应保持在 20±5℃。当需要模拟施工条件下所用的砂浆时，所用原材料的温度宜与施工现场保持一致。

（2）试验所用原材料应与现场使用材料一致。砂应通过 4.75mm 筛。

（3）试验室拌制砂浆时，材料用量应以质量计。水泥、外加剂、掺合料等的称量精度应为±0.5%，细骨料的称量精度应为±1%。

（4）在试验室搅拌砂浆时应采用机械搅拌，搅拌机应符合现行行业标准《试验用砂浆搅拌机》JG/T 3033 的规定，搅拌的用量宜为搅拌机容量的 30％～70％，搅拌时间不应少于 120s。掺有掺合料和外加剂的砂浆，其搅拌时间不应少于 180s。

4.7.3 试验记录

试验记录应包括下列内容：
（1）取样日期和时间；
（2）工程名称、部位；
（3）砂浆品种、砂浆技术要求；
（4）试验依据；
（5）取样方法；
（6）试样编号；
（7）试样数量；
（8）环境温度；
（9）试验室温度、湿度；
（10）原材料品种、规格、产地及性能指标；
（11）砂浆配合比和每盘砂浆的材料用量；
（12）仪器设备名称、编号及有效期；
（13）试验单位、地点；
（14）取样人员、试验人员、复核人员。

4.7.4 稠度试验

砂浆稠度的检测参照《建筑砂浆基本性能试验方法标准》JGJ/T 70，本方法适用于确定砂浆的配合比或施工过程中控制砂浆的稠度。

1. 仪器设备

（1）砂浆稠度仪：应由试锥、容器和支座三部分组成。试锥应由钢材或铜材制成，试锥高度应为 145mm，锥底直径应为 75mm，试锥连同滑竿的质量应为 300±2g；盛浆容器应由钢板制成，筒高应为 180mm，锥底内径应为 150mm；支座应包括底座、支架及刻度显示三个部分，应由铸铁、钢或其他金属制成（图 4-1）；

（2）钢制捣棒：直径为 10mm，长度为 350mm，端部磨圆；

（3）秒表。

2. 试验步骤

（1）应先采用少量润滑油轻擦滑竿，再将滑竿上多余的油用吸油纸擦净，使滑竿能自由滑动；

（2）应先采用湿布擦净盛浆容器和试锥表面，再将砂浆拌合物一次装入容器；砂浆表面宜低于容器口 10mm，用捣棒自容器中心向边缘均匀地插捣 25 次，然后轻轻地将容器摇动或敲击 5～6 下，使砂浆表面平整，然后将容器置于稠度测定仪的底

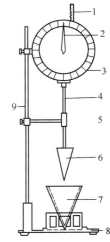

图 4-1　砂浆稠度测定仪
1—齿条测杆；2—指针；
3—刻度盘；4—滑竿；
5—制动螺丝；6—试锥；
7—盛浆容器；8—底座；
9—支架

座上；

（3）拧开制动螺丝，向下移动滑竿，当试锥尖端与砂浆表面刚接触时，应拧紧制动螺丝，使齿条测杆下端刚接触滑竿上端，并将指针对准零点上；

（4）拧开制动螺丝，同时计时间，10s 时立即拧紧螺丝，将齿条测杆下端接触滑竿上端，从刻度盘上读出下沉深度（精确至 1mm），即为砂浆的稠度值；

（5）盛浆容器内的砂浆，只允许测定一次稠度，重复测定时，应重新取样测定。

3. 稠度试验结果

（1）同盘砂浆应取两次试验结果的算术平均值作为测定值，并应精确至 1mm；

（2）当两次试验值之差大于 10mm 时，应重新取样测定。

4.7.5 表观密度试验

砂浆表观密度的检测参照《建筑砂浆基本性能试验方法标准》JGJ/T 70，本方法适用于测定砂浆拌合物捣实后的单位体积质量，以确定每立方米砂浆拌合物中各组成材料的实际用量。

1. 仪器设备

（1）容量筒：应由金属制成，内径应为 108mm，净高应为 109mm，筒壁厚应为 2～5mm，容积应为 1L；

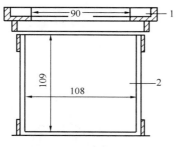

图 4-2　砂浆密度测定仪
1—漏斗；2—容量筒

（2）天平：称量应为 5kg，感量应为 5g；

（3）钢制捣棒：直径为 10mm，长度为 350mm，端部磨圆；

（4）砂浆密度测定仪（图 4-2）；

（5）振动台：振幅应为 0.5±0.05mm，频率应为 50±3Hz；

（6）秒表。

2. 试验步骤

（1）应按照《建筑砂浆基本性能试验方法标准》JGJ/T 70 的规定测定砂浆拌合物的稠度。

（2）应先采用湿布擦净容量筒的内表面，再称量容量筒质量 m_1，精确至 5g。

（3）捣实可采用手工或机械方法。当砂浆稠度大于 50mm 时，宜采用人工插捣法，当砂浆稠度不大于 50mm 时，宜采用机械振动法。

采用人工插捣时，将砂浆拌合物一次装满容量筒，使稍有富余，用捣棒由边缘向中心均匀地插捣 25 次。当插捣过程中砂浆沉落到低于筒口时，应随时添加砂浆，再用木槌沿容器外壁敲击 5～6 下。

采用振动法时，将砂浆拌合物一次装满容量筒连同漏斗在振动台上振 10s，当振动过程中砂浆沉入到低于筒口时，应随时添加砂浆。

（4）捣实或振动后，应将筒口多余的砂浆拌合物刮去，使砂浆表面平整，然后将容量筒外壁擦净，称出砂浆与容量筒总质量 m_2，精确至 5g。

3. 砂浆的表观密度

砂浆的表观密度按下式计算：

$$\rho = \frac{m_2 - m_1}{V} \times 1000$$

式中 ρ——砂浆拌合物的表观密度（kg/m^3）；

m_1——容量筒质量（kg）；

m_2——容量筒及试样质量（kg）；

V——容量筒容积（L）。

取两次试验结果的算术平均值作为测定值，精确至 $10kg/m^3$。

4. 容量筒的容积

容量筒的容积可按下列步骤进行校正：

（1）选择一块能覆盖住容量筒顶面的玻璃板，称出玻璃板和容量筒质量。

（2）向容量筒中灌入温度为 20±5℃的饮用水，灌到接近上口时，一边不断加水，一边把玻璃板沿筒口徐徐推入盖严。玻璃板下不得存在气泡。

（3）擦净玻璃板面及筒壁外的水分，称量容量筒、水和玻璃板质量（精确至 5g）。两次质量之差（以 kg 计）即为容量筒的容积（L）。

4.7.6 分层度试验

砂浆分层度的检测参照《建筑砂浆基本性能试验方法标准》JGJ/T 70，本方法适用于测定砂浆拌合物的分层度，以确定在运输及停放时砂浆拌合物的稳定性。

1. 分层度试验应使用仪器设备

（1）砂浆分层度筒（图 4-3）：应由钢板制成，内径应为 150mm，上节高度应为 200mm，下节带底净高应为 100mm，两节的连接处应加宽 3~5mm，并应设有橡胶垫圈；

（2）振动台：振幅应为 0.5±0.05mm，频率应为 50±3Hz；

（3）砂浆稠度仪、木槌等。

2. 分层度的测定法可采用标准法和快速法

当发生争议时，应以标准法的测定结果为准。

3. 标准法测定分层度

（1）应按照本标准的规定测定砂浆拌合物的稠度；

（2）应将砂浆拌合物一次装入分层度筒内，待装满后，用

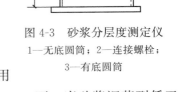

图 4-3　砂浆分层度测定仪
1—无底圆筒；2—连接螺栓；
3—有底圆筒

木槌在分层度筒周围距离大致相等的四个不同部位轻轻敲击 1~2 下；当砂浆沉落到低于筒口时，应随时添加，然后刮去多余的砂浆并用抹刀抹平；

（3）去静置 30min 后，去掉上节 200mm 砂浆，然后将剩余 100mm 砂浆倒在拌合锅内拌 2min，再按照本标准的规定测其稠度。前后测得的稠度之差即为该砂浆的分层度值。

4. 快速法测定分层度

（1）应按照本标准的规定测定砂浆拌合物的稠度；

（2）应将分层度筒预先固定在振动台上，砂浆一次装入分层度筒内，振动 20s；

（3）去掉上节 200mm 砂浆，剩余 100mm 砂浆倒出放在拌合锅内拌 2min，再按本标准稠度试验方法测其稠度，前后测得的稠度之差即为该砂浆的分层度值。

5. 分层度试验结果要求

（1）应取两次试验结果的算术平均值作为该砂浆的分层度值，精确至 1mm；

（2）当两次分层度试验值之差大于 10mm 时，应重新取样测定。

4.7.7　保水性试验

砂浆保水性的检测参照《建筑砂浆基本性能试验方法标准》JGJ/T 70，本方法适用于测定砂浆拌合物的保水率和含水率，以确定在运输及停放时砂浆拌合物内部组分的稳定性。

1. 保水性试验仪器和材料

（1）金属或硬塑料圆环试模：内径应为 100mm，内部高度应为 25mm；

（2）可密封的取样容器：应清洁、干燥；

（3）2kg 的重物；

（4）金属滤网：网格尺寸 45μm，圆形，直径为 110±1mm；

（5）超白滤纸：应采用现行国家标准《化学分析滤纸》GB/T 1914 规定的中速定性滤纸，直径应为 110mm，单位面积质量应为 200g/m^2；

（6）2 片金属或玻璃的方形或圆形不透水片，边长或直径应大于 110mm；

（7）天平：量程为 200g，感量应为 0.1g，量程为 2000g，感量应为 1g；

（8）烘箱。

2. 保水性试验

（1）称量底部不透水片与干燥试模质量 m_1 和 15 片中速定性滤纸质量 m_2；

（2）将砂浆拌合物一次性装入试模，并用抹刀插捣数次，当装入的砂浆略高于试模边缘时，用抹刀以 45°角一次性将试模表面多余的砂浆刮去，然后再用抹刀以较平的角度在试模表面反方向将砂浆刮平；

（3）抹掉试模边的砂浆，称量试模、底部不透水片与砂浆总质量 m_3；

（4）用金属滤网覆盖在砂浆表面，再在滤网表面放上 15 片滤纸，用上部不透水片盖在滤纸表面，以 2kg 的重物把上部不透水片压住；

（5）静置 2mm 后移走重物及上部不透水片，取出滤纸（不包括滤网），迅速称量滤纸质量 m_4；

（6）按照砂浆的配比及加水量计算砂浆的含水率。当无法计算时，可按本标准的规定测定砂浆含水率。

3. 砂浆保水率计算方式

$$W = \left[1 - \frac{m_4 - m_2}{a \times (m_3 - m_1)} \right] \times 100$$

式中　W——砂浆保水率（%）；

$\quad m_1$——底部不透水片与干燥试模质量（g），精确至 1g；

$\quad m_2$——15 片滤纸吸水前的质量（g），精确至 0.1g；

$\quad m_3$——试模、底部不透水片与砂浆总质量（g），精确至 1g；

$\quad m_4$——15 片滤纸吸水后的质量（g），精确至 0.1g；

$\quad a$——砂浆含水率（%）。

取两次试验结果的算术平均值作为砂浆的保水率，精确至 0.1％，且第二次试验应重新取样测定。当两个测定值之差超过 2％时，此组试验结果应为无效。

4. 测定砂浆含水率

应称取 100±10g 砂浆拌合物试样，置于一干燥并已称重的盘中，在 105±5℃的烘箱中烘干至恒重。砂浆含水率应按下式计算：

$$a = \frac{m_6 - m_5}{m_6} \times 100$$

式中　　a——砂浆含水率（％）；

m_5——烘干后砂浆样本的质量（g），精确至 1g；

m_6——砂浆样本的总质量（g），精确至 1g。

取两次试验结果的算术平均值作为砂浆的含水率，精确至 0.1％。当两个测定值之差超过 2％时，此组试验结果应为无效。

4.7.8　凝结时间试验

砂浆凝结时间的检测参照《建筑砂浆基本性能试验方法标准》JGJ/T 70，本方法适用于采用贯入阻力法确定砂浆拌合物的凝结时间。

1. 凝结时间试验仪器

（1）砂浆凝结时间测定仪：应由试针、容器、压力表和支座四部分组成，并应符合下列规定（图 4-4）：

1）试针：应由不锈钢制成，截面积应为 30mm²；

2）盛浆容器：应由钢制成，内径应为 140mm，高度应为 75mm；

3）力表：测量精度应为 0.5N；

4）支座：应分底座、支架及操作杆三部分，应由铸铁或钢制成。

（2）定时钟。

2. 凝结时间试验

（1）将制备好的砂浆拌合物装入盛浆容器内，砂浆应低于容器上口 10mm，轻轻敲击容器，并予以抹平，盖上盖子，放在 20±2℃的试验条件下保存。

（2）砂浆表面的泌水不得清除，将容器放到压力表座上，然后通过下列步骤来调节测定仪：

1）调节螺母 3，使贯入试针与砂浆表面接触；

2）拧开调节螺母 2，再调节螺母 1，以确定压入砂浆内部的深度为 25mm 后再拧紧螺母 2；

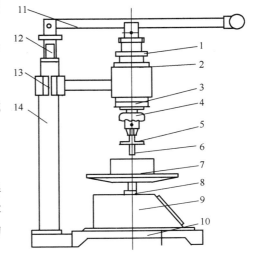

图 4-4　砂浆凝结时间测定仪

1—调节螺母；2—调节螺母；3—调节螺母；4—夹头；5—垫片；6—试针；7—盛浆容器；8—调节螺母；9—压力表座；10—底座；11—操作杆；12—调节杆；13—立架；14—立柱

3）旋动调节螺母 8，使压力表指针调到零位。

（3）测定贯入阻力值，用截面为 30mm² 的贯入试针与砂浆表面接触，在 10s 内缓慢而均匀地垂直压入砂浆内部 25mm 深，每次贯入时记录仪表读数 N_p，贯入杆离开容器边缘或已贯入部位应至少 12mm。

（4）在 20±2℃的试验条件下，实际贯入阻力值应在成型后 2h 开始测定，并应每隔 30min 测定一次，当贯入阻力值达到 0.3MPa 时，应改为每 15min 测定一次，直至贯入阻力值达到 0.7MPa 为止。

3. 施工现场测定凝结时间

（1）在施工现场测定凝结时间时，砂浆的稠度、养护和测定的温度应与现场相同；

（2）在测定湿拌砂浆的凝结时间时，时间间隔可根据实际情况定为受检砂浆预测凝结时间的 1/4、1/2、3/4 等来测定，当接近凝结时间时可每 15min 测定一次。

4. 砂浆贯入阻力值计算

砂浆贯入阻力值计算方式如下式：

$$f_p = \frac{N_p}{A_p}$$

式中　f_p——贯入阻力值（MPa），精确至 0.01MPa；

　　　N_p——贯入深度至 25mm 时的静压力（N）；

　　　A_p——贯入试针的截面积，即 30mm²。

5. 砂浆的凝结时间

（1）凝结时间的确定可采用图示法或内插法，有争议时应以图示法为准。

图示法为从加水搅拌开始计时，分别记录时间和相应的贯入阻力值，根据试验所得各阶段的贯入阻力与时间的关系绘图，由图求出贯入阻力值达到 0.5MPa 的所需时间 h（min），此时的 t_s 值即为砂浆的凝结时间测定值。

（2）测定砂浆凝结时间时，应在同盘内取两个试样，以两个试验结果的算术平均值作为该砂浆的凝结时间值，两次试验结果的误差不应大于 30min，否则应重新测定。

4.7.9　立方体抗压强度试验

砂浆抗压强度的检测参照《建筑砂浆基本性能试验方法标准》JGJ/T 70，本方法适用于测定砂浆拌合物的抗压强度，以确定在砂浆表面抵抗压应力的能力。

1. 立方体抗压强度试验仪器设备

（1）试模：应为 70.7mm×70.7mm×70.7mm 的带底试模，应符合现行行业标准《混凝土试模》JG 237 的规定选择，应具有足够的刚度并拆装方便。试模的内表面应机械加工，其不平度应为每 100mm 不超过 0.05mm，组装后各相邻面的不垂直度不应超过 ±0.5°；

（2）钢制捣棒：直径为 10mm，长度为 350mm，端部磨圆；

（3）压力试验机：精度应为 1%，试件破坏荷载应不小于压力机量程的 20%，且不应大于全量程的 80%；

（4）垫板：试验机上、下压板及试件之间可垫以钢垫板，垫板的尺寸应大于试件的承压面，其不平度应为每 100mm 不超过 0.02mm；

（5）振动台：空载中台面的垂直振幅应为 0.5±0.05mm，空载频率应为 50±3Hz，空载台面振幅均匀度不应大于 10%，一次试验应至少能固定 3 个试模。

2. 立方体抗压强度试件的制作及养护

（1）应采用立方体试件，每组试件应为 3 个；

（2）应采用黄油等密封材料涂抹试模的外接缝，试模内应涂刷薄层机油或隔离剂。应将拌制好的砂浆一次性装满砂浆试模，成型方法应根据稠度而确定。当稠度大于 50mm 时，宜采用人工插捣成型，当稠度不大于 50mm 时，宜采用振动台振实成型；

1）人工插捣：应采用捣棒均匀地由边缘向中心按螺旋方式插捣 25 次，插捣过程中当砂浆沉落低于试模口时，应随时添加砂浆，可用油灰刀插捣数次，并用手将试模一边抬高 5～10mm 各振动 5 次，砂浆应高出试模顶面 6～8mm；

2）机械振动：将砂浆一次装满试模，放置到振动台上，振动时试模不得跳动，振动 5～10s 或持续到表面泛浆为止，不得过振；

（3）应待表面水分稍干后，再将高出试模部分的砂浆沿试模顶面刮去并抹平；

（4）试件制作后应在温度为 20±5℃的环境下静置 24±2h，对试件进行编号、拆模。当气温较低时，或者凝结时间大于 24h 的砂浆，可适当延长时间，但不应超过 2d。试件拆模后应立即放入温度为 20±2℃，相对湿度为 90% 以上的标准养护室中养护。养护期间，试件彼此间隔不得小于 10mm，混合砂浆、湿拌砂浆试件上面应覆盖，防止有水滴在试件上；

（5）从搅拌加水开始计时，标准养护龄期应为 28d，也可根据相关标准要求增加 7d 或 14d。

3. 立方体试件抗压强度试验

（1）试件从养护地点取出后应及时进行试验。试验前应将试件表面擦拭干净，测量尺寸，并检查其外观，并应计算试件的承压面积。当实测尺寸与公称尺寸之差不超过 1mm 时，可按照公称尺寸进行计算；

（2）将试件安放在试验机的下压板或下垫板上，试件的承压面应与成型时的顶面垂直，试件中心应与试验机下压板或下垫板中心对准。开动试验机，当上压板与试件或上垫板接近时，调整球座，使接触面均衡受压。承压试验应连续而均匀地加荷，加荷速度应为 0.25～1.5kN/s；砂浆强度不大于 2.5MPa 时，宜取下限。当试件接近破坏而开始迅速变形时，停止调整试验机油门，直至试件破坏，然后记录破坏荷载。

4. 砂浆立方体抗压强度计算

砂浆立方体抗压强度计算方式如下式：

$$f_{m,cu} = K \frac{N_u}{A}$$

式中　$f_{m,cu}$——砂浆立方体试件抗压强度（MPa），应精确至 0.1MPa；

　　　N_u——试件破坏荷载（N）；

　　　A——试件承压面积（mm^2）；

　　　K——换算系数，取 1.35。

5. 立方体抗压强度试验

（1）应以三个试件测值的算术平均值作为该组试件的砂浆立方体抗压强度平均值

（ f_2 ），精确至 0.1MPa；

（2）当三个测值的最大值或最小值中有一个与中间值的差值超过中间值的 15% 时，应把最大值及最小值一并舍去，取中间值作为该组试件的抗压强度值；

（3）当两个测值与中间值的差值均超过中间值的 15% 时，该组试验结果应为无效。

4.7.10　拉伸粘结强度试验

砂浆拉伸粘结强度的检测参照《建筑砂浆基本性能试验方法标准》JGJ/T 70，试验条件应符合下列规定：

（1）温度应为（20±5）℃；

（2）相对湿度应为 45%～75%。

1. 砂浆拉伸粘结强度试验条件

（1）温度应为 20±5℃；

（2）相对湿度应为 45%～75%。

2. 砂浆拉伸粘结强度试验

（1）拉力试验机：破坏荷载应在其量程的 20%～80% 范围内，精度应为 1%，最小示值应为 1N；

（2）拉伸专用夹具（图 4-5、图 4-6）：应符合现行行业标准《建筑室内腻子》JG/T 298—2010 的规定；

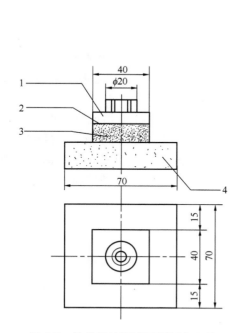

图 4-5　拉伸粘结强度用钢制上夹具

1—拉伸用钢制上夹具；2—胶粘剂；

3—检验砂浆；4—水泥砂浆块

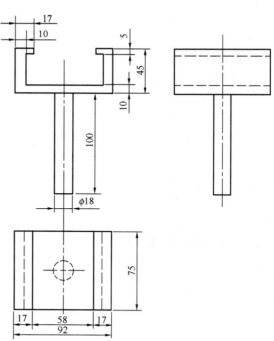

图 4-6　拉伸粘结强度用钢制下夹具（单位：mm）

（3）成型框：外框尺寸应为 70mm×70mm，内框尺寸应为 40mm×40mm，厚度应为 6mm，材料应为硬聚氯乙烯或金属；

（4）钢制垫板：外框尺寸应为 70mm×70mm，内框尺寸应为 43mm×43mm，厚度应为 3mm。

3. 基底水泥砂浆块的制备

（1）原材料：水泥应采用符合现行国家标准《通用硅酸盐水泥》GB 175 规定的 42.5 级水泥；砂应采用符合现行行业标准《普通混凝土用砂、石质量及检验方法标准》JGJ 52 规定的中砂；水应采用符合现行行业标准《混凝土用水标准》JGJ 63 规定的用水；

（2）配合比：水泥：砂：水＝1：3：0.5（质量比）；

（3）成型：将制成的水泥砂浆倒入 70mm×70mm×20mm 的硬聚氯乙烯或金属模具中，振动成型或用抹灰刀均匀插捣 15 次，人工颠实 5 次，转 90°，再颠实 5 次，然后用刮刀以 45°方向抹平砂浆表面；试模内壁事先宜涂刷水性隔离剂，待干、备用；

（4）应在成型 24h 后脱模，并放入 20±2℃水中养护 6d，再在试验条件下放置 21d 以上。试验前，应用 200 号砂纸或磨石将水泥砂浆试件的成型面磨平，备用。

4. 砂浆料浆的制备

（1）干混砂浆料浆的制备

1）待检样品应在试验条件下放置 24h 以上；

2）应称取不少于 10kg 的待检样品，并按产品制造商提供比例进行水的称量；当产品制造商提供比例是一个值域范围时，应采用平均值；

3）应先将待检样品放入砂浆搅拌机中，再启动机器，然后徐徐加入规定量的水，搅拌 3～5min。搅拌好的料应在 2h 内用完。

（2）现拌砂浆料浆的制备

1）待检样品应在试验条件下放置 24h 以上；

2）应按设计要求的配合比进行物料的称量，且干物料总量不得少于 10kg；

3）应先将称好的物料放入砂浆搅拌机中，再启动机器，然后徐徐加入规定量的水，搅拌 3～5min。搅拌好的料应在 2h 内用完。

5. 拉伸粘结强度试件的制备

（1）将制备好的基底水泥砂浆块在水中浸泡 24h，并提前 5～10min 取出，用湿布擦拭其表面；

（2）将成型框放在基底水泥砂浆块的成型面上，再将按照本标准规定制备好的砂浆料浆或直接从现场取来的砂浆试样倒入成型框中，用抹灰刀均匀插捣 15 次，人工颠实 5 次，转 90°，再颠实 5 次，然后用刮刀以 45°方向抹平砂浆表面，24h 内脱模，在温度 20±2℃、相对湿度 60%～80%的环境中养护至规定龄期；

（3）每组砂浆试样应制备 10 个试件。

6. 拉伸粘结强度试验

（1）应先将试件在标准试验条件下养护 13d，再在试件表面以及上夹具表面涂上环氧树脂等高强度胶粘剂，然后将上夹具对正位置放在胶粘剂上，并确保上夹具不歪斜，除去周围溢出的胶粘剂，继续养护 24h；

（2）测定拉伸粘结强度时，应先将钢制垫板套入基底砂浆块上，再将拉伸粘结强度夹具安装到试验机上，然后将试件置于拉伸夹具中，夹具与试验机的连接宜采用球铰活动连接，以5±1mm/min速度加荷至试件破坏；

（3）当破坏形式为拉伸夹具与胶粘剂破坏时，试验结果应无效。

7. 拉伸粘结强度计算

拉伸粘结强度计算方式如下式：

$$f_{at} = \frac{F}{A_z}$$

式中　f_{at}——砂浆拉伸粘结强度（MPa）；

　　　F——试件破坏时的荷载（N）；

　　　A_z——粘结面积（mm²）。

8. 拉伸粘结强度试验结果

（1）应以10个试件测值的算术平均值作为拉伸粘结强度的试验结果；

（2）当单个试件的强度值与平均值之差大于20%时，应逐次舍弃偏差最大的试验值，直至各试验值与平均值之差不超过20%，当10个试件中有效数据不少于6个时，取有效数据的平均值为试验结果，结果精确至0.01MPa；

（3）当10个试件中有效数据不足6个时，此组试验结果应为无效，并应重新制备试件进行试验。

9. 对有特殊条件要求的拉伸粘结强度

应先按特殊条件要求处理后，再进行试验。

4.7.11　抗冻性能试验

砂浆抗冻性的检测参照《建筑砂浆基本性能试验方法标准》JGJ/T 70，本方法适用于检验强度等级大于M2.5的砂浆的抗冻性能。

1. 砂浆抗冻试件的制作及养护

（1）砂浆抗冻试件应采用70.7mm×70.7mm×70.7mm的立方体试件，并应制备两组、每组3块，分别作为抗冻和与抗冻试件同龄期的对比抗压强度检验试件；

（2）砂浆试件的制作与养护方法应符合本标准中立方体抗压强度试验的规定。

2. 抗冻性能试验仪器

（1）冷冻箱（室）：装入试件后，箱（室）内的温度应能保持在−20～−15℃；

（2）篮框：应采用钢筋焊成，其尺寸应与所装试件的尺寸相适应；

（3）天平或案秤：称量应为2kg，感量应为1g；

（4）融解水槽：装入试件后，水温应能保持在15～20℃；

（5）压力试验机：精度应为1%，量程应不小于压力机量程的20%，且不应大于全量程的80%。

3. 砂浆抗冻试件的制作及养护

（1）砂浆抗冻试件应采用70.7mm×70.7mm×70.7mm的立方体试件，并应制备两组、每组3块，分别作为抗冻和与抗冻试件同龄期的对比抗压强度检验试件；

（2）砂浆试件的制作与养护方法应符合本标准中立方体抗压强度试验的规定。

4. 砂浆抗冻性能试验

（1）当无特殊要求时，试件应在28d龄期进行冻融试验。试验前两天，应把冻融试件和对比试件从养护室取出，进行外观检查并记录其原始状况，随后放入 15～20℃ 的水中浸泡，浸泡的水面应至少高出试件顶面 20mm。冻融试件应在浸泡两天后取出，并用拧干的湿毛巾轻轻擦去表面水分，然后对冻融试件进行编号，称其质量，然后置入篮框进行冻融试验。对比试件则放回标准养护室中继续养护，直到完成冻融循环后，与冻融试件同时试压；

（2）冻或融时，篮框与容器底面或地面应架高 20mm，篮框内各试件之间应至少保持50mm 的间隙；

（3）冷冻箱（室）内的温度均应以其中心温度为准。试件冻结温度应控制在 －20～－15℃。当冷冻箱（室）内温度低于 －15℃ 时，试件方可放入。当试件放入之后，温度高于 －15℃ 时，应以温度重新降至 －15℃ 时计算试件的冻结时间。从装完试件至温度重新降至 －15℃ 的时间不应超过 2h；

（4）每次冻结时间应为 4h，冻结完成后应立即取出试件，并应立即放入能使水温保持在 15～20℃；的水槽中进行融化。槽中水面应至少高出试件表面 20mm，试件在水中融化的时间不应小于 4h。融化完毕即为一次冻融循环。取出试件，并应用拧干的湿毛巾轻轻擦去表面水分，送入冷冻箱（室）进行下一次循环试验，依此连续进行直至设计规定次数或试件破坏为止；

（5）每五次循环，应进行一次外观检查，并记录试件的破坏情况；当该组试件中有 2 块出现明显分层、裂开、贯通缝等破坏时，该组试件的抗冻性能试验应终止；

（6）冻融试验结束后，将冻融试件从水槽取出，用拧干的湿布轻轻擦去试件表面水分，然后称其质量。对比试件应提前两天浸水；

（7）应将冻融试件与对比试件同时进行抗压强度试验。

5. 砂浆冻融试验强度损失率和质量损失率

砂浆冻融试验后应分别按下列公式计算其强度损失率和质量损失率。

（1）砂浆试件冻融后的强度损失率应按下式计算：

$$\Delta f_m = \frac{f_{m1} - f_{m2}}{f_{m1}} \times 100$$

式中　Δf_m——n 次冻融循环后砂浆试件的砂浆强度损失率（%），精确至 1%；

　　　　f_{m1}——对比试件的抗压强度平均值（MPa）；

　　　　f_{m2}——经 n 次冻融循环后的 3 块试件抗压强度的算术平均值（MPa）。

（2）砂浆试件冻融后的质量损失率应按下式计算：

$$\Delta m_m = \frac{m_0 - m_n}{m_0} \times 100$$

式中　Δm_m——n 次冻融循环后砂浆试件的质量损失率，以 3 块试件的算术平均值计算（%），精确至 1%；

　　　　m_0——冻融循环试验前的试件质量（g）；

　　　　m_n——n 次冻融循环后的试件质量（g）。

当冻融试件的抗压强度损失率不大于 25%，且质量损失率不大于 5% 时，则该组砂浆试块在相应标准要求的冻融循环次数下，抗冻性能可判为合格，否则应判为不合格。

4.7.12 收缩实验

砂浆保水性的检测参照《建筑砂浆基本性能试验方法标准》JGJ/T 70，本方法适应于测定砂浆的自然干燥收缩值。

1. 收缩试验仪器设备

（1）立式砂浆收缩仪：标准杆长度应为 176±1mm，测量精确度应为 0.01mm（图 4-7）；

（2）收缩头：应由黄铜或不锈钢加工而成（图 4-8）；

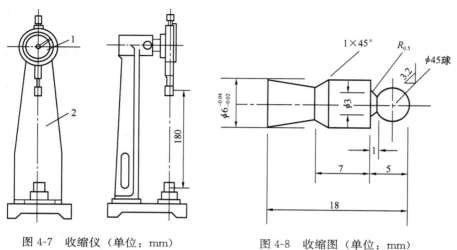

图 4-7　收缩仪（单位：mm）
1—千分表；2—支架

图 4-8　收缩图（单位：mm）

（3）试模：应采用 40mm×40mm×160mm 棱柱体，且在试模的两个端面中心，应各开一个 6.5mm 的孔洞。

2. 收缩试验

收缩试验应按下列步骤进行：

（1）应将收缩头固定在试模两端面的孔洞中，收缩头应露出试件端面 8±1mm；

（2）应将拌合好的砂浆装入试模中，再用水泥胶砂振动台振动密实，然后置于 20±5℃的室内，4h 之后将砂浆表面抹平。砂浆应带模在标准养护条件（温度为 20±2℃，相对湿度为 90％以上）下养护 7d 后，方可拆模，并编号、标明测试方向；

（3）应将试件移入温度 20±2℃、相对湿度（60±5）％的试验室中预置 4h，方可按标明的测试方向立即测定试件的初始长度，测定前，应先采用标准杆调整收缩仪的百分表的原点；

（4）测定初始长度后，应将砂浆试件置于温度 20±2℃、相对湿度为（60±5）％的室内，然后第 7d、14d、21d、28d、56d、90d 分别测定试件的长度，即为自然干燥后长度。

3. 砂浆自然干燥收缩值

砂浆自然干燥收缩值应按下式计算：

$$\varepsilon_{at} = \frac{L_0 - L_t}{L - L_d}$$

式中　ε_{at}——相应为 t 天（7d、14d、21d、28d、56d、90d）时的砂浆试件自然干燥收

缩值；

L_0——试件成型后 7d 的长度即初始长度（mm）；

L——试件的长度 160mm；

L_d——两个收缩头埋入砂浆中长度之和，即 20±2mm；

L_t——相应为 t 天（7d、14d、21d、28d、56d、90d）时试件的实测长度（mm）。

4. 干燥收缩值试验结果

（1）应取三个试件测值的算术平均值作为干燥收缩值。当一个值与平均值偏差大于 20% 时，应剔除；当有两个值超过 20% 时，该组试件结果应无效；

（2）每块试件的干燥收缩值应取二位有效数字，并精确至 10×10^{-6}。

4.7.13 含气量试验

砂浆保水性的检测参照《建筑砂浆基本性能试验方法标准》JGJ/T 70，可采用仪器法和密度法。当发生争议时，应以仪器法的测定结果为准。

1. 仪器法

本方法可用于采用砂浆含气量测定仪（图 4-9）测定砂浆含气量。

含气量试验应按下列步骤进行：

（1）量钵应水平放置，并将搅拌好的砂浆分三次均匀地装入量钵内。每层应由内向外插捣 25 次，并应用木槌在周围敲数下。插捣上层时，捣棒应插入下层 10~20mm；

（2）捣实后，应刮去多余砂浆，并用抹刀抹平表面，表面应平整、无气泡；

（3）盖上测定仪钵盖部分，卡扣应卡紧，不得漏气；

（4）打开两侧阀门，并松开上部微调阀，再用注水器通过注水阀门注水，直至水从排水阀流出。水从排水阀流出时，应立即关紧两侧阀门；

（5）应关紧所有阀门，并用气筒打气加压，再用微调阀调整指针为零；

（6）按下按钮，刻度盘读数稳定后读数；

（7）开启通气阀，压力仪示值回零；

（8）应重复本条的（5）～（7）的步骤，对容器内试样再测一次压力值。

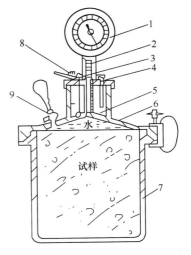

图 4-9 砂浆含气量测定仪

1—压力表；2—出气阀；3—阀门杆；4—打气筒；5—气室；6—钵盖；7—量钵；8—微调阀；9—小龙头

试验结果应按下列要求确定：

（1）当两次测值的绝对误差不大于 0.2% 时，应取两次试验结果的算术平均值作为砂浆的含气量；当两次测值的绝对误差大于 0.2%；

（2）当所测含气量数值小于 5% 时，测试结果应精确到 0.1%；当所测含气量数值大于或等于 5% 时，测试结果应精确到 0.5%。

2. 密度法

本方法可用于根据一定组成的砂浆的理论表观密度与实际表观密度的差值确定砂浆中

的含气量。

砂浆理论表观面度应通过砂浆中各组成材料的表观密度与配比计算得到砂浆理论表观密度。

砂浆实际表观密度应按《建筑砂浆基本性能试验方法标准》JGJ/T 70 的规定进行测定砂浆实际表观密度。

砂浆含气量应按下列公式计算：

$$A_c = \left(1 - \frac{\rho}{\rho_t}\right) \times 100$$

$$\rho_t = \frac{1 + x + y + W_c}{\frac{1}{\rho_c} + \frac{x}{\rho_s} + \frac{y}{\rho_p} + W_c}$$

式中　A_c——砂浆含气量的体积（％）应精确至 0.1％；

　　　ρ——砂浆拌合物的实测表观密度（kg/m³）；

　　　ρ_t——砂浆理论表观密度（kg/m³），应精确至 10kg/m³；

　　　ρ_c——水泥实测表观密度（g/cm³）；

　　　ρ_s——砂的实测表观密度（g/cm³）；

　　　W_c——砂浆达到指定稠度时的水灰比；

　　　ρ_p——外加剂的实测表观密度（g/cm³）；

　　　x——砂子与水泥的重量比；

　　　y——外加剂与水泥用量之比，当 y 小于 1％时，可忽略不计。

4.7.14　吸水率试验

砂浆吸水率的检测参照《建筑砂浆基本性能试验方法标准》JGJ/T 70，本方法适用于测定砂浆拌合物的吸水率，以确定在运输及停放时砂浆拌合物内部组分的稳定性。

1. 吸水率试验仪器

（1）天平：称量应为 1000g，感量应为 1g；

（2）烘箱：0～150℃，精度±2℃；

（3）水槽：装入试件后，水温应能保持在 20±2℃的范围内。

2. 吸水率试验

（1）应按本标准立方体抗压强度试验中的规定成型及养护试件，并应在第 28d 取出试件，然后在 105±5℃温度下烘干 48±0.5h，称其质量 m_0；

（2）应将试件成型面朝下放入水槽，用两根的钢筋垫起。试件应完全浸入水中，且上表面距离水面的高度应不小 20mm。浸水 48±0.5h 取出，用拧干的湿布擦去表面水，称其质量 m_1。

3. 砂浆吸水率

$$W_x = \frac{m_1 - m_0}{m_0} \times 100$$

式中　W_x——砂浆吸水率（％）；

　　　m_1——吸水后试件质量（g）；

　　　m_0——干燥试件的质量（g）。

应取 3 块试件测值的算术平均值作为砂浆的吸水率，并应精确至 1%。

4.7.15 抗渗性能试验

砂浆抗渗性的检测参照《建筑砂浆基本性能试验方法标准》JGJ/T 70，本方法适用于测定砂浆拌合物的抗渗性，以确定在运输及停放时砂浆拌合物内部组分的稳定性。

1. 抗渗性能试验

（1）金属试模：应采用截头圆锥形带底金属试模，上口直径应为 70mm，下口直径应为 80mm，高度应为 30mm；

（2）砂浆渗透仪。

2. 抗渗试验

（1）应将拌合好的砂浆一次装入试模中，并用抹灰刀均匀插捣 15 次，再颠实 5 次，当填充砂浆略高于试模边缘时，应用抹刀以 45°角一次性将试模表面多余的砂浆刮去，然后再用抹刀以较平的角度在试模表面反方向将砂浆刮平，应成型 6 个试件；

（2）试件成型后，应在室温 20±5℃的环境下，静置 24±2h 后再脱模。试件脱模后，应放入温度 20±2℃、湿度 90% 以上的养护室养护至规定龄期。试件取出待表面干燥后，应采用密封材料密封装入砂浆渗透仪中进行抗渗试验；

（3）抗渗试验时，应从 0.2MPa 开始加压，恒压 2h 后增至 0.3MPa，以后每隔 1h 增加 0.1MPa。当 6 个试件中有 3 个试件表面出现渗水现象时，应停止试验，记下当时水压。在试验过程中，当发现水从试件周边渗出时，应停止试验，重新密封后再继续试验。

3. 砂浆抗渗压力值

应以每组 6 个试件中 4 个试件未出现渗水时的最大压力计，并应按下式计算：

$$P = H - 0.1$$

式中　P——砂浆抗渗压力值（MPa），精确至 0.1MPa；

　　　H——6 个试件中 3 个试件出现渗水时的水压力（MPa）。

4.7.16 静力受压弹性模量试验

砂浆静力受压弹性模量的检测参照《建筑砂浆基本性能试验方法标准》JGJ/T 70，本方法适用于测定各类砂浆静力受压时的弹性模量（简称弹性模量）。本方法测定的砂浆弹性模量是指应力为 40% 轴心抗压强度时的加荷割线模量。

砂浆弹性模量的标准试件应为棱柱体，其截面尺寸应为 70.7mm×70.7mm，高宜为 210~230mm，底模采用钢底模。每次试验应制备 6 个试件。

1. 砂浆静力受压弹性模量试验

（1）试验机：精度应为 1%，试件破坏荷载应不小于压力机量程的 20% 且不应大于全量程的 80%；

（2）变形测量仪表：精度不应低于 0.001mm；镜式引伸仪精度不应低于 0.002mm。

试件制作及养护应按本标准立方体抗压强度试验中的规定成型及养护试件进行。试模的不平整度应为每 100mm 不超过 0.05mm，相邻面的不垂直度不应超过 ±1°。

2. 砂浆弹性模量试验

（1）试件从养护地点取出后，应及时进行试验。试验前，应先将试件擦拭干净，测量尺寸，并检查外观。试件尺寸测量应精确至1mm，并计算试件的承压面积。当实测尺寸与公称尺寸之差不超过1mm时，可按公称尺寸计算。

（2）取3个试件，按下列步骤测定砂浆的轴心抗压强度：

1）应将试件直立放置于试验机的下压板上，且试件中心应与压力机下压板中心对准。开动试验机，当上压板与试件接近时，应调整球座，使接触均衡；轴心抗压试验应连续、均匀地加荷，其加荷速度应为0.25～1.5kN/s。当试件破坏且开始迅速变形时，应停止调整试验机油门，直至试件破坏，然后记录破坏荷载；

2）砂浆轴心抗压强度应按下式计算：

$$f_{mc} = \frac{N'_u}{A}$$

式中　f_{mc}——砂浆轴心抗压强度（MPa），应精确至0.1MPa；

　　　　N'_u——棱柱体破坏压力（N）；

　　　　A——试件承压面积（mm²）。

3）应取3个试件测值的算术平均值作为该组试件的轴心抗压强度值。当3个试件测值的最大值和最小值中有一个与中间值的差值超过中间值的20%时，应把最大及最小值一并舍去，取中间值作为该组试件的轴心抗压强度值。当两个测值与中间值的差值超过20%时，该组试验结果应为无效。

（3）将测量变形的仪表安装在用于测定弹性模量的试件上，仪表应安装在试件成型时两侧面的中线上，并应对称于试件两端。试件的测量标距应为100mm。

（4）测量仪表安装完毕后，应调整试件在试验机上的位置。砂浆弹性模量试验应物理对中（对中的方法是将荷载加压至轴心抗压强度的35%，两侧仪表变形值之差，不得超过两侧变形平均值的±10%）。试件对中合格后，应按0.25～1.5kN/s的加荷速度连续、均匀地加荷至轴心抗压强度的40%，即达到弹性模量试验的控制荷载值，然后以同样的速度卸荷至零，如此反复预压3次（图4-10）。

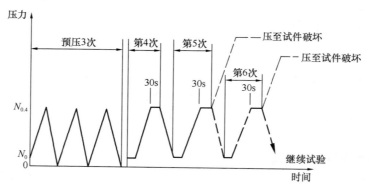

图4-10　弹性模量试验加荷制度示意图

在预压过程中，应观察试验机及仪表运转是否正常。不正常时，应予以调整。

（5）预压3次后，按上述速度进行第4次加荷。先加荷到应力为0.3MPa的初始荷载，恒荷30s后，读取并记录两侧仪表的测值，然后再加荷到控制荷载（0.4f_{mc}），恒荷30s后，读取并记录两侧仪表的测值，两侧测值的平均值，即为该次试验的变形值。按上述速度卸荷至初始荷载，恒荷 30s 后，再读取并记录两侧仪表上的初始测值，再按上述方法进行第 5 次加荷、恒荷、读数，并计算出该次试验的变形值。当前后两次试验的变形值差，不大于测量标距的 0.2‰时，试验方可结束，否则应重复上述过程，直到两次相邻加荷的变形值相差不大于测量标距的 0.2‰为止。然后卸除仪表，以同样速度加荷至破坏，测得试件的棱柱体抗压强度 f'_{mc}。

3. 砂浆的弹性模量值

砂浆的弹性模量值应按下式计算：

$$E_m = \frac{N_{0.4} - N_0}{A} \times \frac{l}{\Delta l}$$

式中　E_m ——砂浆弹性模量（MPa），精确至 10MPa；

　　$N_{0.4}$ ——应力为 0.4 f_{mc} 的压力（N）；

　　N_0 ——应力为 0.3MPa 的初始荷载（N）；

　　A ——试件承压面积（mm²）；

　　Δl ——最后一次从 N_0 加荷至 $N_{0.4}$ 时试件两侧变形差的平均值（mm）；

　　l ——测量标距（mm）。

应取 3 个试件测值的算术平均值作为砂浆的弹性模量。当其中一个试件在测完弹性模量后的棱柱体抗压强度值 f'_{mc} 与决定试验控制荷载的轴心抗压强度值 f_{mc} 的差值超过后者的 20%时，弹性模量值应按另外两个试件的算术平均值计算。当两个试件在测完弹性模量后的棱柱体抗压强度值 f'_{mc} 与决定试验控制荷载的轴心抗压强度值 f_{mc} 的差值超过后者的 20%时，试验结果应为无效。

4.7.17　压折比试验

砂浆压折比的检测参照《建筑砂浆基本性能试验方法标准》JGJ/T 70，本方法适用于测定砂浆拌合物的压折比，以确定在运输及停放时砂浆拌合物内部组分的稳定性。

1. 养护条件及试验环境

标准养护条件为空气温度（23±2）℃，相对湿度（50±5）%。试验环境为空气温度（23±5）℃，相对湿度（50±10）%。

2. 压折比试验应使用下列仪器设备

搅拌机属行星式，应符合《行星式水泥胶砂搅拌机》JC/T 681 要求。

试模由三个水平的模槽组成，可同时成型三条截面为 40mm×40mm，长 160mm 的棱形试体，其材质和制造尺寸应符合《水泥胶砂试模》JC/T 726 要求。

振实台应符合《水泥胶砂试体成型振实台》JC/T 682 要求。振实台应安装在高度约 400mm 的混凝土基座上。

抗折强度试验机应符合《水泥胶砂电动抗折试验机》JC/T 724 的要求。

抗压强度试验机，在较大的五分之四量程范围内使用时记录的荷载应有±1%精度，并具有按 2400N/s±200N/s 速率的加荷能力，应有一个能指示试件破坏时荷载并把它保持到试验机卸荷以后的指示器，可以用表盘里的峰值指针或显示器来达到。人工操纵的试验机应配有一个速度动态装置以便于控制荷载增加。

抗压强度试验机用夹具，当需要使用夹具时，应把它放在压力机的上下压板之间并与压力机处于同一轴线，以便将压力机的荷载传递至试件表面。夹具应符合《40mm×40mm 水泥抗压夹具》JC/T 683 的要求，受压面积为 40mm×40mm。

3. 试件成型和养护

浆料制备：按照生产商使用说明书要求的比例，按《水泥胶砂强度检验方法（ISO法）》GB/T 17671—1999 的要求配制抹面胶浆。

将空试模和模套固定在振实台上，用一个料勺直接从搅拌锅里将浆料分二层装入试模。装第一层后，用大播料器垂直架在模套顶部沿每个模槽来回一次将料层播平，接着振实 60 次。再装入第二层浆料，用小播料器播平，再振实 60 次。移走模套；从振实台上取下试模，用一金属直尺以近似 90°的角度架在试模模顶的一端，然后沿试模长度方向以横向锯割动作慢慢向另一端移动，一次将超过试模部分的胶砂刮去，并用同一直尺以近乎水平的情况下将试体表面抹平。

试件成型后立即用聚乙烯薄膜覆盖，在试验室标准条件下养护 2d 后脱模，继续用聚乙烯薄膜覆盖养护 5d，去掉覆盖物在试验室温度条件下养护 21d。

4. 抗折强度测试

将试体一个侧面放在水泥抗折试验机支撑圆柱上，试体长轴垂直于支撑圆柱，通过加荷圆柱以(50±10)N/s 的速率均匀地将荷载垂直地加在棱柱体相对侧面上，直至折断。记录每个试件的破坏荷载。

5. 抗压强度测试

抗压强度试验在抗折强度试验中折断的六个半截棱柱体的侧面上进行。

半截棱柱体中心与水泥恒应力试验机压板受压中心差应在±0.5mm 内，棱柱体露在压板外的部分约有 10mm。在整个加荷过程中以(2400±200)N/s 的速率均匀地加荷直至破坏。记录每个试件的破坏荷载。

6. 压折比试验结果确定

（1）抗折强度：

抗折强度按下式进行计算，结果精确至 0.1MPa：

$$R_f = 1.5F_f L/b^2$$

式中　R_f——抗折强度，MPa；

　　　F_f——折断时施加于棱柱体中部的荷载，N；

　　　L——支撑圆柱之间的距离，mm；

　　　b——棱柱体正方形截面的边长，mm。

以一组三个棱柱体抗折结果的平均值作为试验结果。当三个强度值中有超出平均值±10%时，应剔除后再取平均值作为抗折强度试验结果。

（2）抗压强度：

抗压强度按下式进行计算，结果精确至 0.1MPa：

$$R_c = F_c/A$$

式中　R_c——抗压强度，MPa；

　　　F_c——破坏时的最大荷载，N；

　　　A——受压部分面积，mm^2。

抗压强度以一组三个棱柱体上得到的六个抗压强度测定值的算术平均值为试验结果。

如六个测定值中有一个超出六个平均值的±10％，就应剔除这个结果，而以剩下五个的平均数为结果。如果五个测定值中再有超过它们平均数±10％的，则此组结果作废。

（3）压折比计算压折比按下式进行计算，结果精确至 0.1；

$$T = R_c/R_f$$

式中　T——压折比；

R_c——抗压强度，MPa；

R_f——抗折强度，MPa。

5 预拌砂浆物流系统

预拌砂浆是工程施工中使用量大面广的建筑材料，过去传统砂浆是在施工现场搅拌，受人为因素影响砂浆质量，造成原材料的浪费，同时又对施工环境造成破坏和严重污染。随着国家提倡建设资源节约型和环境友好型社会，预拌砂浆继混凝土商品化后，是中国建筑材料，物流装备技术，施工工艺的又一次革命。预拌砂浆生产的集约化、标准化、散装化、专业化和施工的机械化，必须要有预拌砂浆现代物流装备技术与之匹配，才能使中国预拌砂浆快速发展。

预拌砂浆的物流系统包括湿拌砂浆的物流系统和干混砂浆的物流系统。

5.1 湿拌砂浆的物流系统

湿拌砂浆大多是由混凝土生产企业改造而成，直接利用原有混凝土搅拌车无需添置物流运输设备，运输过程中不停搅拌，由生产企业配送至施工现场，GPS 实现远程监控统一管理。见图 5-1。

图 5-1 湿拌砂浆搅拌车

湿拌砂浆搅拌车是在载重汽车或专用汽车底盘上，安置一个可以自行转动的搅拌筒的专用汽车，它兼有载运和搅拌砂浆的双重功能。搅拌车能保证输送砂浆的质量，并允许适当延长运距（或运送时间），实现砂浆输送的高效能和全部机械化作业。搅拌车的使用大大提高了劳动生产率和施工质量，有利于现场文明施工和环保，因此广泛用于城建、公路、铁道、水电等部门。

国外搅拌车开发使用较早，目前已形成不同规格和用途的系列产品。

尽管国内搅拌车开发使用较晚，但在借鉴国外产品的基础上，经过改进和自主研发，在较短的时间内便达到了国际上较先进的水平。

搅拌车由底盘和上装两大部分组成。搅拌车上装部分由搅拌筒、搅拌筒驱动系统、副车架、进出料装置、操作系统、电气系统等十几个部分组成。如图 5-2 所示。

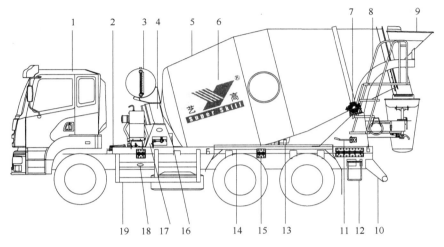

图 5-2　湿拌砂浆搅拌车结构图

1—底盘；2—油泵传动轴总成；3—供水系统；4—搅拌筒驱动系统；5—搅拌筒；
6—涂装标识；7—托轮；8—扶梯；9—进出料装置；10—追尾护栏；11—机械操作系统；
12—下踏板；13—副料槽支架组件；14—轮胎罩；15—副车架安装；16—工具箱总成；
17—副车架总成；18—电器系统总成；19—侧护栏

通过搅拌车底盘上的取力器"PTO"，将发动机动力传递给液压油泵，产生高压液压油。高压液压油驱动马达高速旋转，经行星齿轮减速机产生很大的扭矩，驱动搅拌筒转动。如图 5-3 所示，利用螺旋传递原理，搅拌筒内置的叶片不断地对砂浆进行强制搅拌，使它在一定的时间内不产生凝固现象。通过操作系统来控制搅拌筒的正、反转和控制发动机的油门，完成进料搅拌、搅动、出料、高速卸料和停止五种工作状况。

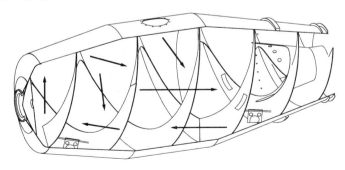

图 5-3　湿拌砂浆搅拌车工作原理

搅拌筒是搅拌车最重要的工作部件，搅拌筒内对称地布置有两条螺旋叶片，当搅拌筒转动时两条螺旋叶片被带动，作围绕搅拌筒轴线的螺旋运动，完成对砂浆的搅拌或卸料。

搅拌筒主要由筒体、搅拌叶片、连接法兰、进料小锥、滚道、搅拌板和扩展翅等组成。

进料小锥呈漏斗状，口径大能确保顺利进料。搅拌筒壳体和各类叶片皆由高强度钢板制成，具有极高的耐磨性。叶片呈曲面状，在搅动时使砂浆不产生离析现象。同时砂浆能均匀的在搅拌筒内流动，延长初凝时间，提高匀质性。搅拌板具有良好的搅拌功能，有利于保持预拌砂浆的质量。如图 5-4 所示。

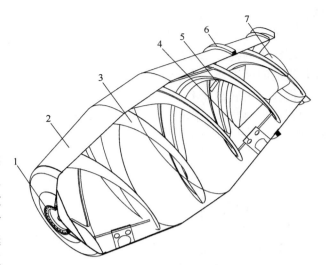

图 5-4　湿拌砂浆搅拌车搅拌筒结构
1—连接法兰；2—筒体；3—搅拌叶片；4—搅拌板；
5—扩展翅；6—滚道；7—进料小锥

搅拌筒绝大部分都是采用梨形结构，整个搅拌筒的壳体是一个变截面不对称的双锥体，外形似梨。中部直径最大，两端对接一对不等长的截头圆锥，前段锥体较短，端面与一封头焊接在一起；后段锥体较长，端部开口。搅拌筒前端安装法兰，后锥上安装垂直搅拌筒中心轴线滚道，法兰中心线、滚道中心线与搅拌筒中心线同轴。搅拌筒前端法兰安装在减速机上，滚道放置于安装在副车架的两个对称托轮上。搅拌筒通过减速机和对称支承托轮所组成的三点支承安装在副车架上。液压马达驱动减速机，带动搅拌筒平稳地绕其轴线转动。搅拌筒的驱动动力来自于液压泵。

搅拌筒内部从筒口到筒体内，沿内壁对称地焊接两条带状的螺旋叶片，当搅拌筒转动时两条螺旋叶片随之转动，作围绕搅拌筒轴线的螺旋运动，实现砂浆的搅拌与进出。搅拌筒内还装有为提高搅拌效果的搅拌板。

在搅拌筒筒口处，沿两条螺旋叶片内边缘焊接着一个进料小锥，它将筒口以同心圆的形式分割为内外两部分，中心部分为进料口，砂浆由此装入搅拌筒内；进料小锥与筒壁形成的环形空间为出料口，卸料时，砂浆在叶片反向螺旋运动的推力下，从此流出。

在搅拌筒的中段设有检修孔盖，用于发动机出现故障时对搅拌筒的清理和维修。

搅拌筒为搅拌车的关键部件，搅拌筒螺旋叶片对搅拌筒的搅拌与进出料性能有决定作用。

5.2　干混砂浆的物流系统

干混砂浆有袋装和散装两种包装方式，袋装的干混砂浆可用普通卡车运输到工地使用，散装的干混砂浆需专用的干混砂浆运输车运输。

散装干混砂浆物流系统包括散装干混砂浆运输车、散装干混砂浆背罐车、散装干混砂浆移动筒仓。其物流程序是：

（1）散装干混砂浆背罐车将筒仓运送至施工现场，卸下筒仓。

（2）散装干混砂浆生产企业装料入散装干混砂浆运输车罐中，散装干混砂浆运输车到达施工现场，将干混砂浆卸入筒仓。

（3）由散装干混砂浆移动筒仓现场加水搅拌后输送至施工现场。机械化施工由高压气力输送至机械设备进行施工，人力施工则由小推车接送搅拌后的砂浆至施工现场使用。

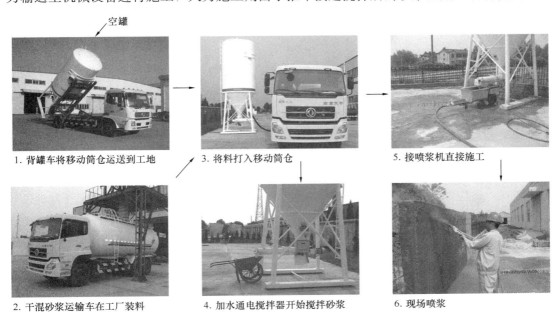

图 5-5　散装干混砂浆的物流系统

5.2.1　散装干混砂浆运输车

散装干混砂浆运输车是采用定型汽车底盘改装的密封罐式，配置有进料、气力输送卸料、清空残留物料和定量在线快速取料等装置，能够向干混砂浆移动筒仓或其他料仓输送干混砂浆的运输车。

散装干混砂浆运输车卸料原理是卸料时利用液压举升缸将罐体举起，物料呈山体滑坡态势，气浮式卸料原理只是在锥体局部范围内，通过吹入压缩空气，在卸料口处均匀分布的气流形成气垫，使浮化后的物料经管道均匀、平稳、快速卸料，避免产生物料本身之间的颗粒相互摩擦，避免大面积、长时间的搅动产生离析，空压机产生的压缩气体通过管道进入罐体尾部"奶嘴"式小气室，形成"气刀"，将尾部物料逐层排出，不影响物料结构，并形成二次混料。耗气量小，剩灰率低。由于以上特点有效地解决了干混砂浆卸料过程中的离析问题。对于干混普通砂浆和干混特种砂浆以及生产原料中干沙散装运输都可以轻松完成。是与工程项目的移动筒仓相互连接的必备运输设备，目前，国内对于干混砂浆的运输，在学习欧洲现有的散装干混砂浆运输车技术上消化吸收研制而成的产品，它是干混砂浆物流发展的必然趋势。散装干混砂浆运输车，采用全封闭运输，整个物流过程清洁、环保、节能、高效。

1. 散装干混砂浆运输车的分类

（1）根据底盘排放分类

根据底盘排放分为国Ⅲ车型和国Ⅳ车型，国内使用较多的为国Ⅲ柴油排放标准，2014年底全国全面实施国Ⅳ柴油排放标准后，多以国Ⅳ车型为主。国Ⅲ车型所使用的重型柴油机是以高压共轨电喷技术为核心来降低排放物，国Ⅳ车型是在国Ⅲ车型的基础上加装了后处理技术路线（选择性催化还原 SCR、废气再循环 ERG），来更多的降低 PM 及 NOx 的排放。

（2）根据罐体的技术路线分类

根据罐体的技术路线分为卧式和举升式。卧式散装干混砂浆运输车是通过车载式空压机气力输送使干混砂浆经气化床流动及出灰管道的二次助吹，来实现砂浆的卸料。举升式散装干混砂浆运输车除安装正常的车载空压机气力输送系统之外，还需安装车载油泵液压支撑和举升系统。对于驾驶员的操作来说，要复杂和麻烦得多，尤其是支撑和举升作业，在软地基或斜坡场地，操作不当会导致车辆倾覆。

1）卧式散装干混砂浆运输车的特点：无需举升，软地基、斜坡、狭小场地工况均能正常卸料，适应性好。无液压举升系统，性价比好，可靠性高。成熟的流化床气力输送系统，卸料速度快。罐体容积可按客户要求定制。

图 5-6　卧式散装干混砂浆运输车

卧式散装干混砂浆运输车（见图 5-6），其结构型式与散装水泥运输车相似，只是对气力输送系统进行了优化，以减少输送过程中离析现象的发生。该结构由于其自身缺陷，物料在呈流态向出料口骨料的过程中要经过长时间的流化，因而不可避免地要发生离析现象，但结构简单成本相对较低，该种干混砂浆物流输送方式为：空载背罐车运输移动筒仓至现场，利用背罐车自装卸装置把移动筒仓立在现场平整坚实的地面上，散装干混砂浆运输车把散装干混砂浆从干混站接料后转运到施工现场，再利用散装干混砂浆运输车自带的气力输送系统把干混砂浆输送到移动筒仓内储料。

罐出料口处接搅拌螺旋可以边加水边搅拌，搅拌成施工使用的湿砂浆这种输送方式优点是：一台散装干混砂浆运输车可以给数台储料罐送料，从简单便捷和经济性方面考虑空载背罐车。散装干混砂浆运输车是较为理想的输送设备，同时散装干混砂浆运输车还具有很好的兼容性，生产企业可以利用散装干混砂浆运输车运送散装水泥和粉煤灰等粉粒物料，达到一车多用功能。

卧式散装干混砂浆车的基本技术参数，以华菱星马 AH5250GFL0L4 两仓两盖砂浆车为例，见表 5-1。

卧式散装干混砂浆车的基本技术参数	表 5-1
整车型号	AH5250GFL0L4
驱动形式	6×4
发动机型号	CM6D18.29040
功率（kW）	213
轴距（mm）	4700＋1350
最高时速（km/h）	90
最大总质量（kg）	25000
额定载质量（kg）	9800
外型尺寸（mm）	10500×2495×3920
有效容积（m³）	28

2）举升式散装干混砂浆运输车（见图 5-7），其主要工作原理是利用前顶式油缸将罐提升到 45°以上，利用干混砂浆的物料自重堆向出料口，当气室压力达到 0.2MPa 时，打开卸料球阀，依靠内外压差将物料输送到移动筒仓体内，该车可减少物料长时间流化而产生的离析现象，并配有取样和快速排料装置，优点十分明显，促进了未来散装干混砂浆运输车技术性的发展方向。发展散装干混砂浆运输车，对于提高建筑工程质量、环境、实现文明施工和促进建筑施工现代化具有重要意义。

图 5-7　举升式散装干混砂浆运输车

2. 散装干混砂浆运输车的技术要求

（1）一般要求

1）散装干混砂浆运输车应符合《散装干混砂浆运输车》SB/T 10546—2009 标准要求，并按经过规定程序批准的产品图样和技术文件制造装配。

2）所有外购件、外协件应符合相应标准（或技术条件）要求，并有制造厂的合格证，经复检合格后方可使用。所有自制零部件应按企业相关管理文件和标准要求经检查合格后方可装配。

3）散装干混砂浆运输车所涉及的有关安全、环保和节能等强制性检验项目应符合相关国家标准和法规的规定。

（2）整车要求

1）外廓尺寸、轴荷及质量限值应符合《汽车、挂车及汽车列车外廓尺寸、轴荷及质量限值》GB 1589—2016 规定。

2）运行、安全、制动性能应符合《机动车运行安全技术条件》GB 7258 规定。

3）外部照明及信号装置的数量、位置和光色应符合《汽车及挂车外部照明和光信号装置的安装规定》GB 4785 规定。

4）加速行驶时外噪声限值应符合《汽车加速行驶外噪声限值及测量方法》GB 1495 规定。

5）排气烟度排放限值应符合《车用压燃式发动机和压燃式发动机汽车排气烟度排放限值及测量方法》GB 3847 规定。

6）后视镜的性能和安装要求应符合《机动车辆　间接视野装置　性能和安装要求》GB 15084 规定。

7）车辆侧面和后下部防护应符合《汽车和挂车侧面防护要求》GB 11567.1 和《汽车和挂车后下部防护要求》GB11567.2 规定。

8）外观应符合以下要求：

① 各总成密封部位应密封良好，不应有渗漏现象。

② 所有焊接件的焊接质量应符合《工程机械焊接件通用技术要求》JB/T 5943 要求。

③ 所有外露金属件应采取防腐防锈处理，其质量要求应符合《汽车用涂镀层和化学处理层》QC/T 625 规定。

④ 油漆色泽鲜明，无皱皮、脱漆、污痕等，其质量要求应符合《汽车油漆涂层》QC/T 484 规定。

⑤ 所有管路、线路和杆件应排列整齐、牢固可靠、不应相互干涉。

9）各连接部位的连接型式合理，固定可靠。在振动和冲击情况下，不得松动，所有螺纹紧固件扭矩应符合《汽车用螺纹紧固件紧固扭矩》QC/T 518 的规定。

10）卸料管末端快速连接头应符合《气卸散装水泥输送车卸料管快速接头》JG/T 5021 的规定。

11）卸料管道上应设置可操控的定量在线取样器，应满足运输车卸料过程中的取料要求，具有防尘装置，且应符合相关环保标准要求。

（3）卸料能力要求

平均卸料速度大于或等于 1.2t/min；残留率小于或等于 0.2%。

（4）离散系统要求

75μm 方孔筛通过率离散系数小于或等于 10%；若离散系数大于 10%，抗压强度离散系数应小于或等于 15%。

（5）罐体要求

1）罐体内外表面质量不允许有裂纹、明显凹凸不平或划痕。内表面须整洁光滑，无阻碍干混砂浆运动的障碍物。

2）罐体总成和气路系统密封性，气压下降值在 5min 内应小于或等于 0.02MPa。

3）罐体强度在 1.15 倍额定工作压力下持续 5min，不得有渗漏和明显塑性变形。

4）罐体装料口应密封可靠、锁止安全、开启和关闭灵活，装料口直径应不小于 450mm。

5）应在罐体顶部设置防滑走道和进料口作业平台以及作业梯子。

6）罐体应设置快速清理残留物料的排料装置，应符合《预拌砂浆》JG/T 230—2007

中 11.3.1 和 11.3.2 规定。

（6）气路系统要求

1）气路系统密封可靠。

2）进入罐体的压缩空气应干燥、无油。

3）空压机在额定负荷 0.2MPa 下运行安全可靠，连续运转时间应能大于或等于 60min。

4）空压机在额定负荷下工作时的噪声小于或等于 80dB（A）。

5）空压机转速操控装置和转速表应安装在易于操作，便于观察的位置。

6）各操作阀应操纵方便、灵活，并设有指示标牌和标记。

7）压力表的示值范围为工作压力的 1.5 倍，精度不低于 1.6 级，且灵敏、准确，安装位置应便于观察。

8）安全阀排放功能应能满足气力输送安全要求。

9）气路系统必须安装单向阀和放气阀。

（7）取力传动系统要求

1）取力传动系统应工作平稳、可靠、操纵方便、无异响、无异常温升及温升过热现象。

2）取力传动系统的速比匹配合理，应满足空压机和油泵在额定转速运转时，发动机处于经济转速范围内。

3）取力器应操纵灵活，不允许有异常噪声和卡滞现象。

（8）液压系统要求

1）液压系统应符合《液压系统通用技术条件》GB/T 3766 规定。

2）液压油箱在 0.05MPa 的气压下，经 1min 密封试验，不应有渗漏现象。

3）液压系统工作压力下，系统管道和连接装置密封可靠，无渗漏现象。

4）液压系统液压油固体污染度限值，应符合《专用汽车液压系统液压油固体颗粒污染度的限值》QC/T 29104 规定。

5）举升式车辆的液压举升系统在 1.25 倍额定工作压力下，保持 1min，不允许出现渗油、破裂、局部膨胀及接头脱开等现象。

6）举升式车辆在超载 10% 的情况下，罐体举升 20 度停留 5min，罐体下降量不得超过 2.5 度。举升装置在额定载荷下的连续举升、下降循环可靠性应符合《自卸汽车通用技术条件》QC/T 222—2010 的规定。

3. 散装干混砂浆运输车与普通散装水泥运输车的区别

散装干混砂浆运输车是基于颗粒装物质的散装运输而研制的。散装干混砂浆运输车结构特点是液压举升气悬浮锥体料仓卸料系统。散装干混砂浆运输车卸料原理是：卸料时利用液压举升缸将罐体举起，物料呈山体滑坡态势，气浮式卸料原理只是在锥体局部范围内，通过吹入压缩空气在卸料口座均匀分布的气流形成气垫，使浮化后的物料经管道均匀、平稳、快速卸料，避免产生物料本身之间的颗粒相互摩擦，避免大面积、长时间的搅动产生离析，空压机产生的压缩气体通过管道进入罐体尾部"奶嘴"式小气室，形成"气刀"，将尾部物料逐层排出，不影响物料结构，并形成二次混料。耗气量小，剩灰率低。由于以上特点有效地解决了干混砂浆卸料过程中的离析问题。对于干混普通砂浆和干混特种砂浆以及生产原料中干沙散装运输都可以轻松完成。

目前，国内对于干混砂浆的运输大致采用两种方式：一种是在普通散装水泥运输车上加大出料口后改制而成，这是干混砂浆发展初期的一种替代进口的产品；另一种是在学习欧洲现有的散装干混砂浆运输车技术上消化吸收研制而成的产品，它是干混砂浆物流发展的必然趋势，下面我们就这两种不同结构产品做一下简单的对比。

（1）离析问题

从两者的卸料原理看：首先要说明的是传统的运输车是为解决粉粒状物质的散装运输而研制的。它的结构特点：卧式流化床式气体卸料。它的工作原理：通过取力器和传动轴将汽车底盘的动力传递给空压机，空压机产生的压缩空气经管道进入罐体底部气化室内，经气化床与水泥混合成流态后沿卸灰管输出。在这一过程中，气体透过帆布震动，由于干混砂浆由许多种大小、密度不同颗粒组成，容易形成分层，特别是卸料至1/3后，由于压缩空气在整个罐体的底部，对流化床，大面积、长时间的搅动干混砂浆，造成物料本身之间，大面积、长时间的颗粒相互摩擦。极易产生离析，降低干混砂浆的质量，而且耗气量大、剩灰率高。这样对于干混普通砂浆的散装运输存在一定的离析状况，对于干混特种砂浆的运输存在严重问题。

（2）清理余料

根据国外对干混砂浆的运输要求：在每次运输卸料后，必须快速排尽剩余料，以避免运输不同品种的干混砂浆造成混料。散装干混砂浆运输车配置了专用卸料装置，实现了快速清理余料，有效地解决了每车运输余料不能清除而造成的混料问题，保证了干混砂浆的质量。

（3）运输介质的不同

散装水泥车适用于粉煤灰、水泥、石灰粉、矿石粉等颗粒直径不大于0.1mm粉粒干燥物料的运输和气压卸料；而散装干混砂浆运输车的用途更加广泛，在运输空闲时间可以运输其他颗粒状和粉状生产原料。同时也可以用于高温（120～150℃）颗粒、粉粒物料的运输。

（4）其他优势

1）散装干混砂浆运输车采用全封闭运输，整个物流过程清洁、环保、节能、高效。

2）卸料速度快，每分钟1.6t，缩短了卸料时间，提高了运输效率；剩余率极低为万分之二，接近为零，节省材料。

3）为了满足国内对干混砂浆技术质量管理规范的要求，散装干混砂浆运输车配置了专用的取样装置，为确保实时监控和检测干混砂浆的质量提供了保障。

4）散装干混砂浆运输车底盘可选装空气悬架系统，对路况不好、长距离运输中容易产生的离析问题，也能有效的控制。

4. 散装干混砂浆运输车的维护与保养

（1）汽车底盘：按所选用的汽车底盘使用说明书规定进行。

（2）空压机：按空压机说明书规定进行。

（3）取力器：经常注意定期检查其润滑情况、运行状况，如有异常响声应查明其原因及时排除，每年应检查一次齿轮咬合及磨损情况，且不可超速运行。

（4）气路：应经常检查密封情况，如有漏气及时排除；经常查看各阀工作情况，若失灵应修理或拆换；安全阀保证在压力为 0.2MPa 时开启，且不得使罐内压力超过 0.2MPa。

（5）罐体：定期检查罐体焊缝是否有漏气现象，如发现有此现象，应及时进行补焊。

（6）罐体气室：经常检查气室帆布，若受潮湿不透气或破损，应及时更换；检查气室压条是否压实，若有漏气现象，将影响卸料效果，应及时排除。

5. 散装干混砂浆运输车的卸料安全操作规程

（1）每次揭开进料口之前，必须先打开泄压阀、进气管球阀，待排除罐内余气后再打开料盖，以免发生伤人事故。

（2）经常注意压力表是否工作正常，严防压力表失灵，超压，而发生罐体炸裂泄露。

（3）经常查看安全阀，保证在 0.2MPa 时开始泄压，不得使罐体内压力超过 0.2MPa。

（4）经常查看运转表是否工作正常，以免超转而损坏空压机及取力器（专指砂浆车）。

（5）经常倾听取力器及空压机转动声音，若有异常响声，应立即停机排除故障。

6. 散装干混砂浆运输车的卸料步骤

（1）卸料前先检查卸料碟阀、外接气源接口、排气阀和两个进料口是否关闭并拧紧，如果未拧紧，要先拧紧，防止漏气；

（2）起动发动机并将变速器换至空挡，同时踩下离合器踏板，使变速箱与发动机彻底分离；

（3）打开取力器电磁阀开关，同时缓慢松开离合器踏板，使空压机转动；

（4）调整操纵机构的操纵手柄，将空压机转速调至 900r/min 左右，并稳定下来；

（5）当压力达到 0.18MPa 时，先打开助吹管，然后打开前后仓卸料碟阀，开始卸料，此后空压机指针将稳定某一值；

（6）在气压降到 0.04MPa 时，后仓已经卸完，关闭助吹管，开合后仓碟阀几次，然后把后仓碟阀和后仓进气阀关闭，即只让前仓卸料，此后压力将上升并稳定到某一值；

（7）当气压表压力达到 0MPa 时，卸料完毕，关闭空压机（关闭取力开关），关闭卸料碟阀。

7. 散装干混砂浆运输车卸料过程中的注意事项

（1）装料时应注意不要将粉罐装满，应预留部分空间使粉粒扩容；

（2）装料时应避免将杂物混入罐内，使排料管堵塞，影响排料速度和剩余率；

（3）进行卸料操作第 3 步时（见卸料步骤第 3 条），如空压机有异常声响，应踩下离合器踏板，关闭发动机，关闭取力器电磁阀开关，直至故障排除，才能工作；

（4）进行卸料操作第 6 步时（见卸料步骤第 6 条），应特别留意压力表变化，操作人员不能离开现场，避免压力过高的现象发生；

（5）日常应保持罐内干燥，避免粉料结块；

（6）汽车维修时，应防止零件摔碰，避免敲击，以防止零件损伤、变形、磕碰、划痕等，零件装复时必须注意清洁；

（7）空压机工作时，空压机侧应避免站人；

（8）提速时，加油门不要过猛，用力要均匀；

（9）吸料口与底部距离可调整，一般在 30～50mm；

（10）切记不能用外接气源口排气；

（11）当空压机减压过程中因其他原因而停止空压机工作时，应关闭前后仓的进气球阀，然后把外接气源打开；过一会儿再关闭外接气源，打开前后仓的进气球阀；

（12）特别注意：在第一次卸料后，一定要对支点的螺栓和 U 形螺栓进行检查，并逐一紧固各个螺栓；以后应定期对各个螺栓进行检查，如发现松动，应紧固。

8. 散装干混砂浆运输车的紧急情况处理

（1）充气建压时，当出现罐内压力过高而导致安全阀开启时，可将排气阀打开减压；

（2）罐内进水时，应通过罐体底部的两个放水阀将水及时排出，若流化床帆布打湿，应将流化床帆布及时更换，避免砂浆在其上结块；

（3）卸料过程中，如出现其他异常情况需终止卸料时，可先关闭卸料碟阀，然后通过开启排气阀将流化仓内压力卸掉。

5.2.2 散装干混砂浆背罐车

散装干混砂浆背罐车是通过液压系统与装卸翻转机构的协同动作，实现散装干混砂浆移动筒仓的快速装卸与运输，简化了散装干混砂浆移动筒仓的装卸过程，大大节省了装卸的人力和时间；是散装干混砂浆物料存储、转运物流系统中的关键设备之一，如图 5-8 所示。

图 5-8　散装干混砂浆运输车与散装干混砂浆背罐车

1. 散装干混砂浆背罐车功能介绍

散装干混砂浆背罐车主要功能是将散装干混砂浆移动筒仓从干混砂浆生产厂运送到工地或工地之间的搬运，散装干混砂浆移动筒仓可以是空罐，也可以装载一定量的散装干混砂浆。通过液压系统与装卸翻转机构的协同动作，该车可自动托起散装干混砂浆移动筒仓并将其纵卧放在自身的车架上，实现散装干混砂浆移动筒仓的运输，将散装干混砂浆移动筒仓运到指定地点后，又可自动将散装干混砂浆移动筒仓卸下安放到地面上。整个操作可由一人可独立完成，实现散装干混砂浆移动筒仓的文明装卸，减轻了移动筒仓装卸的劳动强度并节约了装卸时间，可大大提高移动筒仓的装卸效率。

2. 散装干混砂浆背罐车技术特点

（1）操作简便

散装干混砂浆背罐车操作简便，操作员只需要依据操作规程有步骤操作，短时内即可完成装卸过程，一般完成一次装卸操作在100s内。

（2）液压控制系统

散装干混砂浆背罐车上装是由一系列机构及缸、泵、阀组成。通过液压系统和机构巧妙地协同动作，该车可以自动托起散装干混砂浆移动筒仓，然后将其缓缓地纵卧放到自身的车架上，并自动将纵卧的散装干混砂浆移动筒仓和自身车辆牢牢紧固在一起，该车接着就可背着这散装干混砂浆移动筒仓行驶，将散装干混砂浆移动筒仓安全运送到指定地点后，又可自动稳稳地将散装干混砂浆移动筒仓竖起卸下安放到地面上。

（3）可运载多种散装干混砂浆移动筒仓

目前散装干混砂浆背罐车的主要作用是将搅拌后的散装干混砂浆运输到所需地去，底盘与筒仓可以分离，可以实现一车多罐；主要用于移动运输容积为18～24m³之间、直径不大于2500mm的标准散装干混砂浆移动筒仓。

3. 散装干混砂浆背罐车安全操作

（1）设备启动前的准备工作

1）清理后支腿座、油缸、移动筒仓、上装系统上等的所有杂物，清理轮胎前后的障碍物。

2）检查各运动部件的紧固连接情况，如有松动马上拧紧。

3）使用纯正品质柴油。

4）检查液压油油量（油位要达到液位计的红色标识LH位置处），若不足则添加到规定油位。

5）检查各液压泵、液压油路等可见部位是否存在不安全因素或漏油现象。

6）检查举升臂、移动托架、传动系统等运转部件是否工作正常，是否有异响。

（2）取力器开启操作流程简述

开启取力器，如图5-9所示，按照以下顺序进行操作：

图5-9　干混砂浆背罐车控制系统

1）打开背罐车电源总开关。

2）用钥匙开启发动机。

3）踩下离合器。

4）打开取力器开关保险。

5）打开取力器开关。

6）合上离合器。

（3）干混砂浆背罐车液压系统即进入工作状态

1）踩下离合器。

2）关闭取力器开关，关闭取力器保险。

3）合上离合器，关闭发动机。

4）关闭干混砂浆背罐车电源总开关。

4. 散装干混砂浆背罐车操作流程

散装干混砂浆背罐车操作流程简述，如图 5-10。

图 5-10　散装干混砂浆背罐车操作流程图

使用自装卸操纵机构时，车辆应处于静止空挡状态，然后进行开机操作，再通过操纵手柄进行操作，并通过油门拉丝调节到适合的速度。

（1）自装操作的具体步骤

1）根据操作指示牌，通过操纵支腿油缸的操纵手柄，将支腿油缸进行支地；

2）通过操纵移动支架油缸的操纵手柄，将移动支架进行伸出；

3）通过操纵举升支架油缸的操纵手柄，将举升架举升，并将移动筒仓一并升起；

4）通过操纵移动支架油缸的操纵手柄，将移动支架进行缩回；

5）根据操作指示牌，通过操纵支腿油缸的操纵手柄，将支腿油缸进行收回。

（2）自卸操作的具体步骤

1）根据操作指示牌，通过操纵支腿油缸的操纵手柄，将支腿油缸进行支地；

2）通过操纵移动支架油缸的操纵手柄，将移动支架进行伸出；

3）通过操纵举升支架油缸的操纵手柄，将举升架放下，并将移动筒仓一并放下；

4）通过操纵移动支架油缸的操纵手柄，将移动支架进行缩回；

5）根据操作指示牌，通过操纵支腿油缸的操纵手柄，将支腿油缸进行收回。

注：对于增加吊装机构的背罐车，增加了吊钩的举升和放下，配合举升架共同完成对移动筒仓的装卸过程。

5. 背罐车工作时的注意事项

（1）举升上装过程中，注意调节移动筒仓位置，保证移动筒仓离地面有一定的距离，同时保证不和其他零部件有干涉。

（2）注意背罐车各零部件有无松动或异响，如有则停机检查原因。

（3）注意液压油箱温度计的指示，若高于 80℃，则停机检查原因；注意液压系统有无泄漏发生，如有则停机查找泄漏原因。

（4）对于装有吊装机构的背罐车，最大起吊重量为 5t，在使用活动臂时需注意：活动臂和伸缩臂重合≥3 孔时，起吊 5t；重合≤3 孔时，起吊 3t。

5.2.3　散装干混砂浆移动筒仓

1. 散装干混砂浆移动筒仓概述

散装干混砂浆移动筒仓（如图 5-11）是一种适用于重力或气力输送方式进出料，可以瞬间受压并能耐受一定风压，由钢制焊接的容器制得的干混砂浆的储存装置。可空载或负载被运输至施工工地，与连续混浆机等施工机械配套使用。

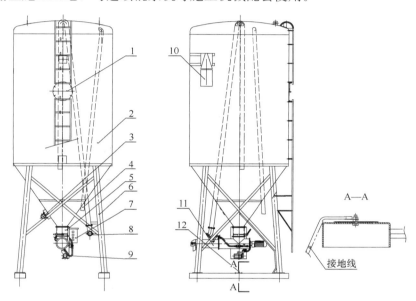

图 5-11　散装干混砂浆移动筒仓剖面图

1—装料口（入口）；2—储料罐容器；3—振动电机；4—收尘口；
5—蝶阀；6—支撑座架；7—电控箱；8—进料管；9—供水系统；
10—运输支撑耳；11—连续式干混砂浆搅拌机；12—防雷击设置

工作原理：散装干混砂浆移动筒仓系统是一种集输送、搅拌于一体，并具有定量供应，按比例加水、连续出料功能的新型灰浆搅拌设备。

适用范围：散装干混砂浆移动筒仓设备并可与砂浆泵组合，可满足不同条件的现场施工要求。适用于各类干混砂浆物料，诸如：砌筑砂浆、地面砂浆、抹面砂浆、自流平砂浆、瓷砖粘贴砂浆、特种砂浆等现场搅拌的设备。

2. 散装干混砂浆移动筒仓的组成

散装干混砂浆移动筒仓是由三大系统组成：储藏系统；搅拌系统；配电系统。如图 5-12 所示。

储藏系统包括：罐体总成、上料管、排气管、

图 5-12　散装干混砂浆移动筒仓的组成

185

防离析装置、人孔盖检查装置、除尘装置、铁爬梯、背耳等。

搅拌系统包括：推动装置、搅拌装置、水路装置。散装干混砂浆移动筒仓搅拌机结构图见图 5-13。

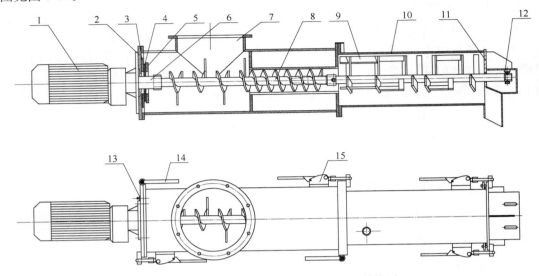

图 5-13　散装干混砂浆移动筒仓搅拌机结构图

1—电机减速机组；2—法兰总成Ⅰ；3—法兰Ⅱ；4—橡胶板；5—挡板；6—联轴器；

7—进料斗总成；8—推进轴总成；9—搅拌轴总成；10—搅拌管；11—出料口总成；

12—轴承；13—油杯；14—转轴总成；15—锁紧机构

配电系统包括：带动推动装置及搅拌装置的主电机、水泵、振动电机、传感显示装置及配电控制箱等。

3. 散装干混砂浆移动筒仓参数表

散装干混砂浆移动筒仓参数（SB/T 10461—2008）　　　　表 5-2

项　　目	单位	参　　　　数		
总容积	m³	7～9	18～20	22～24
有效容积	m³	6～8	16～18	20～22
筒仓外直径	mm	1800	2200～2500	2500
最大高度	mm	7200		
出料口高度	mm	1350		
出料口通经	mm	250		
气力进料口通经	mm	100		
排气口通经	mm	100		
装料阀门最小宽度	mm	450		
筒体最小壁厚	mm	4		
注：有效容积＝总容积×0.9				

4. 散装干混砂浆移动筒仓技术要求

散装干混砂浆移动筒仓现已发布了 SB/T10461－2008《散装干混砂浆移动筒仓》行

业标准，此标准对干混砂浆移动筒仓的型号、规格及基本参数、要求、检测方法、检测规则、标志和产品出厂附带文件进行了规定。散装干混砂浆移动筒仓技术要求如下：

（1）一般要求

1）筒仓应按经过规定程序批准的产品图样和技术文件制造装配。

2）所有外购件、外协件及原材料应符合相应的标准（或技术条件），并有制造厂的合格证，经生产厂家检验合格后方可使用。

3）所有自制零部件经检验合格后方可使用。

（2）环境工作条件

1）筒仓储料粒径≤5mm，容重最大2000kg/m³。

2）进料方式采用气力输送（气压≤0.20MPa），或采用重力放料，从装料阀门进入筒仓。

3）筒仓应安装在能承受足够压强的平整基础上，底座不允许有局部下沉倾斜。安装在边坡或坑边时，应有足够的距离。

4）所处环境的风荷应符合《散装水泥立式流动罐》WB/T 1010要求。

（3）干混砂浆移动筒仓技术条件

1）筒仓几何尺寸应符合表5-2规定。

2）筒仓材质宜选用Q235B钢材。筒仓扶梯为选装件，设计需符合《固定式钢梯及平台安全要求　第1部分：钢直梯》GB 4053.1要求。

3）筒仓内外表面不允许有裂纹、不允许有明显凹凸不平。

4）筒仓零部件设计、生产应符合《形状和位置公差　未注公差值》GB/T 1184规定。

5）焊接前的预处理应符合《气焊、焊条电弧焊、气体保护焊和高能束焊的推荐坡口》GB/T 985.1的规定。

6）焊条应符合《非合金钢及细晶粒钢焊条》GB/T 5117的要求。

7）焊缝应无裂纹、焊坑、焊穿、焊渣、漏焊等缺陷，所有焊接件质量应符合《工程机械　焊接件通用技术要求》JB/T 5943的要求。

8）筒仓仓体组焊后，除去锈蚀及氧化皮，外壁涂装底漆，筒仓组装制成后，外表涂刷相应的颜色，不得有皱皮、流泪、泛锈、褪色等缺陷。

9）筒仓的四个支腿点应在同一个水平面上，并与筒体母线垂直。

10）筒仓卸料阀采用和筒仓出口大小一致的蝶阀，尺寸应符合相关标准要求。

11）筒仓进料接头应符合《气卸散装水泥运输车　卸料管快速接头》JG/T 5021要求。

12）大气排放浓度须符合工地所在地区大气污染物排放标准。

13）筒仓总容积18m³（含）以上的移动筒仓吊耳结构尺寸应符合图5-14的要求，吊耳下沿距离筒仓支腿指点高度为5600mm±50mm，以保证筒仓专用车的通用性。

14）用于瞬间受压的工作的筒仓，应设置安全阀或爆破片装置。安全阀或爆破片的排放能力必须大于或等于压力容器的安全泄放量。

5. 散装干混砂浆移动筒仓安装

（1）施工前期准备

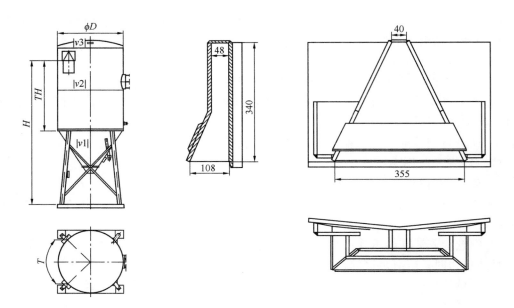

图 5-14　干混砂浆移动筒仓吊耳结构尺寸

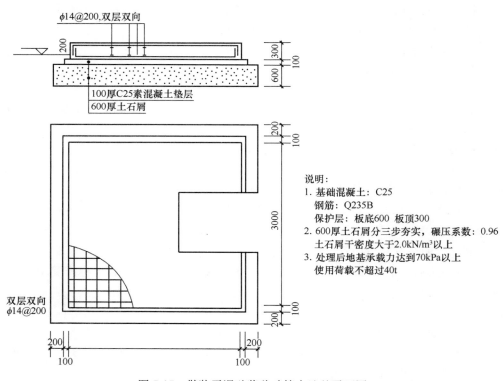

图 5-15　散装干混砂浆移动筒仓地基平面图

1）合同签订后施工现场程序准备。

2）确定散装干混砂浆移动筒仓放置位置于施工现场附近，便于车辆通行。

3）完成干混砂浆移动筒仓基础建设。

4）水、电引到距移动筒仓基础平台 1m 处位置（电源要求：三相五线制、配备三级配电箱）。

（2）散装干混砂浆移动筒仓平面基础做法

1）散装干混砂浆移动筒仓平面平整度要＜4mm。

2）散装干混砂浆移动筒仓平台完成后，必须维护、保养，超过保养期后方可使用。

3）在距平台的左侧 0.5m 处放置一个不小于容积 0.5m³ 以上的水桶或砌筑一个水池，水源必须引到距平台 1m 处位置。

4）在平台右侧 1m 内安装一台三级配电箱（三项五线制）以便于与干混砂浆移动筒仓连接。（见图 5-16）

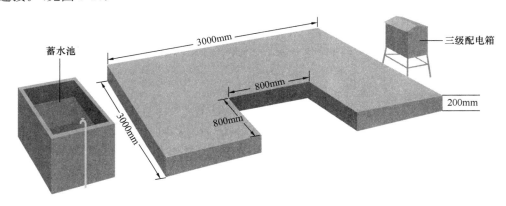

图 5-16　散装干混砂浆移动筒仓地基立体图

5）散装干混砂浆移动筒仓基础完工后通知安装厂家进行散装干混砂浆移动筒仓安装，安装前所建基础必须达到养护期。

6）散装干混砂浆移动筒仓所选基础位置不能选择施工现场低洼地带，更不能在开槽、活土、地下车库顶板区域内选择。

7）散装干混砂浆移动筒仓基础数量要求，要根据项目规模、工期、设计要求及施工进度来确定。

（3）移动筒仓条形基础做法

基础面积为：3000mm × 3000mm，混凝土标号 C30，平整度不大于 4mm/m²，厚度不低于 900mm，并高出地面 600mm，以利于排水。移动筒仓罐体安装应保证相对垂直，其倾斜度不大于 0.4°。并将三级配电箱 380V 交流电、自来水引入平台 1m 范围内。（见图 5-17）

设计说明：

① 基础混凝土为 C30；

② 钢筋采用 Q235B；

③ 保护层为 100mm、顶板为 900mm 厚；

④ 1000mm 厚土石屑分三步夯实，碾压

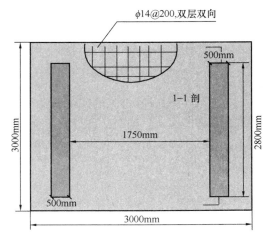

图 5-17　干混砂浆移动筒仓条形基础做法平面图

189

系数为 0.96；

⑤ 土石屑干密度处理后的结果 2.0kN/m³；

⑥ 处理后的地基承载力大于 70kPa 以上；

⑦ 使用荷载不能大于 46t，条形梁必须绝对平衡；

⑧ 每层缩进 200mm。

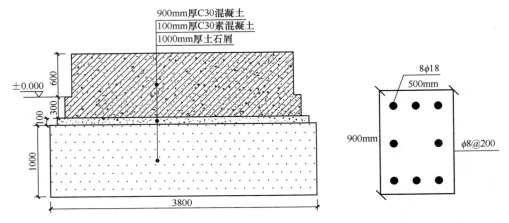

图 5-18 干混砂浆移动筒仓条形基础做法剖面图

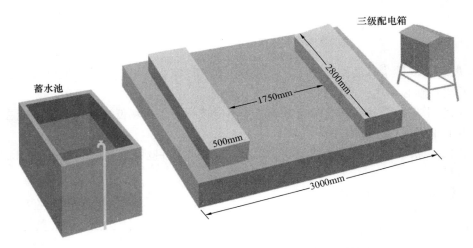

图 5-19 干混砂浆移动筒仓条形基础做法立体图

此基础浇筑完成后，养护期不能低于 7 个工作日，否则不能使用。

注：移动筒仓基础，不能建于施工现场低洼地带，不能建于松软土、开槽、回填土区域内，更不能建于地下车库的顶板上及高压线范围内。使用方必须严格按图施工及设计说明施工。

（4）散装干混砂浆移动筒仓安装程序

1）散装干混砂浆移动筒仓基础平台保养期过后，施工现场负责人应第一时间通知安装厂家进行安装，安装厂家接到通知后，做好安装程序准备，把散装干混砂浆移动筒仓运至施工现场。见图 5-20。

2）散装干混砂浆移动筒仓运至施工现场后，放到做好的移动筒仓基础平台上，筒仓出料口方向位于平台缺口方向居中位置。

3）散装干混砂浆移动筒仓按要求放置基平台后，由专业厂家技术人员进行设备线路连接、调试、培训等工作。

（5）散装干混砂浆移动筒仓使用方法和注意事项

1）电源

电源主要有主电源、主电机电源、震动机电源、水泵电源及传感系统电源组成。主电源是通过与三级配电箱连接的主要电源，工作电压为 380V。主电机电源是由控制箱引出的电源，主要是控制带动推动螺旋系统、搅拌系统的主电机。震动器电源是由配电箱引出的电源，是供震动机工作的电源。水泵电源由控制箱引出的电源，供吸水电机工作的电源，传感系统的电源主要是由四个支撑脚的平均压力传到数据显示器的电源。如图 5-21 所示。

图 5-20　运输散装干混砂浆移动筒仓

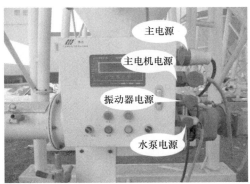

图 5-21　电源控制系统

2）操作前的检查

① 水的检查：开机前检查水管中是否有水，如没有水必须灌满。在灌水时打开吸水电机的排气阀门，灌入吸水电机的水从吸水电机的排气阀门中溢出即可，固定好排气阀门，灌满水管中的水，固定好单向阀与水管的连接。单向阀千万不要安反或丢失，否则吸水电机不能把水池（桶）里的水吸到搅拌仓内。见图 5-22、图 5-23。

图 5-22　灌水孔

图 5-23　单向阀

191

② 搅拌仓的检查：检查搅拌仓前必须断开所有电源开关，拧松搅拌仓的固定螺栓，打开搅拌仓盖，用手触动搅拌叶片是否旋转，如不旋转或者用力才旋转，检查搅拌仓内是否清洁，如有未清理的砂浆固体，清理干净后及旋转后才能进行下一步程序。开机前必须把搅拌仓盖盖好，把搅拌仓盖上的固定螺栓拧紧。开机后或设备正常运转时绝对禁止打开搅拌仓盖。

③ 电源显示检查：打开散装干混砂浆移动筒仓控制箱开关（图 5-24），此时称重显示屏约 10s 左右会出现一个固定数据（如散装干混砂浆移动筒仓里有料），如果散装干混砂浆移动筒仓里无料应显示为零，此时控制箱中的显示系统电源指示灯、运行指示灯处于正常状态。打开移动筒仓开关后等到显示器的数据稳定后，再进行下一步程序的操作。见图5-25。

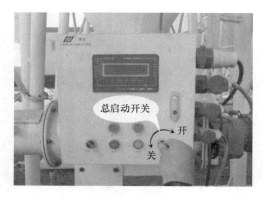

图 5-24　总开关

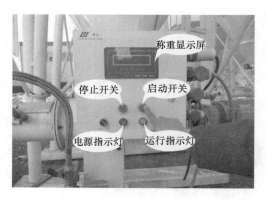

图 5-25　系统指示灯

3）操作步骤

① 启动电源开关后，水管中的水、称重显示器及搅拌系统进入正常状态时，打开仓料开关（打开仓料时上下活动开关扳手，不要间距太大，这样比较省力），料仓开关，开大、开小根据料仓中的材料多少而随时掌握。料仓中的料多时，料仓阀门开小点，料仓中的料少时，料仓阀门开大点。在设备正常运转的状态下，才能打开料仓阀门。打开料仓阀门后把固定螺栓拧紧，防止料仓开关上下滑落。见图 5-26、图 5-27。

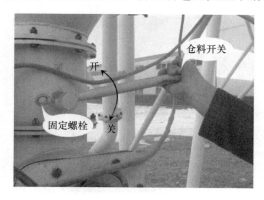

图 5-26　仓料开关

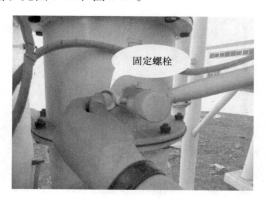

图 5-27　固定螺栓

② 当出料口所出的砂浆料的和易性不符合使用要求的时候，此时要调整水量控制阀，来调整水量的大小，上下调整时水量控制阀固定到某一位置时，3～5s 后出调整后搅拌的砂浆料，因进入搅拌仓的水与出料口有一段搅拌轴工作的距离，如所出的搅拌砂浆料和易性好就不要在调整，如所出的砂浆料的和易性不好，在上下调整。夏天施工时因室外气温较高，设备运转停机不能超过 30min，中午、下午下班时必须把搅拌仓里的砂浆料冲洗、清理干净。绝不允许用外来水源在搅拌仓内进行冲洗。冲洗、清洁搅拌仓的过程中更不能把水渗进推动系统内，否则由于砂浆受潮、凝结导致推动轴筑死。见图 5-28。

图 5-28　水量控制阀

③ 当气温低于 0℃时一定把散装干混砂浆移动筒仓水泵体中的水放干净，防止泵体由于气温的变化而冻裂。在打开泵体放水螺栓前，必须先把水管中的水放干净，防止管内的水进入泵体。见图 5-29、图 5-30。

图 5-29　排气阀

图 5-30　放水螺栓

④ 停机前，先关掉下料阀门，让推动仓和搅拌仓里的砂浆出干净，出料口出现清水为止。断开所有电源，拧松搅拌仓盖上的螺栓，打开搅拌仓盖，清理搅拌仓内的搅刀及仓内空间所有粘贴在搅拌叶片、轴、搅拌仓壁、出料口的砂浆。清理完毕后，盖好搅拌仓盖，拧紧螺栓，启动开关，在反复清洗，直至到出料口的水清澈为止。绝对不允许带电作业，更不允许机械运转时打开搅拌仓盖。见图 5-31。

⑤ 在清理搅拌仓时，每次清理前必须检查搅拌仓内的进水口，是否有砂浆凝固体堵塞在进入搅拌仓内的出水口处，必须保障水源进入搅拌仓内的进水流畅。特别是放干料的时候容易堵塞，放湿料前必需清理干净出水口内的砂浆。见图 5-32。

⑥ 散装干混砂浆移动筒仓的四个注脚都装有传感系统装置，散装干混砂浆移动筒仓里的物料重量的多少传输到四注脚后在配电箱的屏幕显示系统表面就会显示一定的重量。四个注脚下面的基础平台的平整度的大小取决显示系统的重量值的准确性。注脚下面及周围不能集有砂浆，更不能让砂浆与注脚凝固成结体，否则称重系统就失去了作用，更容易

损坏，一定要保持清洁、干净。见图5-33。

图 5-31　搅拌仓盖

图 5-32　搅拌仓

⑦ 散装干混砂浆移动筒仓的推动仓与搅拌仓是紧密连接的，推动仓里的砂浆都是干料，搅拌仓所出的料全为湿料，因为搅拌仓有供水系统，推动仓的直径小于搅拌仓的直径，推动轴与搅拌轴又在同一水平面上，所以搅拌仓的水不会流到推动仓内。在设备正常运转的情况下关闭下料阀门，推动仓与搅拌仓内处于无料状态，出料口的水达到清澈为止。见图5-34。

图 5-33　底座传感器

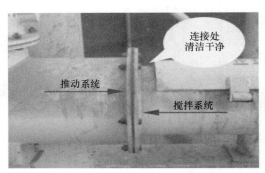

图 5-34　推进、搅拌连接处

6 预拌砂浆的施工

预拌砂浆相比于传统现场搅拌砂浆，可以免去现场原材料露天堆放，人工或小型机械搅拌，每批实验室配比测试等一系列弊端，只需现场加水拌合即可。本章介绍预拌砂浆中的普通砂浆、特种砂浆的施工及施工验收标准，并对预拌砂浆施工中出现的一些问题进行总结分析。

预拌砂浆的机械化施工是传统砂浆不能实现的，有其独特的优越性，第七章中介绍。

6.1 预拌砂浆施工的基本要求

（1）预拌砂浆的品种选用应根据设计、施工等的要求确定。

（2）不同品种、规格的预拌砂浆不应混合使用。

（3）预拌砂浆施工前，施工单位应根据设计和工程要求及预拌砂浆产品说明书编制施工方案，并应按施工方案进行施工。

（4）预拌砂浆施工时，施工环境温度宜在 5～35℃。当在温度低于 5℃ 或高于 35℃ 施工时，应采取保证工程质量的措施。大于等于五级风、雨天和雪天的露天环境条件下，不应进行预拌砂浆施工。当室外日平均气温连续 5d 低于 5℃ 或当天气温低于 0℃ 时，应采取冬施措施，并按照《建筑工程冬期施工规程》JGJ 104 执行。

（5）工程质量验收应按照国家相关标准执行。施工单位应建立各道工序的自检、互检和专职人员检验制度，并应有完整的施工检查记录。

（6）施工现场的环境污染和噪声应符合国家相关标准。

6.2 预拌砂浆施工前准备

6.2.1 预拌砂浆进场验收

（1）预拌砂浆进场时，供方应按规定批次向需方提供有效的质量证明文件。质量证明文件应包括产品型式检验报告、出厂检验报告和产品合格证等。

预拌砂浆进场时应进行外观检验，且应符合下列规定：

1）湿拌砂浆应外观均匀，无离析、泌水现象。

2）散装干混砂浆应外观均匀，无结块、受潮现象。

3）袋装干混砂浆应包装完整，无受潮现象。

（2）湿拌砂浆应进行稠度检验，允许偏差符合表 6-1 的规定。

<table>
<tr><td colspan="2" align="center">湿拌砂浆稠度偏差</td><td align="right">表 6-1</td></tr>
</table>

规定稠度/mm	允许偏差/mm
50、70、90	±10
110	−10～+5

（3）预拌砂浆外观、稠度检验合格后，应按规程进行复验，复验结果合格后方可使用。

6.2.2　湿拌砂浆的储存

施工现场宜配备湿拌砂浆储存容器。储存容器应密闭、不吸水，其数量、容量应满足砂浆品种、供货量的要求。储存容器使用时，内部应无杂物、无明水。储存容器应便于储运、清洗和砂浆存取。砂浆存取时，应有防雨措施。储存容器宜采取遮阳、保温等措施。

不同品种、强度等级的湿拌砂浆应分别存放在不同的储存容器中，并应对储存容器进行标识，标识内容应包括砂浆的品种、强度等级和使用时限等。砂浆应先存先用。

湿拌砂浆在储存及使用过程中不得加水。砂浆存放过程中，当出现少量泌水时，应拌合均匀后使用。砂浆用完，应立即清理其储存容器。

湿拌砂浆储存地点的环境温度宜为 5～35℃。

6.2.3　干混砂浆的储存

干混砂浆按储存方式可分为袋装干混砂浆和散装干混砂浆。

袋装干混砂浆运抵施工现场后，施工方应配备干燥、通风、防潮、不受雨淋的库房，储存干混砂浆。并应按品种、批号分别堆放在架空板上，不得混堆混用，且应先存先用。配套组分中的有机类材料应储存在阴凉、干燥、通风、远离火和热源的场所，不应露天存放和暴晒，储存环境条件温度为 5～35℃。

如施工现场使用散装干混砂浆，应提前 20～30d 按照干混砂浆厂家提供的移动筒仓基础图做好现场的移动筒仓基础（移动筒仓基础图见第五章内容），基础位置的选择应根据砂浆的使用地点、运输的路径及场地的开阔性等指标，由施工方与砂浆厂家协商确定。以保证使用过程中的便捷性及材料运输过程的可靠性。

散装干混砂浆运到工地之前，必须按照干混砂浆移动筒仓的基础尺寸设计图进行基础施工，浇筑基础混凝土为 C25 以上的混凝土，提供 7d 强度达到 24MPa 的检测报告后再将干混砂浆移动筒仓放在混凝土基础之上，干混砂浆移动筒仓的基础平整度为 ±5mm。

干混砂浆移动筒仓可考虑施工过程的特点分段使用，比如先砌筑砂浆，再抹灰砂浆，再地面砂浆，但在同一时段，移动筒仓不能混存混放。在此应对移动筒仓内物料进行标识。筒仓数量应满足砂浆品种及施工要求。更换砂浆品种时，筒仓应清空。

筒仓应符合现行行业标准《干混砂浆散装移动筒仓》SB/T 10461 的规定，并应在现场安装牢固。

干混砂浆注入移动筒仓后，使用前考虑筒仓内最下面锥体段无防离析设备，应先放掉 2～3t 干混砂浆，之后的使用过程中不得将移动筒仓中的干混砂浆用空，必须保留在锥体部分上端，如放空，应按第一次使用处理，如工程结束可用空。

6.2.4 预拌砂浆的搅拌

预拌砂浆一般采取机械搅拌方式进行搅拌。袋装的干混砂浆可以使用手提式搅拌器进行搅拌，搅拌时加水量应控制在砂浆加水量标准范围之内。

湿拌砂浆的搅拌一般在生产企业就已事先搅拌完成，由运输车运输过程中不停搅拌防止离析进而送达目的地。

图 6-1　湿拌砂浆搅拌车

散装干混砂浆是由干混砂浆运输车将在专业砂浆生产企业由砂浆生产设备生产的干料运送至工地，打入工地事先安置的干混砂浆移动筒仓内，使用时以移动筒仓自带的螺旋式混合搅拌机进行加水搅拌。加水量根据施工要求来调节砂浆稠度，注意使用水源也需使用符合《混凝土用水标准》JGJ 63 的规定，以免用水不合格影响砂浆的品质。

干混砂浆也可采用传统的人工方式进行搅拌。

图 6-2　干混砂浆的现场储运

图 6-3　干混砂浆机械搅拌

6.3 预拌砂浆的施工

传统砂浆施工是在施工现场临时用水泥、砂子和外加剂配制后加水拌合而成的。首先因计量的不准确而造成砂浆质量的异常波动，现场拌合砂浆在现场无严格的计量，全凭工人现场估计，不能严格执行配合比；无法准确添加微量的外加剂；不能准确控制加水量；其次搅拌的均匀度难以控制，另原材料的质量波动大，如不同源地河砂含泥量与级配均有较大差异，在此条件下拌制的砂浆出现质量的异常波动在所难免。其次现场拌合砂浆施工性能差，因现拌砂浆无法或很少添加外加剂，和易性差，难以进行机械施工，操作费时费力，落灰多、浪费大，质量事故多，如抹灰砂浆开裂、剥落，防水砂浆渗漏等。再者现拌砂浆品种单一，无法满足各种质量要求，工人劳动强度大，占用的人力也较多。如图 6-4 所示。

图 6-4 传统砂浆搅拌

预拌干混砂浆采用电脑配方、工厂量化生产，从材料构成、生产工艺等方面完全取代了传统现场搅拌砂浆，从根本上克服了砂浆品质的波动大、人为因素不可控等缺点。具有提高建筑工程质量，促进建筑技术进步，实现现场文明施工，改善城市大气环境等方面的优越性，因此，取消现场搅拌砂浆，采用工业化生产的预拌砂浆，功在当代，利在千秋。

6.3.1 砌筑砂浆的施工

砌筑砂浆由干燥筛分的级配细骨料、无机胶凝材料、矿物掺和料、精选添加剂经自动化配料搅拌制成，根据砌体基材（加气砌块、普通砖、加气砖、多孔砖、混凝土小砌块等）设计强度、灰缝厚度的不同选用不同品种的砌筑砂浆，保证现场所使用的砂浆在各种环境下胶凝的更为密实，避免水分被砌体材料过分吸收影响砂浆凝结硬化。更强的粘结性能和塑性收缩率低，保证了砌体整体强度和抗震能力。

1. 基本规定

（1）砌筑砂浆的稠度可根据砌体的种类进行选择，常见选用表如表 6-2 所示。

砌筑砂浆的稠度

表 6-2

砌体种类	砂浆稠度/mm
烧结普通砖砌体	70～90
粉煤灰砖砌体	
混凝土多孔砖、实心砖砌体	50～70
普通混凝土小型空心砌块砌体	
蒸压灰砂砖砌体	
蒸压粉煤灰砖砌体	
烧结多孔砖、空心砖砌体	60～80
轻骨料混凝土小型空心砌块砌体	
蒸压加气混凝土砌块砌体	
石砌体	30～50

（2）砌体砌筑时，混凝土实心砖、混凝土多孔砖、蒸压灰砂砖、蒸压粉煤灰砖以及轻骨料混凝土小型空心砌块、普通混凝土小型空心砌块等块体的产品龄期不应小于 28d。

2. 块材处理

（1）砌筑非烧结砖或砌块砌体时，块材的含水率应符合国家现行有关标准的规定。

（2）砌筑烧结页岩砖、烧结多孔砖、蒸压灰砂砖、蒸压粉煤灰砖砌体时，不应采用干砖或处于吸水饱和状态的砖。砖应提前浇水湿润，且应符合国家现行有关标准的规定。

（3）砌筑普通混凝土小型空心砌块、混凝土多孔砖及混凝土实心砖砌体时，不宜对其用水湿润；当天气干燥炎热时，宜在砌筑前对其喷水湿润。

（4）砌筑轻骨料混凝土小型空心砌块砌体时，应提前浇水湿润。砌筑时，砌块表面不应有明水。

（5）采用薄层砂浆施工法砌筑蒸压加气混凝土砌块砌体时，砌块不宜湿润。

3. 施工

（1）砌筑砂浆的水平灰缝厚度宜为 10mm，允许误差宜为 ±2mm。采用薄层砂浆施工法时，水平灰缝厚度不应大于 5mm。

（2）采用铺浆法砌筑砌体时，一次铺浆长度不得超过 750mm；当施工期间环境温度超过 30℃时，一次铺浆长度不得超过 500mm。

（3）对砖砌体、小砌块砌体，每日砌筑高度宜控制在 1.5m 以下或一步脚手架高度内；对石砌体，每日砌筑高度不应超过 1.2m。

（4）砌体的灰缝应横平竖直、厚薄均匀、密实饱满。砖砌体的水平灰缝砂浆饱满度不得小于 80%；砖柱水平灰缝和竖向灰缝的砂浆饱满度不得小于 90%；小砌块砌体灰缝的砂浆饱满度，按净面积计算不得低于 90%，填充墙砌体灰缝的砂浆饱满度，按净面积计算不得低于 80%。竖向灰缝不应出现瞎缝和假缝。

（5）竖向灰缝应采用加浆法或挤浆法使其饱满，不应先干砌后灌缝。

（6）当砌体上的砖或砌块被撞动或需移动时，应将原有砂浆清除再铺浆砌筑。

4. 砌筑砂浆施工注意事项

（1）加气混凝土砌块施工时的含水率宜小于 15%，粉煤灰加气混凝土砌块施工时的含水率宜小于 20%；

（2）普通砌筑砂浆适用于砌筑灰缝不小于 5mm，高保水砌块砂浆适用于 3～5mm 的灰缝；

（3）砌筑时，砌块表面不得有明水，砌筑灰缝应根据砌体的尺寸偏差确定，可用原浆对墙面进行勾缝，但必须随砌随勾；

（4）需使用机械搅拌，搅拌时间不少于 3min，根据施工稠度用水量一般为粉料的 16%～20%。拌合过程中不得添加其他材料。调好的砂浆宜在 3h 内用完，温度大于 30℃ 须在 2h 内用完。已硬化的砂浆不得再用，落地灰可回收利用但不得超过初凝时间；

（5）遇到雨雪天气应停止施工；砂浆硬化前防止雨淋，冬季气温低于 5°须使用防冻砂浆。气温低于 −5°应停止施工。见图 6-5。

图 6-5　砌筑砂浆的施工

5. 质量验收

（1）对同品种、同强度等级的砌筑砂浆，湿拌砌筑砂浆应以 50m³ 为一个检验批，干混砌筑砂浆应以 100t 为一个检验批；不足一个检验批的数量时，应按一个检验批计。

（2）每检验批应至少留置 1 组抗压强度试块。

（3）砌筑砂浆取样时，干混砌筑砂浆宜从搅拌机出料口、湿拌砌筑砂浆宜从运输车出料口或储存容器随机取样。砌筑砂浆抗压强度试块的制作、养护、试压等应符合现行行业标准《建筑砂浆基本性能试验方法标准》JGJ/T70 的规定，龄期应为 28d。

（4）砌筑砂浆抗压强度应按验收批进行评定，其合格条件应符合下列规定：

同一验收批砌筑砂浆试块抗压强度平均值应大于或等于设计强度等级所对应的立方体抗压强度的 1.10 倍，且最小值应大于或等于设计强度等级所对应的立方体抗压强度的 0.85 倍；

当同一验收批砌筑砂浆抗压强度试块少于 3 组时，每组试块抗压强度值应大于或等于设计强度等级所对应的立方体抗压强度的 1.10 倍。

检验方法：检查砂浆试块抗压强度检验报告单。

6.3.2　抹灰砂浆的施工

抹灰砂浆用于涂抹在混凝土墙、各种砌块、石膏等各种轻质隔墙板表面，起着对墙体和构件保护的作用，又达到平整光洁美观的效果。具有塑性收缩及收缩性能低的特点，提高墙体的抗裂、抗渗及抗应变能力，外墙免受雨水侵蚀，涂料装饰效果更好。使用部位不受环境影响，也可用在地下室、浴室和其他潮湿的构筑物等各种部位和环境。

1. 基本规定

（1）抹灰砂浆的稠度应根据施工要求和产品说明书确定。

（2）砂浆抹灰层的总厚度应符合设计要求。

（3）外墙大面积抹灰时。应设置水平和垂直分隔缝。水平分割缝的间距不宜大于 6m，垂直分隔缝宜按墙面面积设置，且不宜大于 30m²。

（4）施工前，施工单位宜和砂浆生产企业、监理单位共同模拟现场条件制作样板，在规定龄期进行实体拉伸粘结强度检验，并应在检验合格后封存留样。

（5）天气炎热时，应避免基层受日光直接照射。施工前，基层表面宜洒水湿润。

2. 基层处理

（1）基层应平整、坚固，表面应洁净。上道工序留下的沟槽、孔洞等应进行填实修整。

（2）不同材质的基体交接处，应有防止开裂的加强措施。当采用加强网时，加强网与各基体的搭接宽度不应小于 100mm。门窗口、墙阳角处应提前做好护角。

（3）在混凝土、蒸压加气混凝土砌块、蒸压灰砂砖、蒸压粉煤灰砖等基体上抹灰时，应采用相配套的界面砂浆对基层进行处理。

（4）在混凝土小型空心砌块、混凝土多孔砖等基体上抹灰时，宜采用界面砂浆对基层进行处理。

（5）在烧结砖等吸水速度快的基体上抹灰时，应提前对基层浇水湿润。施工时，基层表面不得有明水。

（6）基层上涂抹界面砂浆前，应先将基层表面的浮尘、污垢、油渍等清除干净。界面砂浆应先加水搅拌均匀，无生粉团后再进行满批刮，并应覆盖全部基层墙面，厚度不宜大于 2mm。在界面砂浆表面稍收浆后再进行抹灰。

（7）普通防水砂浆用于抹灰施工时，基层混凝土或砌筑砂浆抗压强度不应低于设计值的 80%；当管道、地漏等穿越楼板、墙体时，应在管道、地漏根部做好防水密封处理。

（8）采用薄层砂浆施工法抹灰时，基层可不做界面处理。

3. 施工

（1）抹灰施工应在主体结构完工并验收合格后进行。

（2）抹灰工艺应根据设计要求、抹灰砂浆产品性能、基层情况等确定。

（3）采用普通抹灰砂浆抹灰时，每遍涂抹厚度不宜大于 10mm。当厚度大于 10mm 时，应分层抹灰。后一层抹灰应在前一层砂浆凝结硬化后进行。每层抹灰砂浆应分别压实、抹平，抹平应在砂浆初凝前完成。面层砂浆表面应平整。采用薄层砂浆施工法抹灰时，宜一次成活，厚度不应大于 5mm。

（4）当抹灰砂浆总厚度大于或等于 35mm 时，应采取加强措施。

（5）室内墙面、柱面和门洞口的阳角做法应符合设计要求。

（6）顶棚抹灰总厚度不宜大于 8mm，宜采用薄层抹灰找平，不应反复赶压。

（7）抹灰砂浆层在凝结前应防止快干、水冲、撞击、振动和受冻。抹灰砂浆施工完成后，应防止玷污和损坏。

（8）除薄层抹灰砂浆外，抹灰砂浆层凝结后应及时保湿养护，养护时间不得少于 7d。见图 6-6。

图 6-6　抹灰砂浆的施工

4. 质量验收

（1）抹灰工程检验批的划分应符合下列规定：

相同材料、工艺和施工条件的室外抹灰工程，每 1000m² 应划分为一个检验批；不足 1000m² 时，按一个检验批计。

相同材料、工艺和施工条件的室内抹灰工程，每 50 个自然间（大面积房间和走廊按抹灰面积 30m² 为一间）应划分为一个检验批；不足 50 间时，按一个检验批计。

（2）抹灰工程检查数量应符合下列规定：

室外抹灰工程，每检验批每 100m² 应至少抽查一处，每处不得小于 10m²。

室内抹灰工程，每检验批应至少抽查 10%，并不得少于 3 间；不足 3 间时，应全数检查。

（3）抹灰层应密实，无脱层、无空鼓，面层无起砂、爆灰和裂缝。

检验方法：观察和用小锤轻击检查。

（4）抹灰表面应光滑、平整、洁净、接槎平整、颜色均匀，分格缝应清晰。

检验方法：观察检查。

（5）护角、孔洞、槽、盒周围的抹灰表面应整齐、光滑；管道后面的抹灰表面应平整。

检验方法：观察检查。

（6）室外抹灰砂浆层应在 28d 龄期时，按现行行业标准《抹灰砂浆技术规程》JGJ/T 220 的规定进行实体拉伸粘结强度检验，并应符合下列规定：

相同材料、工艺和施工条件的室外抹灰工程，每 5000m² 应至少取一组试件；不足 5000m² 时，也应取一组。

实体拉伸粘结强度应按验收批进行评定。当同一验收批实体拉伸粘结强度的平均值不小于 0.25MPa 时，判定为合格；否则，判定为不合格。

检验方法：检查实体拉伸粘结强度检验报告单。

（7）当抹灰砂浆外表面粘贴饰面砖时，应按现行标准《外墙饰面砖工程施工及验收规程》JGJ 126、《建筑工程饰面砖粘结强度检验标准》JGJ 110 的规定进行验收。

6.3.3 地面砂浆的施工

地面砂浆由优质水泥、砂、掺和料和精选添加剂等配制而成。用于路面、台阶、坡道、散水、地面、楼面、屋面的找平处理。

1. 基本规定

（1）地面砂浆强度等级不应低于 M15。面层砂浆的稠度宜为 50mm±10mm。

（2）地面找平层和面层砂浆的厚度应符合设计要求，且不小于 20mm。

2. 基层处理

（1）基层应平整、坚固，表面洁净。上道工序留下的沟槽、孔洞等应进行填实修整。

（2）基层表面宜提前洒水湿润，施工时表面不得有明水。

（3）光滑基面宜采用界面砂浆进行处理。界面砂浆应先加水搅拌均匀，无生粉团后再进行满批刮，并覆盖全部基层地面，厚度不宜大于 2mm。在界面砂浆表面稍收浆后再进行地面砂浆施工。

（4）有防水要求的地面，施工前应对立管、套管和地漏等与楼板交界处进行密封处理。

3. 施工

（1）面层砂浆的铺设宜在室内装饰工程基本完工后进行。

（2）地面砂浆铺设时，随铺随压实。抹平、压实工作应在砂浆初凝前完成。

（3）做踢脚线前，先弹好水平控制线，并应采取措施控制出墙厚度一致。踢脚线突出墙厚度不应大于 8mm。

（4）踏步面层施工时，应采取保证每级踏步尺寸均匀的措施，且误差不大于 10mm。

（5）地面砂浆铺设时宜设置分隔缝，分隔缝间距不大于 6mm。

（6）地面砂浆凝结后应及时保湿养护，养护时间不应少于 7d。普通防水砂浆作为地面砂浆使用时，养护时间不应少于 14d。

（7）地面砂浆施工完成后，应有防止玷污和损坏的措施。面层砂浆的抗压强度未达到设计要求前，应采取保护措施。见图 6-7。

图 6-7　室内地面砂浆的施工

4. 质量验收

（1）地面砂浆检验批的划分应符合下列规定：

每一层次或每层施工段（或变形缝）应作为一个检验批。

高层及多层建筑的标准层可按每 3 层作为一个检验批，不足 3 层时，按一个检验批计。

（2）地面砂浆的检查数量应符合下列规定：

每检验批应按自然间或标准间随机检验，抽查数量不少于 3 间，不足 3 间时，全数检查。走廊（过道）以 10 延米为 1 间，工业厂房（按单跨计）、礼堂、门厅应以两个轴线为 1 间计算。

对有防水要求的建筑地面，每检验批应按自然间（或标准间）总数随机检验，抽查数量不少于 4 间，不足 4 间时，全数检查。

（3）砂浆层应平整、密实，上一层与下一层结合牢固，无空鼓、裂缝。当空鼓面积不大于 400mm^2，且每自然间（标准间）不多于 2 处时，可不计。

检验方法：观察和用小锤轻击检查。

（4）砂浆层表面应洁净，并无起砂、脱皮、麻面等缺陷。

检验方法：观察检查。

（5）砂浆面层的允许偏差和检验方法应符合表 6-3 的规定。

<table>
<tr><td colspan="3">砂浆面层的允许偏差和检验方法</td><td>表 6-3</td></tr>
</table>

项　目	允许偏差/mm	检验方法
表面平整度	4	用 2m 靠尺和楔形塞尺检查
踢脚线上口平直	4	拉 5m 线和用钢尺检查
缝格平直	3	拉 5m 线和用钢尺检查

（6）对同一品种、同一强度等级的地面砂浆，每检验批且不超过 1000m² 至少留置一组抗压强度试块。抗压强度试块的制作、养护、试压等应符合现行行业标准《建筑砂浆基本性能试验方法标准》JGJ/T70 的规定，龄期应为 28d。

（7）地面砂浆抗压强度应按验收批进行评定。当同一验收批地面砂浆试块抗压强度平均值大于或等于设计强度等级所对应的立方体抗压强度值时，可判定该批地面砂浆的抗压强度合格；否则，判定为不合格。

检验方法：检查砂浆试块抗压强度检验报告单。

6.3.4　防水砂浆的施工

防水砂浆以水泥、细骨料为主要原材料，以聚合物和添加剂等为改性材料并适当配比混合而成的防水材料。用于地下室防渗及渗漏处理，建筑物屋面及内外墙面渗漏的修复，各类水池和游泳池的防水防渗，人防工程、隧道、粮仓、厨房、卫生间、厂房、封闭阳台的防水防渗。

1. 基本规定

（1）防水砂浆的施工应在基体及主体结构验收合格后进行。

（2）防水砂浆施工前，应将节点部位、相关的设备预埋件和管线安装固定好。

（3）防水砂浆施工完成后，严禁在防水层上凿孔打洞。

（4）防水砂浆分为湿拌普通防水砂浆、干混普通防水砂浆和聚合物水泥防水砂浆，当抗渗等级大于 P10 时，应选用聚合物防水砂浆。

2. 基层处理

（1）基层平整、坚固，表面洁净。当基层平整度超出允许偏差时，宜采用适宜材料补平或剔平。

（2）防水砂浆施工时，基层混凝土或砌筑砂浆抗压强度应不低于设计值的 80%。

（3）基层宜采用界面砂浆进行处理，当采用聚合物水泥防水砂浆时，界面可不做处理。

（4）当管道、地漏等穿越楼板、墙体时，应在管道、地漏根部做出一定坡度的环形凹槽，并嵌填适宜的防水密封材料。

3. 施工

（1）防水砂浆可采用抹压法、涂刮法施工，且宜分层涂抹。砂浆应压实、抹平。

（2）普通防水砂浆应采用多层抹压法施工，并在前一层砂浆凝结后再涂抹后一层砂浆。砂浆总厚度宜为 18～20mm。

（3）聚合物水泥防水砂浆的厚度，对墙面、室内防水层，厚度宜为 3～6mm；对地下防水层，砂浆层单层厚度宜为 6～8mm，双层厚度宜为 10～12mm。

（4）砂浆防水层应紧密结合，每层宜连续施工，当需留施工缝时，应采用阶梯坡型槎，且离阴阳处不得小于 200mm，上下层接槎应至少错开 100mm。防水层的阴阳角处宜做成圆弧形。

（5）屋面做砂浆防水层时，应设置分隔缝，分隔缝间距不宜大于 6m，缝宽宜为 20mm，分隔缝应嵌填密封材料，且应符合现行国家标准《屋面工程技术规范》GB 50345 的规定。

（6）砂浆凝结硬化后，应保湿养护，养护时间不少于14d。

（7）防水砂浆凝结硬化前，不得直接受水冲刷。储水结构应待砂浆强度达到设计要求后再注水。见图6-8。

图6-8　防水灰浆的施工

4. 质量验收

（1）对同类型、同品种、同施工条件的砂浆防水层，每100m²应划分为一个检验批，不足100m²时，应按一个检验批计。

（2）每检验批至少抽查一处，每处为10m²。同一验收批次抽查数量不得少于3处。

（3）砂浆防水层各层之间应结合牢固、无空鼓。

检验方法：观察和用小锤轻击检查。

（4）砂浆防水层表面应平整、密实，不得有裂纹、起砂、麻面等缺陷。

检验方法：观察检查。

（5）砂浆防水层的平均厚度应符合设计要求，最小厚度不得小于设计值的85%。

检验方法：观察和尺量检查。

6.3.5　干混陶瓷砖粘结砂浆的施工

干混陶瓷砖粘结砂浆是一种高品质环保型聚合物水泥基复合粘结材料。它是以优质石英砂为骨料，水泥为胶凝材料，选用可再分散胶粉配以及多种添加剂均混而成的粉状柔性粘结材料。具有一定的柔韧性、保水性好、粘结强度高、和易性好，从根本上解决瓷砖的开裂、空鼓、脱落等弊病。尤其是粘结厚度小于普通砂浆，提高了房间使用面积。适用于内、外墙瓷砖、面砖、地砖、隔墙板、大理石、花岗岩、铜质砖、地砖、霹雳砖、陶瓷等装饰材料的粘结。

1. 基本规定

（1）干混陶瓷砖粘结砂浆的品种应根据设计要求、施工部位、基层及所用陶瓷砖性能确定。陶瓷砖粘结砂浆的品种应根据设计要求、施工部位、基层及所用陶瓷砖性能确定。

（2）陶瓷砖的粘贴方法及涂层厚度应根据施工要求、陶瓷砖规格和性能、基层等情况确定。陶瓷砖粘结砂浆涂层平均厚度不宜大于5mm。

（3）粘贴补墙饰面砖时应设置伸缩缝。伸缩缝采用柔性防水材料嵌填。

（4）天气炎热时，贴砖后在24h内对已贴砖部位采取遮阳措施。

（5）施工前，施工单位应和砂浆生产单位、监理单位等共同制作样板，并经拉伸粘结强度检验合格后再施工。

2. 基层要求

（1）基层应平整、坚固，表面洁净。当基层平整度超出允许偏差时，宜采用适宜材料补平或剔平。

（2）基体或基层的拉伸粘结强度不小于0.4MPa。

（3）天气干燥、炎热时，施工前可向基层浇水湿润，但基层表面不得有明水。

3. 施工

（1）陶瓷砖的粘贴应在基层或基体验收合格后进行。

（2）对有防水要求的厨卫间内墙，应在墙地面防水层及保护层施工完成，验收合格后再粘贴陶瓷砖。

（3）陶瓷砖应清洁，粘结面无浮灰、杂物和油渍等。

（4）粘贴陶瓷砖前，应按设计要求，在基层表面弹出分格控制线或挂外控制线。

（5）陶瓷砖粘贴的施工工艺应根据陶瓷砖的吸水率、密度及规格等确定。

（6）采用单面粘贴法粘贴陶瓷砖时，应按下列程序进行：

1）用齿形抹刀的直边，将配制好的陶瓷砖粘结砂浆均匀地涂抹在基层上。

2）用齿形抹刀的疏齿边，以与基面成60°的角度，对表面上的砂浆进行梳理，形成带肋的条纹状砂浆。

3）将陶瓷砖稍用力扭压在砂浆上。

4）用橡皮锤轻轻敲击陶瓷砖，使其密实、平整。

（7）采用双面粘贴法粘贴陶瓷砖时，应按下列程序进行：

1）根据《预拌砂浆应用技术规程》JGJ/T 223规定的程序，在基层上制成带肋的条纹状砂浆。

2）将陶瓷砖粘结砂浆均匀涂抹在陶瓷砖的背面，再将陶瓷砖稍用力扭压在砂浆上。

3）用橡皮锤轻轻敲击陶瓷砖，使其密实、平整。

（8）陶瓷砖位置的调整应在陶瓷砖粘结砂浆晾置时间内完成。

（9）陶瓷砖粘贴完成后，应擦除陶瓷砖表面的污垢、残留物等，并清理砖缝中多余的砂浆。72h后检查陶瓷砖有无空鼓，合格后宜采用填缝剂处理陶瓷砖之间的缝隙。

（10）施工完成后，自然养护7d以上，并做好成品的保护。见图6-9、图6-10。

4. 质量验收

（1）饰面砖工程检验批的划分应符合下列规定：

同类墙体、相同材料和施工工艺的外墙饰面砖工程，每1000m²应划分为一个检验批；不足1000m²时，按一个检验批计。

同类墙体、相同材料和施工工艺的内墙饰面砖工程，每50个自然间（大面积房间和走廊按施工面积30m²为一间）划分为一个检验批；不足50间时，按一个检验批计。

同类地面、相同材料和施工工艺的地面饰面砖工程，每1000m²划分为一个检验批；不足1000m²时，按一个检验批计。

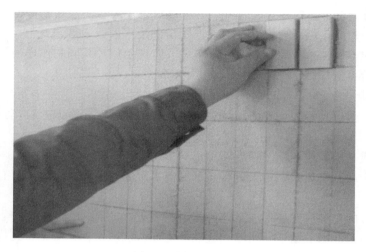

图 6-9　粘结外墙砖

图 6-10　粘结纸面砖

（2）饰面砖工程检查数量应符合下列规定：

外墙饰面砖工程，每检验批每 100m² 应至少抽查一处，每处应为 10m²。

内墙饰面砖工程，每检验批至少抽查 10%，并不得少于 3 间；不足 3 间时，全数检查。

地面饰面砖工程，每检验批每 100m² 至少抽查一处，每处为 10%。

（3）陶瓷砖应粘贴牢固，不得有空鼓。

检验方法：观察和用小锤轻击检查。

（4）饰面砖墙面或地面应平整、洁净、色泽均匀，不得有歪斜、缺棱掉角和裂缝现象。

检验方法：观察检查。

（5）饰面砖砖缝应连续、平直、光滑，嵌填密实，宽度和深度一致，并符合设计要求。

检验方法：观察和尺量检查。

（6）陶瓷砖粘贴的尺寸允许偏差和检验方法应符合表 6-4 的要求。

陶瓷砖粘贴的尺寸允许偏差和检验方法   表 6-4

检验项目	允许偏差/mm	检验方法
立面垂直度	3	用 2m 托线板检查
表面平整度	2	用 2m 靠尺、楔形塞尺检查
阴阳角方正	2	用方尺、楔形塞尺检查
接缝平直度	3	拉 5m 线，用尺检查
接缝深度	1	用尺量
接缝宽度	1	用尺量

（7）对外墙饰面砖工程，每检验批至少检验一组实体拉伸粘结强度。试样随机抽取，一组试样由 3 个试样组成，取样间距不得小于 500mm，每相邻的三个楼层至少取一组试样。

（8）拉伸粘结强度的检验评定应符合现行行业标准《建筑工程饰面砖粘结强度检验标准》JGJ 110 的规定。

6.3.6 干混陶瓷砖填缝砂浆的施工

干混陶瓷砖填缝砂浆是由石英砂、水泥、进口胶粉和无机颜料均混而成的一种水泥基勾缝材料，具有良好的粘结性、柔韧性和防水抗渗、抗裂、耐冻融、耐冷热急变性。可以提高饰面的耐久性，克服了用普通水泥砂浆勾缝后，易产生开裂、渗水、脱落等缺点。适用于内外墙面砖、地砖、大理石、游泳池墙砖、花岗岩等饰面材料的勾缝。见图 6-11。

图 6-11 干混陶瓷砖填缝砂浆施工

1. 基本规定

（1）干混陶瓷砖填缝砂浆的选用除应符合产品说明书的要求外，还应综合考虑缝的宽度、使用部位和环境、工地要求等因素。

（2）填缝作业前必须保证干混陶瓷砖粘结砂浆已经达到填缝要求的强度及稳定性，且必须对缝内的杂质及浮灰清理干净。

（3）同一区域应使用相同的混合比例、一次性完成填缝。

（4）应按要求满填，不得有漏填之处，尤其大面上的接茬部位、阴阳角部位等。

（5）填缝施工完成后的 48h 内，如遇雨水天气，应采取必要的遮挡措施。

2. 施工

（1）基层处理：干混陶瓷砖粘结砂浆固化 24h 后即可勾缝施工，缝隙要清洁，应清理砖缝内的疏松的物料或浮灰，可预先湿润准备勾缝的缝隙。

（2）根据瓷砖吸水率情况配制干混陶瓷砖填缝砂浆。吸水率低时配制干混陶瓷砖填缝砂浆：水：干混陶瓷砖填缝砂浆＝1：4（重量比），将干混陶瓷砖填缝砂浆和水按比例配制，使用电动搅拌器（或手工）充分搅拌均匀，静置 5～10min，再次搅拌即可使用。瓷砖吸水率高时，干混陶瓷砖填缝砂浆加水量适当降低。

（3）当陶瓷砖吸水率较小、表面较光滑时，宜使用满批法施工。用橡胶抹刀沿陶瓷砖对角线方向或以环形转动方式将干混陶瓷砖填缝砂浆填满缝隙，清理陶瓷砖表面的填缝砂浆；在干混陶瓷砖填缝砂浆表干后，应对瓷砖表面进行清理，并应用专用工具使陶瓷砖填缝砂浆密实、无砂眼；待 24h 后，彻底清理陶瓷砖上多余的干混陶瓷砖填缝砂浆。

（4）当陶瓷砖吸水率较大、表面较粗糙时，宜用专用铲刀等直接填缝。

（5）对于宽缝，在填缝后，宜用专用工具、根据要求溜出平缝或弧形缝，使其密实、等深、美观。

（6）填缝后注意成品保护，避免干混陶瓷砖填缝砂浆结受到扰动或污染。

3. 质量验收

（1）现场复验结果合格；

（2）填缝颜色均匀，表面平滑光亮；

（3）瓷砖表面干净无污物。

6.3.7 干混自流平砂浆的施工

干混自流平砂浆由水泥、骨料、添加剂组成，在新拌状态下具有很好流动性，能够自动流动找平的地面材料。地面用干混自流平砂浆适用于各种水泥基的地面工程以及平屋面翻新、修补和找平。

1. 基本规定

（1）自流平地面工程应根据材料性能、使用功能、地面结构类型、环境条件、施工工艺和工程特点进行结构设计。当局部地段受到较严重的物理或化学作用时，应采取相应的技术措施。

（2）自流平地面工程施工前应编制施工方案，并按施工方案进行技术交底。

（3）进场材料应提供产品合格证和有效的检验报告。

（4）不同品种、不同规格的自流平材料不能混合使用，严禁使用国家明令淘汰的产品。

（5）材料贮存在干燥、通风、不受潮湿雨淋的场所。

（6）施工单位应建立各道工序的自检、互检和专职人员检验制度，并有完整的施工检查记录。

（7）干混自流平砂浆可用于地面找平层，也可用于地面面层。当用于地面找平层时，其厚度不得小于 2.0mm；当用于地面面层时，其厚度不得小于 5.0mm。

（8）基层有坡度设计时，水泥基或石膏基自流平砂浆可用于坡度小于或等于 1.5% 的地面；对于坡度大于 1.5% 但不超过 5% 的地面，基层应采用环氧底涂撒砂处理，并调整自流平砂浆流动度；坡度大于 5% 的基层不得使用自流平砂浆。

（9）面层分格缝的设置与基层的伸缩缝保持一致。

2. 基层要求与处理

（1）自流平地面工程施工前，应按现行国家标准《建筑地面工程施工质量验收规范》GB50209 进行基层检查，验收合格后方可施工。

（2）基层表面不得有起砂、空鼓、起壳、脱皮、疏松、麻面、油脂、灰尘、裂纹等缺陷。

（3）基层平整度用 2m 靠尺检查。水泥基自流平砂浆地面基层的平整度不大于 4mm/2m。

（4）基层应为混凝土层或水泥砂浆层，并坚固、密实。当基层为混凝土时，其抗压强度不小于 20MPa；当基层为水泥砂浆时，其抗压强度不小于 15MPa。

（5）基层含水率不大于 8%。

（6）楼地面与墙面交接部位、穿梭（地）面的套管等细部构造处，应进行防护处理后再进行地面施工。

（7）当基层存在裂缝时，宜先采用机械切割的方式将裂缝切成 20mm 深、20mm 宽的 V 形槽，然后采用无溶剂环氧树脂或无溶剂聚氨酯材料加强、灌注、找平、密封。

（8）当混凝土基层的抗压强度小于 20MPa 或水泥砂浆基层的抗压强度小于 l5MPa 时，应采取补强处理或重新施工。

（9）当基层的空鼓面积小于或等于 1m² 时，可采用灌浆法处理；当基层的空鼓面积大于 1m² 时，要剔除，并重新施工。

3. 施工

（1）施工工序：封闭现场→基层检查→基层处理→涂刷自流平界面剂→制备浆料→浇注自流平浆料→辅助找平→放气→养护→成品保护。

（2）现场应封闭，严禁交叉作业。

（3）基层检查应包括基层平整、强度、含水率、裂缝、空鼓等项目。

（4）应在处理好的基层上涂刷自流平界面剂，不得漏涂和局部积液。

（5）制备浆料可采用人工法或机械法，并充分搅拌至均匀无结块为止。

（6）摊铺浆料时应按施工方案要求，采用人工或机械方式将自流平浆料倾倒于施工面，使其自行流展找平，也可用专用锯齿刮板辅助浆料均匀展开。

（7）浆料摊平后，宜采用自流平消泡滚筒放气。

（8）施工完成后的自流平地面，在施工环境条件下养护 24h 以上方可使用。

（9）施工完成后的自流平地面做好成品保护。

图 6-12　干混自流平砂浆施工

4. 质量验收

应符合《自流平地面工程技术规程》JGJ/T 175—2009 的规定。

6.3.8　干混界面砂浆的施工

干混界面砂浆是以优质石英砂为骨料，水泥为胶凝材料，采用可再分散胶粉辅以多种助剂配制而成的一种干粉型粘结剂。具有很强的渗透性，能充分浸润基层表面，提高抹灰层与基层的吸附力，增强粘结性能，避免抹灰砂浆与基层粘结时产生空鼓，代替对基层刷浆拉毛处理。适用于混凝土基层抹灰处理、加气混凝土砌块、大模内置保温基层处理、保温板等，以改善砂浆层与基层的粘结性能。

1. 基本规定

（1）干混界面砂浆主要用于基层表面比较光滑、吸水慢但总吸水量较大的基层处理，如混凝土、加气混凝土基层，解决由于这些表面光滑或吸水特性引起的界面不易粘结，抹灰层空鼓、开裂、剥落等问题，可大大提高砂浆与基层之间的粘结力，从而提高施工质量，加快施工进度。在很多不易被砂浆粘结的致密材料上，干混界面砂浆作为必不可少的辅助材料，得到广泛的应用。

干混界面砂浆在轻质砌块、加气混凝土砌块等易产生干缩变形的砌体结构上，具有一定的防止墙体吸水，降低开裂，使基材稳定的作用。

（2）干混界面砂浆的种类很多，有混凝土、加气混凝土专用界面砂浆，有模塑聚苯板、挤塑聚苯板专用界面砂浆，还有自流平砂浆专用界面砂浆，随着预拌砂浆的发展，还会开发出更多、性能更全的品种。由于各种界面砂浆的性能要求不同，适应性也不同，因此，应根据基层、施工要求等情况选择相匹配的干混界面砂浆。

2. 施工

（1）基层良好的处理是保证界面砂浆与基层结合牢固，不空鼓、不开裂的关键工序，应认真处理好基层，使其平整、坚固、洁净。

（2）当基层表面比较光滑、平整时，可采用滚刷法施工。

（3）干混界面砂浆涂抹好后，待其表面稍收浆（用手指触摸，不粘手）后可进行下道抹灰施工。夏季气温高时，界面砂浆干燥较快，一般间隔时间在 10～20min，气温低时，界面砂浆干燥较慢，一般间隔时间约 1～2h。

（4）在工厂预先对保温板进行界面处理时，待干混界面砂浆固化（大约 24h）后才可进行下道工序。见图 6-13。

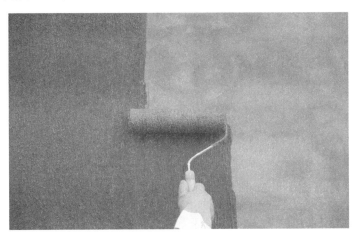

图 6-13　干混界面砂浆施工

3. 质量验收

（1）界面砂浆层应涂刷（抹）均匀，不得漏涂（抹）。

检验方法：全数观察检查。

（2）除模塑聚苯板和挤塑聚苯板表面涂抹界面砂浆外，涂抹界面砂浆的工程应在 28d 龄期进行实体拉伸粘结强度检验，检验方法可按现行行业标准《抹灰砂浆技术规程》JGJ/T220 的规定进行，也可根据对涂抹在界面砂浆外表面的抹灰砂浆层实体拉伸粘结强度的检验结果进行判定，并符合下列规定：

相同材料、相同施工工艺的涂抹界面砂浆的工程，每 5000m² 至少取一组试件；不足 5000m² 时，也取一组。

当实体拉伸粘结强度检验时的破坏面发生在非界面砂浆层时，判定为合格；否则，判定为不合格。

检验方法：检查实体拉伸粘结强度检验报告单。

6.3.9　加气混凝土专用砌筑、抹灰砂浆的施工

加气混凝土专用砌筑、抹灰砂浆由精选级配骨料和水硬性硅酸盐材料为主，配以多种高性能助剂按照特殊工艺生产的干粉材料。适用于加气混凝土砌块、陶粒混凝土砌块、混凝空心土砌块、轻骨料混凝土填充保温砌块、SN 保温砌块、BM 内隔墙砌块、石膏砌块等轻质吸水率大的材料。特别适用于各种砌块的薄层砌筑和薄层抹灰。见图 6-14、图 6-15。

图 6-14　加气混凝土专用砌筑砂浆施工　　　　图 6-15　加气混凝土专用抹灰砂浆施工

1. 基本规定

（1）加气混凝土的砌筑灰缝厚度小于 5mm 时，宜使用加气混凝土薄层砌筑砂浆；加气混凝土基层的抹灰厚度小于 5mm 时，宜使用加气混凝土薄层抹灰砂浆。

（2）砌筑施工前，加气混凝土陈化时间不少于 28d。

（3）施工时，加气混凝土表面不得有明水。

（4）一般需要在砌筑（抹灰）完成 7d 后，再进行后续施工。

2. 表面处理

表面处理：清除砌块表面浮灰、油污及疏松物，有突起的地方铲平。基层宜采用界面砂浆处理，厚度宜为 2mm。

3. 施工

（1）使用加气混凝土砌筑砂浆和抹灰砂浆进行施工时，加气混凝土事先可不做淋水处理。

（2）进行加气混凝土薄层砌筑时，应用灰刀将浆料均匀地涂抹于砌块表面，再行砌筑。

（3）抹灰前，墙面上的灰尘、油渍、污垢和残留物应清理干净，基底上的凹凸部分和洞口应处理平整、牢固。

（4）加气混凝土抹灰砂浆施工厚度可以根据墙体平整度在 5～30mm 之间调节。抹灰前应先按要求挂线、粘灰饼（冲筋），灰饼间距不宜超过 2m。每次抹灰厚度在 8mm 左右，如果抹灰层总厚度大于 10mm 则分次抹灰，每次抹灰间隔时间不少于 24h。

（5）进行加气混凝土薄层抹灰时，一般顺抹即可，不来回揉搓。

4. 质量验收

应符合《砌体结构工程施工质量验收规范》GB 50203 的规定。

6.3.10　腻子的施工

腻子是一种由聚合物增强的水泥基预配制干混柔性复合材料，是由水泥、进口聚合物胶结料复配以多种进口添加剂经全自动双轴高效粒子混合机加工而成，多用于保温体系涂料施工前抗裂层表面的刮抹找平。见图 6-16。

图 6-16　腻子的施工

1. 基本规定

（1）建筑墙体腻子的品种、规格和质量应符合设计要求和国家及行业现行标准的规定。外保温腻子施工应选用外墙外保温柔性耐水腻子。

（2）建筑墙体腻子在进入施工现场时，由供货方提供产品的合格证和有资质的检验单位出具的有效期内的检验合格的报告。

（3）建筑墙体腻子在进入施工现场后应进行复验，复验项目符合有关标准的规定。

（4）建筑墙体腻子应存放在干燥、通风、温度适宜的场所，不得受潮。

（5）室内工程腻子的施工，环境温度不低于 5℃。室外工程腻子的施工，环境温度不低于 5℃，风力不得大于 4 级，雨雪天气不得施工。

2. 基层要求与处理

（1）基层应干燥、坚实、平整、清洁，无尘土、浮灰、溅浆等污染物。基层含水率应小于 10％，pH 值应小于 10。

（2）基层偏差应低于 4mm/2m。基层偏差过大时，用粉刷石膏、聚合物水泥砂浆等填补找平；基层表面明显的凸出部位，打磨平整；洞口和缝口用嵌缝石膏、聚合物水泥砂浆等进行填补。

（3）基层表面的浮灰、溅浆及空鼓等疏松的部位使用铲刀、钢丝刷、毛刷、砂纸等工具去除找平。

（4）基层表面的油污、模板隔离剂等污染物，可用洗涤剂清洗，再用清水冲洗干净，完全干燥后方可进行腻子施工。

（5）瓷砖翻新基层先检查瓷砖是否粘结牢固，如粘结不牢应先剔除，并用聚合物水泥砂浆等进行修补，使基层清洁干净、坚实平整。

3. 施工

（1）普通建筑墙体腻子施工，第一道腻子刮涂厚度不大于 2mm，第二道腻子刮涂厚度不大于 1.5mm；第一道腻子与基层必须粘结牢固，刮涂时要使腻子浸润被涂基材表面，渗透填实微孔；第二道腻子层表面应平整，覆盖基层表面粗糙不平的缺陷。

（2）瓷砖墙面翻新腻子施工，视基层情况可刮涂一道、两道至多道腻子。

（3）两道腻子之间的施工时间间隔不宜太短，要待上道刮涂的腻子层干透后再刮涂下道腻子。

（4）刮涂下道腻子前应采取打磨、局部填补等措施使之平整，以降低下道腻子的刮涂厚度。

（5）室外工程腻子施工，当最外层装饰采用质感外墙涂料时，可根据基层情况、表面质感效果和光泽要求采用局部刮涂、满刮一道或两道腻子。

（6）每道腻子施工后，待腻子膜干燥后，用水砂浆打磨至平滑，手工打磨应用垫板。

（7）用腻子刀将洞口、阴阳角、装饰线上的多余腻子铲掉，清理干净，达到线条清晰，无污染。

（8）凹面修补时应先用水湿润，刮涂厚度略高于原墙面，待完全干燥后，用细砂纸打磨平整。

（9）外保温用腻子施工时，用刮板将腻子刮涂于抗裂防护面层之上。腻子批刮厚度以一次 0.5mm 为宜，视基层平整度的不同，一般两至三遍成活。刮涂时，往返次数不可太多，力求均匀，勿留交接缝痕迹。

4. 质量验收

应符合《建筑装饰装修工程质量验收规范》GB 50210 的规定。

6.3.11 粉刷石膏的施工

粉刷石膏是以优质石膏为胶凝材料，由有机、无机材料复合而成的一种干混砂浆。具有早强、快硬、不空鼓、不开裂、粘接强度高、表面光滑细腻、防火耐热、隔声、自动调节室内空气湿度的功能；施工简便、效率高，可以手工涂刷、机器喷涂。适用于各类墙体，特别适用于加气混凝土等各种表面平整的砌块或条板墙的内墙抹灰及混凝土板板底抹灰。一般可选用 4～6mm 厚粉刷石膏抹平，其他墙体内墙抹平，可用 DP 或 DP 打底，粉刷石膏罩面。卫生间、地下室等各类潮湿房间墙、顶棚宜选用 DP。

1. 基层处理

（1）抹灰前对基层表面的尘土、污垢、油渍等清理干净。

（2）基层的凹凸部分和非预留孔洞等基底缺陷，采用同类性能的材料处理平整牢固。

（3）砖墙、混凝土墙、顶棚抹灰前，在粉刷施工前喷洒 1～2 遍水，待表面无水珠流淌即可进行抹灰。也可采用专用界面剂。

（4）加气混凝土砌块墙、轻质板材隔墙抹灰前，在抹灰前 2～3h 开始洒水，洒水次数为 2～3 次，当表面无水珠流淌即可抹灰；也可采用专用界面剂。

（5）不同墙体材料的界面接缝和门窗过梁处，铺钉不小于 300mm 宽经防锈处理的钢丝网片，或贴总宽不小于 300mm 的耐碱涂覆玻纤网布，在离基层墙面 2/3 抹灰层厚度处，贴耐碱涂覆玻纤网布。

2. 施工

（1）施工前，先吊垂直、套方、找规矩、做灰饼，并符合下列规定：

根据设计要求和基层表面平整垂直情况，用一面墙做基准，进行吊垂直、套方、找规矩，并经检查后再确定抹灰厚度。

抹灰饼时，先抹上部灰饼，再抹下部灰饼，然后用靠尺检查垂直与平整。灰饼用与抹灰层相同的砂浆，抹成 50mm 方形。

（2）当灰饼砂浆硬化后，用与抹灰层相同的砂浆冲筋（标筋），冲筋根数根据房间的宽度和高度确定。当墙面高度小于 3.5m 时，宜做竖筋。两筋间距不宜大于 1.5m；当墙面高度大于 3.5m 时，宜做横筋。两筋间距不宜大于 2m；筋宽 30～50mm。

（3）墙面抹灰时，用灰板和抹子将粉刷砂浆料浆抹在墙面上，用 h 形尺或刮板紧贴标筋刮平压实，做到墙面平直。当抹灰厚度超过 8mm 时，分层施工，每层厚度控制在 8mm 以内，待上一层粉刷砂浆料浆终凝后立即抹下一层。要求抹灰层与基层之间、各抹灰层之间粘接牢固，无空鼓、无脱层。

（4）顶棚抹灰前，在四周墙上弹出水平线作为控制线，先抹顶棚四周，再圈边找平。

（5）表面压光应在终凝前进行，以用手指压表面不出现明显压痕为宜，可洒水湿润，并用找平刮刀继续找平。

（6）抹灰过程中清理的落地灰以及修整过程中刮、搓下的料浆不得回收使用。

（7）抹灰使用的工具和机械在作业完成后，及时清洗干净。

（8）抹灰完成后，室内宜通风排湿；严禁明水浸湿已抹灰墙面。

3. 质量验收

应符合《建筑装饰装修工程质量验收规范》GB 50210 的规定。

6.3.12　干混灌浆砂浆的施工

干混灌浆砂浆是一种由水泥、骨料、精选添加剂干混而成的粉状材料，其显著特点是具有强度高、微膨凝结快、微膨胀性更宜密实、可灌性好，不需要振捣。硬化后无干缩，不会有干缩裂缝产生，现场只需加水搅拌即可使用。

1. 干混灌浆砂浆的应用

（1）适用于大型设备地脚螺栓锚固、设备基础和钢结构柱脚地板的灌浆。

（2）混凝土结构加固改造、装配式结构连接及后张预应力混凝土结构锚固及孔道灌浆。

（3）桩基、桩孔及混凝土缺陷的灌浆等工程。

（4）加固和抢修及喷射混凝土等工程。

2. 干混灌浆砂浆的施工

（1）应根据灌浆厚度、使用环境等选择相应的砂浆类型。

（2）灌浆前，将基层清理干净，不得有明水。必要时，可用干混界面砂浆进行处理。

（3）对于小空间（厚度 50～150mm）的二次灌注，可直接用本品加水拌合成灌浆材料，加水量为重量的 13%～15%。

（4）对于大空间（厚度大于 150mm）的二次灌注，可加入 5～10mm 粒径的石子。

配比为：灌浆料∶石子∶水＝1∶0.5∶0.2。

（5）灌注孔或小空间时，可自流填充密实，灌注机械底座或杯口时，分层自流填满，并用人工插捣，一定要把气体赶出，稍干后，把外露面抹平压光。

（6）锚固地脚螺栓时，将拌合好的无收缩灌浆砂浆灌入螺栓孔内，孔内灌浆层上表面宜低于基础混凝土表面 50mm 左右。灌浆过程中应严禁振捣，灌浆结束后不得再次调整螺栓。

（7）二次灌浆从基础板一侧或相邻两侧进行灌浆，直至从另一侧溢出为止，不得从相对两侧同时进行灌浆。灌浆开始后，连续进行，并尽可能缩短灌浆时间。

（8）混凝土结构加固改造时，将拌合好的干混灌浆砂浆灌入模板中，适当敲击模板。灌浆层厚度大于 150mm 时，采取适当措施，防止产生裂纹。

（9）灌浆结束后，根据气候条件，尽快采取养护措施。保湿养护时间不少于 7d。

3. 质量验收

应符合《水泥基灌浆材料应用技术规范》GB/T 50448 的规定。

6.3.13　干混保温板粘结砂浆的施工

干混保温板粘结砂浆是一种聚合物增强的水泥基预配制干混柔性粘结砂浆。它是以水泥、石英砂、进口聚合物胶粘剂配以多种添加剂混合机均混而成，与掺入传统建筑胶的砂浆相比具有优良的柔韧性和粘结性能，以及良好的抗下垂性、保水性、耐水性以及简单方便的可操作性，增强了基材与 EPS 保温板之间的粘结强度，增强了拉伸强度，防止空鼓。直接加水，施工方便，操作简单，工效高。无毒、无臭、不燃、不伤人体，不含挥发性溶剂，属绿色环保产品。见图 6-17。

图 6-17　干混保温板粘结砂浆的施工

干混保温板粘结砂浆适用于外墙外保温系统和外墙内保温系统中膨胀聚苯板（EPS）、挤塑聚苯板（XPS）、硬泡聚氨酯板、酚醛泡沫板、岩棉板与混凝土、砖砌块和加气块等基材的粘结。

干混保温板粘结砂浆的施工：

（1）在新建工程中，保温板粘结砂浆与墙体基层现场检测拉伸粘结强度不低于 0.3MPa。

（2）在非承重轻质墙体上施工或在既有建筑节能改造中，正式施工前，在与监理共同确定的工程墙体基面上采用与施工方案相同材料和工艺制作样板件，检验保温板粘结砂浆与墙体基面拉伸粘结强度，验收合格后方可施工。根据实测粘结强度，按下式计算确定工程施工方案的粘结面积率。粘结面积率最高不大于 80%，最低除酚醛板不小于 50% 外，其余保温板不小于 40%。如粘结面积率 80% 时仍不能满足要求，应结合实测锚栓抗拉承载力设计特定的联结方案。

$$F = B \cdot S \geqslant 0.10 \text{N/mm}^2$$

式中　F——外保温系统与基层墙体单位面积实有粘结强度（N/mm²）；

　　　B——基层墙体与所用干混保温板粘结砂浆的实测粘结强度（N/mm²）；

　　　S——粘结面积率。

（3）当保温板采用挤塑聚苯板、硬泡聚氨酯板或酚醛泡沫板时，应用配套的界面剂或界面处理砂浆对保温板预处理。当保温板采用岩棉板时，宜用配套的界面砂浆对表面做覆面处理。

（4）基层要求：平整、坚固、清洁、干燥。对于新建工程，墙面的混凝土残渣和脱模剂养护剂必须清理干净，墙面平整度较差部分应剔凿或修补，表面疏松处必须剔除，新抹灰的基层要以过硬化干燥后方可施工。

（5）材料配制：干混保温板粘结砂浆：水＝1∶0.2（重量比）的比例加入水（此为参考比例）使用电动搅拌器充分搅拌均匀，静置5～10min，再次搅拌即可使用，搅拌好的砂浆最好在2小时内用完，严禁将已凝固的砂浆二次搅拌再投入使用。

（6）保温板粘结可选择点框法或条粘法，基面平整度较差时宜选用点框法，粘结面积率不小于施工方案的规定。采用"点框法"粘结保温板时时，根据待粘结基面的平整度和垂直度调整干混保温板粘结砂浆的用量，粘结面积率不得低于设计要求或相关标准规定。

条粘法：先用齿状镘刀将搅拌好的干混保温板粘结砂浆均匀地涂抹在聚苯板或挤塑板上，然后用齿状抹子在粘结砂浆上面梳理出条状纹，将保温板粘贴在墙面上，轻柔均匀地按压板面使之粘结牢固，随时用2m靠尺检查平整度和垂直度。粘板时注意清除板边溢出的砂浆，使板与板之间无碰头灰。

点框法：用抹灰刀将搅拌好的干混保温板粘结砂浆均匀涂抹在保温板边缘上形成边框，然后在板面上均匀分布5个高于边框的粘结点，最后按上述方法将聚苯板或挤塑板粘到墙面上用靠尺靠平。设计要求采用机械锚固件固定聚苯板或挤塑板时，锚固件安装最少在粘结砂浆使用24h以后。

（7）粘板时应轻柔均匀挤压板面，随时用托线板检查平整度。每粘完一块板，用2m靠尺将相邻板面拍平，及时清除板边缘挤出的保温板粘结砂浆，保证保温板间靠紧挤严，无"碰头灰"，缝宽超出2mm时用相应厚度的保温板片或发泡聚氨酯填塞。

保温板粘结砂浆的质量验收符合《建筑节能工程施工质量验收规范》GB 50411和《外墙外保温工程技术规程》JGJ 144的规定。

6.3.14 干混保温板抹面砂浆的施工

干混保温板抹面砂浆主要是用在保温层的外表面，用以保证薄抹灰外保温系统的机械强度和耐久性。

1. 干混保温板抹面砂浆的特点

（1）抹面层不承受荷载；

（2）抹面层与基底层要有足够的粘结强度和柔韧性，使其在施工中或长期自重和环境作用下不脱落、不开裂；

（3）抹面层多为薄层，并分层涂抹，面层要求平整、光洁、细致、美观；

（4）多用于干燥环境，大面积暴露在空气中。

2. 干混保温板抹面砂浆的施工

（1）抹灰施工宜在保温板粘结完毕24h后进行，且经检查验收合格后进行，如采用乳液型界面剂，在表干后、实干前进行。

（2）干混保温板抹面砂浆宜分底层和面层两次连续施工，层间只为铺设增强网，不应留时间间隔。

（3）当采用单层玻纤网增强做法时，底层保温板抹面砂浆应均匀涂抹于板面，厚度为2～3mm，同时在有翻包网的部位将翻包玻纤网压入抹面砂浆中。在抹面砂浆可操作时间内，将玻纤网贴于保温板抹面砂浆上。在底层抹面砂浆凝结前用抹面砂浆罩面，厚度1～2mm，以仅覆盖玻纤网、微见玻纤网轮廓为宜。保温板抹面砂浆表面平整，玻纤网不得外露。干混保温板抹面砂浆总厚度控制在3～5mm，增强网在保温板抹面砂浆中宜居中间偏外约三分之一的位置。耐碱网格布之间搭接宽度不小于50mm，按照从左至右、从上到下的顺序立即用铁抹子压入耐碱网格布，严禁干搭。阴阳角处也压茬搭接，其搭接宽度≥150mm，保证阴阳角处的方正和垂直度。耐碱网格布要含在抹面砂浆中，铺贴要平整、无褶皱，可隐约见网格，砂浆饱满度达到百分之百。局部不饱满处应随即补抹第二遍抗裂砂浆找平并压实。在门窗洞口等处沿45°方向提前增贴一道网格布（300mm×400mm）。首层墙面铺贴双层耐碱网格布，第一层铺贴采用对接方法，然后进行第二层网格布铺贴。两层网格布之间保温板抹面砂浆应饱满，严禁干贴。建筑物首层外保温应在阳角处双层网格布之间设专用金属（或塑料）护角，护角高度一般为2m。在第一层网格布铺贴好后，应放好护角，用抹子拍压出保温板抹面砂浆，抹第二遍保温板抹面砂浆复合网格布包裹住护角。保温板抹面砂浆施工完后，应检查平整、垂直及阴阳角方正，不符合要求的用保温板抹面砂浆进行修补。严禁在此面层上抹普通水泥砂浆腰线、窗口套线等。见图6-18。

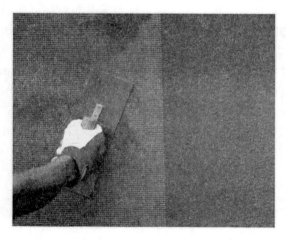

图6-18　玻纤网增强做法时保温板抹面砂浆施工

（4）当采用热镀锌钢丝网增强做法时，底层保温板抹面砂浆和面层保温板抹面砂浆总厚度宜控制在8～12mm，热镀锌钢丝网不得外露。

保温层验收后，抹第一遍抗裂砂浆，厚度控制在2～3mm。根据结构尺寸裁剪热镀锌钢丝网，分段进行铺贴，热镀锌钢丝网的长度最长不超过3m。为保证边角施工质量，将边角处的热镀锌钢丝网施工前预先折成直角。在裁剪网丝过程中不得将网折成死折，铺贴过程中不应形成网兜，网张开后顺方向依次平整铺贴，先用12号钢丝制成的U型卡子卡住热镀锌钢丝网，使其紧贴抗裂砂浆表面，然后用尼龙胀栓将热镀锌钢丝网锚固在基层墙体上，尼龙胀栓按双向间隔500mm梅花状分布，有效锚固深度不得小于25mm，局部不平整处用U型卡子压平。热镀锌钢丝网之间搭接宽度不应小于50mm，搭接层数不得大于3层，搭接处用U型卡子、钢丝或锚栓固定。窗口内侧面、女儿墙、沉降缝等热镀锌钢丝网收头处用水泥钉加垫片，使热镀锌钢丝网固定在主体结构上。热镀锌钢丝网铺贴完毕经检查合格后，抹第二遍抹面砂浆，并将热镀锌钢丝网包覆于抗裂砂浆中，保温板抹面砂浆的总厚度宜控制在10mm±2mm，抗裂砂浆面层达到平整度和垂直度要求。

保温板抹面砂浆施工完毕，一般应适当喷水养护，约7d后即可进行饰面砖粘贴工序。见图6-19。

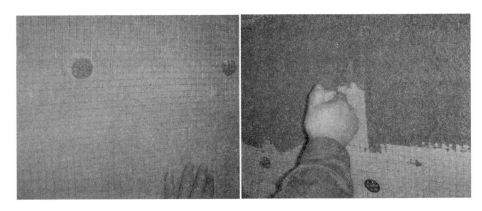

图 6-19　钢丝网增强做法时保温板抹面砂浆施工

保温板抹面砂浆的质量验收符合《建筑节能工程施工质量验收规范》GB 50411 和《外墙外保温工程技术规程》JGJ 144 的规定。

6.3.15　干混饰面砂浆的施工

1. 一般规定

（1）单位工程所需材料宜一次性购入。

（2）浆料搅拌时严格控制加水量，避免浆料色差。

（3）封闭底漆必须有良好封闭效果，质量必须满足《建筑内外墙用底漆》JG/T 210—2007 中 II 型底漆标准要求。

（4）罩面漆施工必须不漏、不花、不流挂，宜选择哑光型罩面。

（5）施工完后 48h 内，避免受雨淋或水淋，如遇到雨水天气或者可能溅到水的情况，采取必要的遮挡措施。

（6）不得出现漏涂、透底、掉粉、起皮、流坠、疙瘩，不得出现明显泛碱现象。

2. 施工

（1）基层含水率不大于 10%，平整度不大于 3mm；施工前应修补裂缝，修补后至少 24h 方可进行下一步施工。

（2）在没有屋檐或者其他遮盖物的墙面施工时，女儿墙顶部必须做好滴水线后方可进行干混饰面砂浆施工。

（3）夏季施工时，施工面应避免阳光直射，必要时搭设防晒布遮挡墙面。

（4）不得在环境相对湿度大于 85% 情况下施工。

（5）干混饰面砂浆施工前基层宜做封闭处理。

（6）干混饰面砂浆加水搅拌时间不得低于 3min，宜分两次搅拌。

（7）干混饰面砂浆搅拌后必须在 1h 内使用完毕。

（8）施工顺序应由上往下、水平分段、竖向分层。

（9）造型应在浆料潮湿的情况下连续进行，可以根据不同花纹选用相应工具成型。

3. 质量验收

应符合《建筑装饰装修工程质量验收规范》GB 50210 的规定。

6.4 预拌砂浆质量通病典型问题及其防止措施

1. 预拌砂浆塑性开裂

塑性开裂是指砂浆在硬化前或硬化过程中产生开裂，它一般发生在砂浆硬化初期，塑性开裂裂纹一般都比较宽，裂缝长度短。

原因分析：

砂浆抹灰后不久在塑性状态下由于水分减少快而产生收缩应力，当收缩应力大于砂浆自身的抗拉强度时，表面产生裂缝。

（1）它往往与砂浆的材性和环境温度、湿度以及风度等有关系。

（2）水泥用量大，砂细度模数越小，含泥量越高，用水量大，砂浆越容易发生塑性开裂。

（3）砂浆一次抹灰厚度过大。

防止措施：

预拌砂浆中通过加入保水增稠剂和外加剂，减少水泥用量，控制砂细度模数及其泥含量、施工环境，减少塑性开裂。

对需要抹灰偏厚的部位应分层抹灰，每次抹灰厚度不大于10mm，且在前一层砂浆凝结硬化后再进行后一层抹灰；抹灰砂浆厚度在35mm以上时，采取加强措施。

2. 预拌砂浆干缩开裂

干缩开裂是指砂浆在硬化后产生开裂，它一般发生在砂浆硬化后期，干缩开裂裂纹其特点是细而长。

原因分析：

干缩开裂是砂浆硬化后由于水分散失、体积收缩产生的裂缝，它一般要经过一年甚至2～3年后才逐步发展。

（1）砂浆水泥用量大，强度太高导致体积收缩。

（2）砂浆后期养护不到位。

（3）砂浆掺合料或外加剂干燥收缩值大。

（4）墙体本身开裂，界面处理不当。

（5）砂浆标号乱用或用错，基材与砂浆弹性模量相差太大。

防止措施：

减少水泥用量，掺加合适的掺合料降低干燥值，加强对施工方宣传指导，加强管理，严格要求按预拌砂浆施工方法施工。

3. 预拌砂浆工地出现结块、成团现象，质量下降

原因分析：

（1）砂浆生产企业原材料砂含水率未达到砂烘干要求，砂浆搅拌时间太短，搅拌不均匀。

（2）砂浆生产企业原材料使用不规范。

（3）施工企业未能按照预拌砂浆施工要求及时清理干混砂浆筒仓及搅拌器。

防止措施：

（1）砂浆生产企业应制定严格的质量管理体系，制定质量方针和质量目标，建立组织机构，加强生产工艺控制及原材料检测。

（2）砂浆生产企业应做好现场服务，介绍产品特点提供产品说明书，保证工程质量。

（3）施工企业提高砂浆工程质量责任措施，干混砂浆筒仓专人负责维护清理。

4. 预拌砂浆试块不合格，强度忽高忽低，离差太大，强度判定不合格，而其他工地同样时间、同样部位、同一配合比却全部合格且离差小

原因分析：

（1）施工单位采用试模不合格，本身试件尺寸误差太大，有的试模对角线误差≥3mm，因而出现试件误差偏大的问题。

（2）试件制作粗糙不符合有关规范，未进行标准养护。

（3）试件本身不合格，受力面积达不到要求而出现局部受压，强度偏低。

防止措施：

（1）建议施工单位实验人员进行技术培训，学习有关试验的标准和规范。

（2）更换不合格试模，对采用的试模应加强监测，达不到要求坚决不用。

5. 预拌砂浆抹面不久出现气泡

原因分析：

（1）砂浆外加剂或保水增稠材料与水泥适应性不好，导致反应产生气泡。

（2）砂浆中可能混入了产气的物质。

（3）砂浆原材料砂细度模数太低或颗粒级配不好导致空隙率太高而产生气泡。

防止措施：

（1）加强原材料特别是外加剂和保水增稠材料与水泥适应性试验，合格后方可使用生产。

（2）加强砂浆原材料的检查，避免混入不必要的物质。

（3）合理调整砂子的颗粒级配及各项指标，保证砂浆合格出厂。

6. 预拌砂浆同一批试块强度不一样，颜色出现差异

原因分析：

因生产材料供应不足，同一工程使用了不同种的水泥和粉煤灰，导致砂浆需水量、凝结时间等性能发生变化，造成强度与颜色差异。

防止措施：

（1）生产企业在大方量生产时应提前做好材料准备，防止生产中材料断档问题发生。

（2）预拌砂浆严禁在同一施工部位采用两种水泥或粉煤灰。

7. 预拌砂浆凝结时间不稳定，时长时短

原因分析：

（1）砂浆凝结时间太短：由于外界温度很高、基材吸水大、砂浆保水不高导致凝结时间缩短影响操作时间。

（2）砂浆凝结时间太长：由于季节、天气变化以及外加剂超量导致凝结时间太长，影响操作。

防止措施：

（1）严格控制外加剂掺量，根据不同季节、不同天气、不同墙体材料调整外加剂种类和使用掺量。

（2）加强工地现场查看及时了解施工信息。

8. 预拌砂浆出现异常，不凝结

原因分析：

外加剂计量失控，导致砂浆出现拌水离析，稠度明显偏大，不凝结。

防止措施：

加强计量检修与保养，防止某一部分的失控；加强操作人员与质检人员责任心，坚决杜绝不合格产品出厂。

9. 预拌砂浆静置时出现泌水、离析、表面附有白色薄膜现象

原因分析：

（1）砂浆搅拌时间太短、保水材料添加太少导致保水太低。

（2）砂子颗粒级配不好，砂浆和易性太差。

（3）纤维素醚质量不好或配方不合理。

防止措施：

合理使用添加剂及原材料，做好不同原材料试配，及时调整配方。

10. 预拌砂浆抹面出现表面掉砂现象

原因分析：

主要由于砂浆所用原材料砂子细度模数太低，含泥量超标，胶凝材料比例少，导致部分砂子浮出表面，起砂。

防止措施：

（1）严格控制砂子细度模数、颗粒级配、含泥量等指标。

（2）增加胶凝材料及时调整配方。

11. 预拌砂浆抹面出现表面掉粉起皮现象

原因分析：

主要由于砂浆所用原材料掺合料容重太低，掺合料比例太大，由于压光导致部分粉料上浮，聚集表面，以至于表面强度低而掉粉起皮。

防止措施：

了解各种掺合料的性能及添加比例，注意试配以及配方的调整。

12. 预拌砂浆抹面易掉落，粘不住现象

原因分析：

（1）砂浆和易性太差，粘结力太低。

（2）施工方一次抹灰太厚，抹灰时间间隔太短。

（3）基材界面处理不当。

防止措施：

（1）根据不同原材料不同基材调整配方，增加粘结力。

（2）施工时建议分层抹灰，总厚度不能超过 20mm，注意各个工序时间。

（3）做好界面处理，特别是一些新型墙体材料，要用专用配套砂浆。

13. 预拌砂浆抹面粗糙、无浆抹后收光不平

原因分析：

预拌砂浆原材料轻骨料（砂）大颗粒太多，细度模数太高，所出浆体变少，无法收光。

防止措施：

调整砂浆轻骨料（砂）颗粒级配适当增加粉料。

14. 预拌砂浆硬化后出现空鼓、脱落、渗透质量问题

原因分析：

（1）生产企业质量管理不严，生产控制不到位导致的砂浆质量问题。

（2）施工企业施工质量差导致的使用问题。

（3）墙体界面处理使用的界面剂、粘结剂与干混砂浆不匹配所引起的。

（4）温度变化导致建筑材料膨胀或收缩。

（5）本身墙体开裂。

防止措施：

（1）生产单位应提高预拌砂浆质量管理的措施及责任。

（2）施工企业应提高预拌砂浆工程质量的施工措施及责任。

15. 泛碱

原因分析：

赶工期（常见于冬春季），使用 Na_2SO_4、$CaCl_2$ 或以它们为主的复合产品作为早强剂，增加了水泥基材料的可溶性物质。材料自身内部存在一定量的碱是先决条件，产生的原因水泥基材料属于多孔材料，内部存在有大量尺寸不同的毛细孔，成为可溶性物质在水的带动下从内部迁移出表面的通道。水泥基材料在使用过程中受到雨水浸泡，当水分渗入其内部，将其内部可溶性物质带出来，在表面反应并沉淀。酸雨渗入基材内部，与基材中的碱性物质相结合并随着水分迁移到表面结晶，也会引起泛白。

防治措施：

（1）没有根治的办法，只能尽可能降低其发生的几率，控制预拌砂浆搅拌过程的加水量。施工时地坪材料不能泌水、完全干燥前表面不能与水接触。

（2）尽量使用低碱水泥和外加剂。

（3）优化配合比，增加水泥基材料密实度，减小毛细孔。例如使用其他熟料、填料替代部分水泥。

（4）使用泛碱抑制剂。如 ELOTEX ERA-100，但经过使用不能完全改变这个情况，只能在某种程度上减轻泛碱的情况，约 100 元/kg，掺量每吨约 2.5kg，若掺量太高成本过高。

（5）避免在干燥、刮风、低温环境条件下施工。

（6）硅酸盐水泥与高强硫铝酸盐水泥复合使用有一定效果。原理如下：

1）硫铝酸盐水泥的 $2CaO \cdot SiO_2$ 水化后生成的 $Ca(OH)_2$ 会与其他水化产物发生二次反应，形成新的化合物。

$$3Ca(OH)_2 + Al_2O_3 \cdot 3H_2O + 3(CaSO_4 \cdot 2H_2O) + 20H_2O \longrightarrow 3CaO \cdot Al_2O_3 \cdot 3CaSO_4 \cdot 32H_2O$$

因此硫铝酸盐水泥水化产物不存在 $Ca(OH)_2$ 析晶。

2）硫铝酸盐水泥与普通硅酸盐水泥复合使用，水化过程中硫铝酸盐水泥会把普通硅酸盐水泥产生的多余的 $Ca(OH)_2$ 消耗掉，从根本上解决了返碱的问题。

6.5 预拌砂浆施工案例

6.5.1 砌筑、抹灰砂浆施工案例一（北京双清苑住宅小区）

1. 项目概况

清华大学八家教工住宅及配套幼儿园（双清苑）和校租公寓（周转住房）工程项目位于北京市海淀区东升乡八家村，双清路西，建设用地面积 15.14 万 m^2，总建筑面积 57.42 万 m^2，其中地上建筑面积 40.88 万 m^2，地下建筑面积约 16.54 万 m^2，共有二十四栋住宅、一座地下车库、一座幼儿园和其他配套建筑；其中住宅楼地上 3～32 层、地下 1～3 层；车库为地下 2 层；幼儿园及配套建筑为地上 1～2 层；结构形式为现浇混凝土剪力墙结构，筏板基础、桩基础。

该项目二次结构砌筑及内外墙抹灰均采用散装干混砂浆，手工施工的方法。

2. 砌筑、抹灰工艺流程

见图 6-21、图 6-22。

图 6-20　建筑物效果图

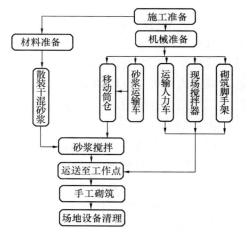

图 6-21　砌筑工艺流程图

3. 设备配置

依据该项目性质确定该工程手工砌筑与抹灰设备组合方案，设备配置见表 6-5。

设备配置表　　　　　　　　　　　表 6-5

名　称	数　量	名　称	数　量
砂浆运输车	2	人工小推车	25
砂浆罐运输车	1	现场搅拌器	25
移动筒仓	12		

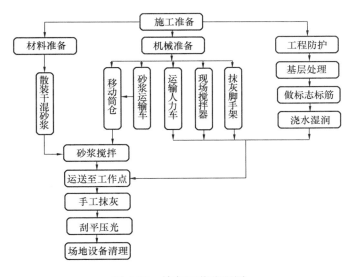

图 6-22　抹灰工艺流程图

设备配置流程图如图 6-23～图 6-26。

图 6-23　干混砂浆背罐车

图 6-24　干混砂浆运输车

图 6-25　干混砂浆现场卸料

图 6-26　干混砂浆移动筒仓出料

4. 施工中存在的问题及处理方法

该项目为住宅项目，二次结构均较为复杂，用到的砌块种类较多，每户内用量又较小，固施工点分散。

（1）由干混砂浆运输车将出厂的散装砂浆成品运送到工地后，注入已安装完毕的干混砂浆移动筒仓内，待需用料时加水自动搅拌。

用人力推车从干混砂浆移动筒仓出料口把搅拌好的砂浆放置到人力推车上后，运送到施工地点。干混砂浆移动筒仓搅拌出的砂浆水灰均匀，和易性好，不能使用不加水的干拌砂浆运往使用地点。

用人力车接料后，检查人力车是否漏浆。如漏浆，处理好后方能使用，以便保持砂浆的和易性。将接好的砂浆尽快运到使用地点。拌合水必须符合建筑用水的要求。砂浆应随用随拌，不应将干混砂浆料放在水中浸泡；加水量按干混砂浆重量的 8％～23％；搅拌好的浆料宜在 3h 内用完（高温天气宜 2h 内用完）。见图 6-27。

（2）该项目中砌块既有加气块，又有连锁砌块，这两种砌块使用的砂浆不同，故要储存在不同的干混砂浆移动筒仓中，在使用中不能用错，也不可混合使用。

1）加气块砌筑施工

施工前，普通砖、空心砖提前浇水湿润，含水率宜为 10％～15％；灰砂砖，粉煤灰砖含水率宜为 5％～8％。待砌块表面无明水后，才能进行砌筑工序。用锯齿镘刀将砌筑砂浆满批在砌块的砌筑面上，施工厚度 5～10mm 即可，一次铺设砂浆长度不宜超过800mm。铺浆后应立即放置砌块，用木槌敲击摆正、找平、灰浆均匀。见图 6-28。

图 6-27 人力小推车

图 6-28 加气块砌筑施工

2）连锁砌块砌筑施工

砌体施工前，将基层清理干净，按设计标高进行找平；根据施工图及砌块组砌排列图在本层楼板和顶板上分别放出墙体的轴线、外边线、洞口线、芯柱标志线以及第一皮砌块的分块线；放线结束后应及时组织验线施工。

砂浆随砌随铺，不可先通长铺砂浆，再铺砌块。水平缝与竖缝宽 5mm，灰缝应横平竖直。水平缝用坐浆法，满铺；竖缝只在砌块两端抹粘结砂浆，挤紧。见图6-29。

（3）在该项目中抹灰砂浆的施工中，充筋（或打饼），用2m靠尺板和线坠，拉线测量墙体平直，用直径8～12mm硬质直钢筋每隔1.3m（充筋宽度掌握在小于刮杆长度为宜）左右贴墙面充筋，用通用抹灰砂浆粘牢。冲筋应做到横平、竖直、表面平整。见图6-30。

图6-29　连锁砌块砌筑施工

图6-30　充筋做标记

1）基层墙体处理：施工前，进行墙体预湿。混凝土墙体基层：墙体表面应洁净，清除墙体表面的灰尘、油脂、颗粒等一切影响粘结性能的松散物；基层涂刷干混界面砂浆（或用1∶1水泥、细砂砂浆与建筑胶搅拌均匀后涂刷界面），界面干燥硬化后即可施工。

2）陶粒砖墙体基层：墙体表面应洁净牢固，清除墙体表面的灰尘、油脂、颗粒等一切影响粘结性能的松散物；无需界面处理即可施工；施工前提前浇水润墙，施工时表面无明水。见图6-31。

3）加气混凝土砌块墙体基层：清除墙表面的灰尘、油脂、颗粒等一切影响粘结性能的松散物，施工前提前1～2d用水润湿墙体（新规范要求施工前润墙，务使砌块含水率达到40%～50%）；该种情况选用相应强度等级的高保水性专用抹灰人工抹灰，抹灰施工一般分两遍施工第一遍封闭基层，用铁抹子把浆料抹在墙体上，厚度不大于10mm。见图6-32。

（4）门、窗护角的施工：

该项目在施工中，根据灰饼和充筋，把门窗口、墙面和柱面的阳角处，用1∶3水泥砂浆打底，用1∶2水泥砂浆做明护角。根据图纸要求，做护角的高度为2m，

图6-31　干混抹灰砂浆的施工

图 6-32 干混抹灰砂浆的施工

每侧宽度为 100mm。在抹水泥护角的同时，用 1∶3 水泥砂浆或 1∶1∶6 水泥混合砂浆分两遍抹好门窗口边的底灰。当门窗口抹灰面的宽度小于 100mm 时，通常在做水泥护角时一次完成抹灰。

抹灰前都要做好护角。护角也能起到标筋的作用。抹护角时以墙面标志为依据，先将阳角用方尺规方，靠门框一边以离墙面的空隙为准，另一边以标志块为依据。在地面上画好准线，按准线将靠尺板粘好，用线锤吊直靠尺板，用方尺找方。然后在靠尺板另一侧墙面分层抹 1∶2 的水泥砂浆，护角线的外角与靠尺板外口平齐。一边抹好灰后，再把靠尺板移到已抹好的护角一边，用钢筋卡子稳住，用线锤吊直靠尺板，对护角的另一边分层抹灰。墙、柱间的阳角应在墙、柱面抹灰前用 1∶2 水泥砂浆做护角，其高度自地面以上 2m。然后将墙、柱的阳角处浇水湿润。第一步在阳角正面立上八字靠尺，靠尺突出阳角侧面，突出厚度与成活抹灰面平。然后在阳角侧面，依靠尺边抹水泥砂浆，并用铁抹子将其抹平，按护角宽度（不小于 5cm）将多余的水泥砂浆铲除。第二步待水泥砂浆稍干后，将八字靠尺移至抹好的护角面上（八字坡向外）。在阳角的正面，依靠尺边抹水泥砂浆，并用铁抹子将其抹平，按护角宽度将多余的水泥砂浆铲除。抹完后去掉八字靠尺，用素水泥浆涂刷护角尖角处，并用捋角器自上而下捋一遍，使形成钝角。见图 6-33。

（5）修抹预留孔洞、配电箱、槽、线盒的施工：

该项目住宅工程预留孔洞在管道安装后，要吊模浇筑混凝土。管道截面多为圆形，吊模会多少存在一些缝隙，这浇筑混凝土影响不大。可按孔洞的大小取 2 块油毡或其他软性卷材，从油毡边向中部剪成半圆形。两块油毡向着立管相对插入，并修剪其外边，使其与孔洞相吻合，铺垫在孔洞底部与吊模的上面。

当底灰抹平后，要随即由专人把预留孔洞、配电箱、槽、线盒周边宽的石灰砂刮掉，并清除干净，用大毛刷蘸水沿周边刷水湿润，然后用 1∶1∶4 水泥混合砂浆，把洞口、箱、槽、盒周边与墙体大面压抹平整、光滑。

一般情况下充筋完成 2h 左右可开始抹底灰为宜，抹前应先抹一层薄灰，要求

图 6-33 门窗护角的施工

230

将基体抹严，抹时用力压实使砂浆挤入细小缝隙内，接着分层装档、抹与充筋平，用木杠刮找平整，用木抹子搓毛。然后全面检查底子灰是否平整，阴阳角是否方直、整洁，管道后与阴角交接处、墙顶板交接处是否光滑平整、顺直，并用托线板检查墙面垂直与平整情况。散热器后边的墙面抹灰，应在散热器安装前进行，抹灰面接槎应平顺，地面踢脚板或墙裙，管道背后应及时清理干净，做到活完底清。修抹预留孔洞、配电箱、槽、盒：当底灰抹平后，要随即由专人把预留孔洞、配电箱、槽、盒周边5cm宽的石灰砂刮掉，并清除干净，用大毛刷蘸水沿周边刷水湿润，然后用1：1：4水泥混合砂浆，把洞口、箱、槽、盒周边压抹平整、光滑。抹罩面灰：应在底灰六七成干时开始抹罩面灰（抹时如底灰过干应浇水湿润），罩面灰两遍成活，厚度约2mm，操作时最好两人同时配合进行，一人先刮一遍薄灰，另一人随即抹平。依先上后下的顺序进行，然后赶实压光，压时要掌握火候，既不要出现水纹，也不可压活，压好后随即用毛刷蘸水将罩面灰污染处清理干净。施工时整面墙不宜甩破活，如遇有预留施工洞时，可甩下整面墙待抹为宜。见图6-34。

图 6-34　预留孔洞、配电箱、槽、线盒的施工

（6）移动筒仓在现场布置中存在的问题及处理方法：

本项目比较分散，施工班组不同，需要不同的砂浆而满足工程的需要，再加上独栋楼房的距离比较远，在运输上靠人力来完成输送很难达到施工现场的需求，在移动筒仓设备操作上人员又不能确定。

根据施工现场实际情况，该工程中所采用的砂浆产品全部采用散装砂浆，由北京艺高世纪科技股份有限公司负责该项目的布置及移动筒仓的提供。为了适应工地情况，该公司通过对现场的考察，制定了特定移动筒仓布置方案：在楼与楼连接处进行移动筒仓的基础共享布置，对于楼与楼较远的独栋楼而不能立移动筒仓的地带，采取了筒仓基础的改进设计，使用机械运输车进行供应，既节约了运输时间，又保障了运输工期及运输安全。在移动筒仓设备上固定了专管人员，并进行了移动筒仓操作的专业培训。

5. 案例经验总结

该项目的干混砂浆由北京艺高世纪科技股份有限公司供货，考虑到该项目施工场地分散，且同一时期使用品种多达5种砂浆，共在施工现场设置移动筒仓位12个，用于同一时期存储不同品种的砂浆。所有移动筒仓设备全部配备固定式搅拌机，砂浆搅拌后用人力小车直接运送到施工现场。

由于该项目二次结构较为复杂，使用砂浆种类较多，因此要合理安排施工，有效的布置干混砂浆移动筒仓。既要方便施工使用，又要减少混用、错用砂浆，采用了挂牌明示的方法。

该项目中依据施工总体安排、楼房的布局及工期要求，合理进行移动筒仓的布置及数量安排，达到运输短途、便捷，确保砂浆的和易性。

在保证施工安全的基础上，该项目对立好的干混砂浆移动筒仓进行了井式脚手架密封搭建，保障工期内安全完成配送任务。

6.5.2 抹灰、砌筑砂浆施工案例二（北京东城棚改项目）

1. 项目概况

北京市东城区是北京中心城区之一，大部分区域地处元代大都城和明、清两代北京内城的东部，是全市历史文化遗存最密集、平房院落最集中的地区。划分为和平里、安定门、交道口、景山、东华门、建国门、东四、北新桥、东直门 10 个街道。此次东城区棚户改造工程涵盖全部 10 个街道，全部为原老旧平房拆旧建新，且工程施工没有地域连续性，为分户进行。见图 6-35。

图 6-35　东城棚户改造图

2. 抹灰、砌筑工艺流程

见图 6-36。

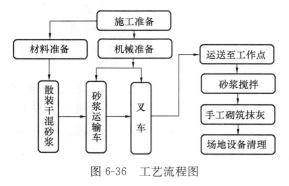

图 6-36　工艺流程图

3. 设备配置

根据工地的特点，此工程中所采用的砂浆产品全部采用袋装成品砂浆，由北京艺高世纪科技股份有限公司负责该项目的供货。为了适应此工地情况，该公司通过对现场的考察，制定了特定的供货方案：砂浆在工厂生产时全部摆放于托盘上，然后采用大型货运车辆在规定时间段内，将砂浆运至施工现场附近的主要街道，就近停放，再用叉车分别转运至施工现场。为此，该公司在施工现场附近配备多台叉车用于砂浆材料的转运。

4. 施工中存在的问题及处理方法

（1）施工材料没有堆场。由于所有的拆建老旧平房零星分布于胡同内，而其相邻的房屋并不进行改造，故施工材料到达现场后只能堆放在自家院内，并不能借用周边地区堆放。因场地狭小，加之建筑材料种类（如砖、瓦、木料等）品种繁多，另外还要预留出工人的操作空间，又加重了现场的拥挤情况，物料运输难度大。见图6-37。

图6-37　东城棚户原街道

（2）运输道路拥堵。因拆建老旧平房的零星分布，周围百姓正常生产、生活，而工程施工又不能影响老百姓的生活，胡同内本身道路狭窄，加上道路两侧停车较多，许多道路只能容一车通过，运输材料用的大型货车根本不能进入胡同内部，因此也就不能将材料运抵现场。

（3）材料到场时间严格。因施工现场在主城区，受到货运车辆限行的影响，所有材料的运输时间必须在每日24时至次日凌晨6时之间，而这一时段，所有材料集中进城，都到施工现场附近，因此各家的卸货时间必须协调控制在一定的时间段内，时间紧、难度大。

5. 案例经验总结

东城棚户改造工地施工后，经过这个工地的供货过程，该公司积累了丰富的在老城区使用砂浆产品的经验，主要有：

（1）砂浆的运输过程，这种老旧小区改造的工程，因环保节能问题，施工采用成品砂浆有其必然性，可运输过程中各部门、各单位的协调是重中之重。如果协调不好，统筹出现问题，就会出现互相影响，都不能完成任务的情况。

（2）砂浆在使用过程中，因棚户区改造的原则是修旧如旧，固大量采用传统红机砖、蓝砖作为砌体材料，加之施工现场无遮盖物，这些条件对砂浆质量的要求就要更加严格，为此，在施工过程中，我方多次与施工队伍进行沟通、试验，及时根据对方所用砌体、基层的材质，及时调整产品的配方，以确保工程质、保量地完成。

总之，在此工程中，通过成品砂浆的供应，减少了工地扬尘，为北京的天更蓝、水更绿、空气更加清新做出了微薄的贡献。见图 6-38。

图 6-38　棚户改造后实景图

6.5.3　保温板粘结砂浆和抹面砂浆施工案例

1. 项目概况

以北京万科四季花城项目（见图 6-39）为例加以说明，该项目地处北京市顺义区仁和镇，外墙保温面积 $38000m^2$，外墙涂料面积 $40000m^2$，建筑类型为多层板楼，结构类型为现浇混凝土框架剪力墙。外墙外保温做法采用 70 厚聚苯板薄抹灰体系，涂料做法采用平涂做法。

质量要求：合格；工期要求：60 日历天。

图 6-39　万科四季花城项目

2. 基本构造

基层处理后，采用聚合物粘结砂浆点框法粘贴聚苯板（粘结面积应达到 40％以上），保证聚苯板和墙体间有效连接，板缝间紧密结合。抗裂防护层采用柔性抹面砂浆复合耐碱玻纤网格布，增强了面层柔性变形能力、提高了抗裂性能；柔性耐水腻子位于保温层的面层，具有更强的柔韧性；外饰面宜采用丙烯酸类水溶性涂料，以与系统变形相适应。系统各构造层材料柔韧性逐层渐变，充分释放热应力，有效避免裂缝的产生。

基本构造（见表 6-6）。

聚苯板薄抹灰体系基本构造 表 6-6

基层墙体①	体系的基本构造				构造示意图
	粘结层②	保温层③	抗裂防护层④	饰面层⑤	
现浇混凝土墙体或砌体砖墙	聚合物粘结砂浆	聚苯板	抹面砂浆复合耐碱玻纤网格布	柔性耐水腻子＋封闭底漆＋涂料	

3. 施工准备

（1）机具设备

1）机械设备

电动吊篮或专用保温施工脚手架、手提式搅拌器、垂直运输机械、水平运输手推车等。

2）常用施工工具

铁抹子、阳角抹子、阴角抹子、电热丝切割器、电动搅拌器、壁纸刀、电动螺丝刀、剪刀、钢锯条、墨斗、棕刷或滚筒、粗砂纸、塑料搅拌桶、冲击钻、电锤、压子等。

3）常用检测工具

经纬仪及放线工具、拖线板、靠尺、塞尺、方尺、水平尺、小锤、探针和钢尺等。

（2）材料质量要求

1）外保温系统应经耐候性试验验证。

2）聚苯板应符合《绝热用模塑聚苯乙烯泡沫塑料》GB/T 10801.1—2002 标准要求。

3）所有材料应符合《建筑节能工程施工质量验收规范》GB 50411—2007 标准要求。

4）在该系统中所采用的附件，包括密封膏、密封条、金属护角等应分别符合相关产品标准的要求。

4. 施工工艺

工艺流程见图 6-40。

5. 施工总结

保温板属于外保温系统中保温隔热材料，是系统的核心。它的安装质量的好坏直接体现了保温系统质量的目标实现。保温板的安装质量涉及：板与基层粘结是否稳定牢固；板在墙面上是否排布规范，特别在门窗洞口部位、阴阳角处以及与外饰构件接口处；板粘贴

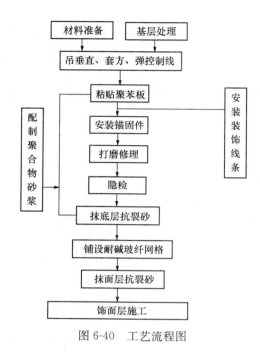

图 6-40　工艺流程图

好后看看保温层在墙面上是否平整。

常见问题有：

（1）板与基层面有效粘结面积不足，达不到40％规范要求，或出现虚粘现象，或达不到个体工程设计要求；

（2）板与板接缝不紧密或接槎高差大，或外饰件紧密度太差；

（3）网格布未搭接或搭接宽度不符合要求，导致砂浆开裂；

（4）板面平整度不达标准（≤4mm/2m）等。

纠正措施有：加强施工人员素质与技术培训，包括培训板面布胶、板裁剪、板排布、板拍打挤压胶料、板缝及板与外饰件间密封、板打磨等操作技能，强调板安装质量的重要性；加强管理人员的检查职责；严格监理人员验收，并作好记录。

6.5.4　瓷砖粘结砂浆施工案例

1. 项目概况

以北京东湖名苑一期外墙装饰工程为例（见图6-41），外墙外保温由北京世纪百成装饰工程有限公司施工。该工程为现浇混凝土剪力墙结构，建筑类型为地上28层高层塔楼，面砖饰面。外保温采用80厚聚苯板（容重：25kg/m³），建筑面积为71316m²，外墙保温面积为35000m²，外墙贴砖面积为28000m²。

图 6-41　东湖名苑一期

质量要求：合格；工期要求：80 日历天。

2. 基本构造

基层处理后采用聚合物粘结砂浆点框法粘结聚苯板（粘结面积应达到 50％以上），保证聚苯板和墙体间有效粘结，板缝间紧密结合。抗裂防护层采用抗裂粗砂浆复合热镀锌钢丝网锚栓锚固，有效避免裂缝的产生。面砖粘贴采用的专用面砖粘结砂浆及勾缝剂均具有良好的粘结力、柔韧性和抗裂防水效果（该基本构造见表 6-7）。

聚苯板厚抹灰体系基本构造

表 6-7

基层墙体①	系统的基本构造				构造示意图
	粘结层②	保温层③	找平抗裂层④	饰面粘结层⑤	
凝土墙或砌体墙	聚合物粘结砂浆	达到设计厚度的聚苯板	第一遍抗裂粗砂浆＋热镀锌钢丝网（锚栓与基层锚固）＋第二遍抗裂粗砂浆	面砖粘结剂＋面砖＋勾缝剂	⑤④③②①

3. 施工准备

（1）机具设备准备

1）机械设备

电动吊篮或专用保温施工脚手架、手提式搅拌器、垂直运输机械、水平运输手推车等。

2）常用施工工具

铁抹子、阳角抹子、阴角抹子、电热丝切割器、电动搅拌器、壁纸刀、电动螺丝刀、剪刀、钢锯条、墨斗、粗砂纸、塑料搅拌桶、冲击钻、电锤、压子、托线板、橡皮锤、小灰铲、手提式切割机等。

3）常用检测工具

经纬仪及放线工具、杠尺、方尺、2m 靠尺、塞尺、水平尺、探针、钢尺、小锤等。

（2）材料质量要求

1）聚苯板、聚合物粘结砂浆、镀锌钢丝网、锚固件、聚合物抗裂粗砂浆等材料应符合《建筑节能工程施工质量验收规范》GB 50411—2007 标准要求。

2）聚苯板也应符合《绝热用模塑聚苯乙烯泡沫塑料》GB/T 10801.1—2002 标准要求。

3）外保温系统应经耐候性试验验证。

4）外保温系统是非承重复合系统，饰面砖不能选用力学上不安全的饰面砖做饰面材料，一般情况下饰面砖重量≤20kg/m²，饰面砖粘结、勾缝材料须符合《建筑装饰装修工程质量验收规范》GB 50210—2001 标准要求。

5）在该系统中所采用的附件，包括密封膏、密封条等应分别符合相关产品标准的要求。

4. 施工工艺

工艺流程见图 6-42。

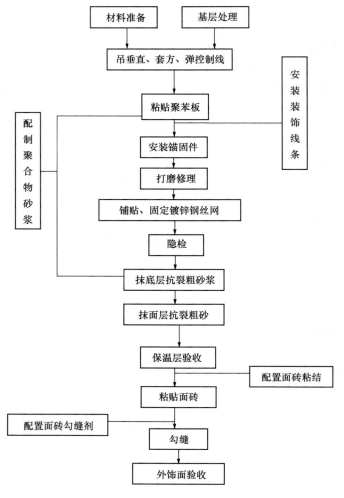

图 6-42　工艺流程图

5. 施工总结

（1）瓷砖与瓷砖粘结剂界面上因温差产生的内应力是造成外墙瓷砖空鼓、脱落的重要隐患，需尽可能使用柔性胶粘剂、柔性填缝剂；尽可能使用低弹性模量、尺寸小的瓷砖。

（2）基层表面偏差较大，基层处理或施工不当，如每层抹灰间隔时间短，面砖勾缝不严，各层之间的粘结强度差，面层就容易产生空鼓、脱落。

（3）砂浆配合比不准，稠度控制不好，在同一施工面上采用几种不同的配合比砂浆，因而产生不同的干缩，也会空鼓。须严格按工艺操作，重视基层处理和自检工作，要逐块检查，发现空鼓应随即返工重做。

（4）因冬季气温低，砂浆受冻，到来年春天化冻后容易发生脱落。因此室外面砖施工作业时气温不宜低于5℃，尽量不在冬期施工。

（5）墙面不平：主要是结构施工期间，几何尺寸控制不好，造成外墙面垂直、平整偏差大，直接影响保温粘贴、抗裂层施工质量。应加强对基层打底工作的检查，合格后方可进行下道工序施工。

7 预拌砂浆机械化施工

自 20 世纪 60 年代德国人发明了第一台砂浆螺杆喷涂机以来，欧美等发达国家的砂浆机械化施工得到了广泛应用，亚洲的一些发达国家和地区也得以广泛应用。

我国自 20 世纪 70 年代就开始研究砂浆的机械化施工，在多个施工现场进行了试验，但当时由于现场搅拌砂浆颗粒不均匀、质量不稳定等因素，没有能实现砂浆机械化施工。近几年，随着机喷砂浆的配方问题解决，高效的机喷砂浆外加剂的开发成功，砂浆机械化喷砂浆得到完美解决。长期以来，困扰砂浆机械化施工的砂浆质量低下，泵送性能差，喷涂性不好，对设备磨损性较大等问题得以解决，机械化施工在三一重工、中联重科、南方路机、索泰美可斯、上海潜岩建筑等众多企业的推动下，开始在北京、上海、广州、江苏和浙江等地应用到建筑工程中，并取得了很多的施工经验。

7.1 机械化施工的优越性

砂浆的机械化施工是全面推广运用预拌砂浆的主要手段。从砂浆生产到砂浆泵送、机械喷涂直至机械抹平的整个过程，都采用机械化施工方式进行。这种方式彻底改变了原有的现场人工筛砂、人工加料加水搅拌、人工推运、手工抹灰，相比传统砂浆手工作业，砂浆机械化施工具有无法比拟的优越性，其具体表现：

1. 提高施工效率

采用预拌砂浆机械化施工的工程，一般需要 8 个熟练抹灰工，4 个辅助小工，一天可以完成 $1200\sim1500m^2$ 的抹灰工程量，人均每天 $100\sim125m^2$。而采用传统手工操作的施工模式，一个熟练工人，配合辅助的小工，一般仅为 $35\sim50m^2/d$。如在四川某工地，同一个施工班组，用传统抹灰方式 5d 完成一层，改用机械化施工后仅 2d 就能完成。

机械化施工在工作效率上至少是人工施工的 2 倍以上。施工效率的提高不仅带来了经济效益，而且大大缩短了建筑工期。

2. 降低了劳动强度

砂浆抹灰机械化施工，去除了传统的手推砂浆、人工上墙等环节，大大减轻了施工人员的劳动强度，使砂浆施工不再是一件累活、脏活，有效化解施工人员紧张的矛盾。

3. 缓解电梯使用矛盾

大多数建设工程为了缩短建设工期，内墙抹灰、外墙装饰、管道安装等分项工程同时进行，电梯使用相互争夺矛盾比较突出，材料供应跟不上，造成等待窝工等现象。砂浆机械化施工采用砂浆泵送技术，从地面直接泵送砂浆至所需楼层，把电梯让给其他施工队伍，加快整体施工进度。

4. 减少砂浆使用量

传统现场搅拌砂浆的输送主要靠手推车、吊机、电梯，根据实际施工经验，在运送砂浆的过程中，落地砂浆至少在5‰以上，浪费严重。从某种意义上来说砂浆机械化喷涂工艺的应用是工程建设上的一次革命。预拌砂浆采用机械化施工，由于粘结强度的提高，可以相对减少抹灰层厚度。专业研制的薄层预拌砂浆，仅5mm的抹灰层厚度。减少砂浆用量，降低用材料成本，还可减轻建筑物结构自重，增加建筑物使用面积。

5. 提高建筑质量，减少返工维修费用

机械化施工的抹灰预拌砂浆，喷涂压力大，附着力强，密实度好，粘接牢固，没有空鼓、裂缝与脱落现象。提高了施工质量，减少返工修复工程量，降低后期维护费用。

6. 缩短施工周期

施工效率的提高，缓解了施工人员紧缺的状况，加快了施工进度，缩短了施工周期。建设工程提前交付使用，既减少了工程设施的租赁费用，又减少了财务费用。

7. 保护施工环境

传统砂浆施工，由于手工加注原材料、手推车运输砂浆、砂浆手工上墙，施工现场脏乱不堪，粉尘污染严重。而砂浆机械化生产，施工现场全机械化施工，完全杜绝粉尘、废水污染，保护了人们心身健康。

随着国家经济实力的不断增强，人们物质生活的不断提升，对生活、环境、质量的要求不断提高，现拌砂浆导致的工程质量问题层出不穷，环境污染问题日趋严重，人工费用越来越高，客观上要求，机械化喷涂来加快施工速度，降低施工成本，这是社会发展的大趋势，机喷施工的推广应用势在必行。

7.2 预拌砂浆机械化施工设备

7.2.1 干混砂浆连续式混浆机

连续混浆机（见图7-1、图7-2）有适合袋装和散装之分，适合袋装的混浆机搅拌桶上面装有储料斗，供破袋喂料。适合散装干混砂浆的混浆机是装在移动储罐的锥体下面。

图7-1 移动式混浆机

图7-2 连续式混浆机

连续式混浆机与传统搅拌机的最大区别是：喂料口要连续不断的喂料，经均化区、输送区、加水混合区、出料口均匀稳定的输出合格的湿砂浆。配水装置必须做到流量稳定，输水量与干混砂浆严格衡定成比例的混合，既要保证连续又要保证均匀稳定，是该设备的关键技术。为了便于清洗维修，很多公司采用了模块化设计，快装模式，搅拌桶为折叠方式，搅拌轴为快装形式。配水系统装有减压稳压阀，保证水压稳定水流衡定。在电控部分设计了过载、相序、缺水、缺料保护，还装有联动传感器接口，可以根据需要与相关设备智能联动使用。

连续混浆机的特点是：体积小、重量轻、无粉尘污染、混合均匀、连续出料，可做到随用随搅，节约材料、拆装简单、易于清洗。连续混浆机可适用于混合普通干混砂浆、自流平砂浆、保温砂浆、瓷砖粘结砂浆等。

7.2.2 干混砂浆喷浆设备

砂浆泵是把混合好的拌水砂浆，通过管道，进行远距离输送或借助于空气压缩机的压力，把砂浆连续均匀地喷涂于墙面和顶棚上，再经过找平抹光，完成抹灰饰面的设备。

砂浆泵主要有柱塞式（见图7-3）、挤压式、隔膜式和螺杆式（见图7-4）四种形式，挤压式砂浆泵结构简单、维修方便，适合用于中高层垂直输送和喷涂，缺点是对砂浆的和易性要求比较高，容易堵管，挤压胶管使用寿命短，需经常更换。柱塞泵砂浆压力较高，对材料的要求比较低，灰浆越粗，颗粒小于8mm时，柱塞泵更加适合，优点是效率高、输送距离长，缺点是设备成本高，但结构复杂，密封件易磨损，也需经常更换。螺杆式砂浆泵加工制造精度高，体积小、结构紧凑、使用效果好、寿命长，只适用于泵送性好、颗粒大小为0～4mm的预拌砂浆，优点是喷涂均匀，稳定，缺点是在长距离输送受限，磨损严重。

图7-3 柱塞泵

图7-4 螺杆泵

7.2.3 湿拌砂浆机械化施工设备

湿拌砂浆指水泥、细骨料、外加剂和水以及根据性能确定的各种组分，按一定比例，在搅拌站经计量、拌制后，采用搅拌运输车运至使用地点，放入专用容器储存，并在规定时间内使用完毕的湿拌拌合物。

　　湿拌砂浆在我国有着多年的发展历史，但一直以来，由于湿拌砂浆砂粒级配不稳定，性能相差较大，缺乏高性能砂浆外加剂的配合，其机械化施工推广受到了严重制约。到目前为止，湿拌砂浆成套设备提供厂家为数不多。我国经过多年的潜心研究，克服了湿拌砂浆搅拌不均匀、泵送易堵管、喷涂易流挂等缺陷，推出了全机械化的湿拌砂浆解决方案，并得到了市场的高度认可。成套设备由筛砂机、砂浆站、搅拌车及砂浆泵组成（见图7-5）。

图 7-5　湿拌砂浆成套系统

　　砂浆泵是一种将砂浆通过水平或垂直铺设的管道连续输送到喷涂施工现场的高效砂浆泵施工设备，是砂浆机械化施工不可缺少的重要设备之一。使用砂浆泵施工，砂浆的输送和喷涂作业是连续的，施工效率高，工程进度快，比传统的手工输送砂浆提高工效近 10 倍。在正常泵送条件下，砂浆在管道中输送不会污染环境，能实现文明施工，且能实现远距离泵送。

　　因湿拌砂浆用砂仅经过简单的筛分处理，砂粒细度模数及级配无法严格控制，导致成品砂浆泵送性能有一定的波动，故喷涂时通常采用柱塞泵（如图7-6），因该类泵对不同砂料的适应性要强于其他类型砂浆泵。

图 7-6　柱塞泵

　　其基本构造由机械系统、液压系统、电气系统、冷却系统、润滑系统等主要部件组成（见图7-7）。

　　柱塞泵主要部件为泵送系统，该泵送系统由主油缸、水箱、输送缸、混凝土活塞、摆摇机构、搅拌机构、料斗和 S 管阀等主要零部件（见图7-8）。

　　泵送砂浆时，在主油缸 1a、1b 的作用下，混凝土活塞 4b 前进，4a 后退。此时摆阀油缸 5b 处于伸出状态，5a 处于后退状

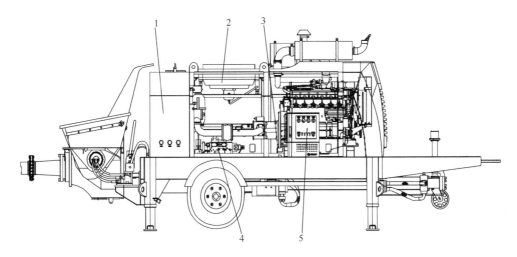

图 7-7　柱塞泵若基本构造示意图

1—机械系统；2—冷却系统；3—润滑系统；4—液压系统；5—电气系统

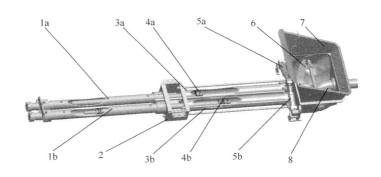

图 7-8　柱塞泵泵送系统主要零部件

1a—主油缸；1b—主油缸；2—水箱；3a—输送缸；3b—输送缸；4a—混凝土活塞；4b—混凝土活塞；
5a—摆阀油缸；5b—摆阀油缸；6—搅拌系统；7—料斗；8—S阀

态，通过摆臂作用，S管阀 8 接通混凝土输送缸 3b，3b 里面的砂浆在活塞 4b 的推动下，由 S 管进入输送管道；而料斗 7 里的砂浆被不断后退的活塞 4a 吸入混凝土输送缸 3a。当 4b 前进，4a 后退到位以后，控制系统发出信号，使摆阀油缸 5a 伸出，5b 后退，摆阀油缸 5a、5b 换向到位后，发出信号，使主油缸 1a、1b 换向，推动活塞 4a 前进，4b 后退，上一轮吸进输送缸 3a 里的混凝土被推入 S 管 8 进入输送管道，同时，输送缸 3b 吸料。如此反复动作完成砂浆的泵送。

7.3　预拌砂浆机械化施工流程

7.3.1　预拌砂浆施工流程

（1）砌筑砂浆施工流程：基层处理→搅拌砂浆→砌筑施工。

（2）地面砂浆施工流程：基层处理→搅拌砂浆→涂浆→抹平压光。

（3）抹灰砂浆施工流程：基层处理→搅拌砂浆→墙面充筋→涂浆上墙→抹平压光。

7.3.2　湿拌砂浆机械化施工流程

　　针对不同的砂浆类型均有不同的施工工艺，但不同施工工艺间都有异曲同工之妙，以下介绍湿拌抹灰砂浆施工工艺。该工艺采用砂浆站搅拌砂浆，搅拌车进行砂浆的运输，砂浆泵进行砂浆的泵送、喷涂工作。同时，该工艺配合使用高效机喷砂浆外加剂，确保了砂浆的泵送性能及砂浆的和易性，大幅提升了砂浆的质量及施工效率，其工艺流程如图7-9。

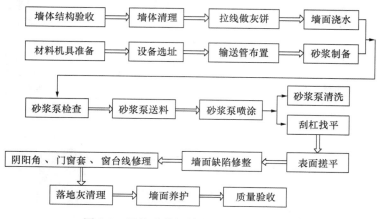

图 7-9　湿拌砂浆机械化施工工艺流程图

7.3.2.1　湿拌砂浆机械化施工操作步骤及要点

1. 墙面喷涂预处理

（1）基本要求

建筑主体必须经过质量验收，抹灰进行时必须保证各楼板无漏水，地面无积水。

1）墙面孔洞修补（见图 7-10）

图 7-10　清除墙面灰尘、填嵌洞口等

　　① 清除基层表面灰尘、污垢、油渍（使用 10％火碱溶液清洗）等；

　　② 凡室内管道穿越的墙洞和楼板洞、凿剔墙后安装的管道，脚手架眼，不同材料衔

接的台阶处，砖砌墙的周边应使用1：3的水泥砂浆填嵌密实。

注意：墙面盲孔，深孔，钢丝网内侧间隙未有效充填压实，使用机械喷涂易存在喷射盲区，砂浆固化后易造成空鼓、裂纹。

2）墙面剔平

① 将混凝土墙面明显凸出部分凿平，对蜂窝、麻面、露筋等要凿到实处，用1：3的水泥砂浆分层补平。

② 窗台砖补齐，内隔墙与楼板、梁底等交接处用干硬性水泥砂浆填塞严实。

③ 甩浆（见图7-11）。

④ 对于轻质砌块墙或混凝土基体，抹灰前10～15d需在墙面甩一层素水泥浆（水泥、108胶、水的比例为1：0.3：0.5），施工前将墙体表面清理干净，用网格拍均匀涂甩在抹灰基层，停滞半天后洒水湿润，以后每天养护，养护天数不少于3d。

⑤ 甩浆拉毛以手掰毛刺不掉为准。

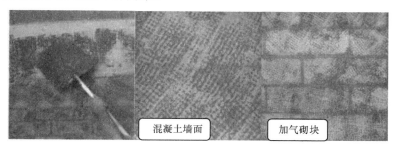

混凝土墙面　　加气砌块

图7-11　墙面甩浆

3）铺钉金属网（见图7-12）

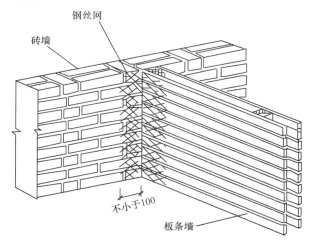

图7-12　铺钉钢丝网

① 不同材料基体交接处应采取加强措施，如铺钉金属网，金属网与各基体搭接宽度不应小于100mm（一般为150mm），钢丝网每隔250mm应有一个固定点，可使用钢钉或砂浆固定，要求钢丝网拉直，中间无拱起，边缘无外翘；

② 钢丝网丝梗厚度为0.3～0.9mm，丝梗宽度为0.3～0.9mm，孔眼宽度为9mm。

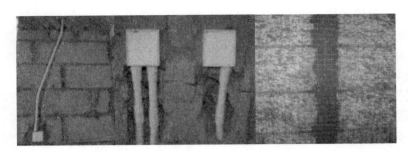

图 7-13　线槽及线盒保护

4）线槽及线盒保护（见图 7-13）

① 管线凿槽规范；

② 线盒要有保护措施，避免砂浆污染；

③ 在墙面抹灰 10～15d 之前，安排专人先将凿槽填补，线槽宽度若超过 100mm，需在填补后的线槽表面加钢丝网。

（2）常用墙体材料基层处理方法

1）烧结砖（红砖与多孔砖）（见图 7-14）

① 红砖多用于砌筑墙体、基础、柱、拱、烟囱、铺砌地面，多孔砖自身强度高，砌筑时孔洞应垂直于承压面（适用于 6 层以下的承重墙，及高层填充墙），两者吸水速度快，吸水率为 15％～20％。

图 7-14　烧结砖（左边为红砖，右边卫烧结多孔砖）

②烧结砖表面比较粗糙，墙面平整度较差，凹凸不平，有利于砂浆与基层粘接。且烧结砖吸水速度很快，为了避免砂浆过快失水，抹灰前应彻底湿润墙面，120mm 厚砖墙，抹灰前一天浇水 1 遍，240mm 厚砖墙浇水 2 遍，水应渗入墙面内 10～20mm，在抹灰时墙面应无明水，无泛白。

2）混凝土空心砌块（见图 7-15）

①混凝土空心砌块以水泥为胶结材料，砂、碎石或卵石为骨料，加水搅拌，振动加压成型的砌块（工业与民用建筑结构的承重墙），吸水率 20％左右，吸水速度介于黏土砖与加气块之间；

②喷涂前将基层表面的尘土、污垢、油渍等清扫干净，温度高于 30℃时于喷涂前 2h浇水湿润即可，喷涂前墙体上不得有明水，常温下喷涂前无需浇水湿润。

图 7-15　混凝土空心砌块

3）加气混凝土砌块（见图 7-16）

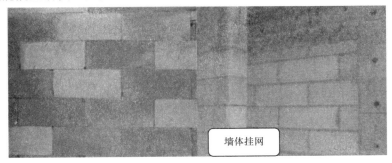

墙体挂网

图 7-16　加气混凝土砌块

①加气混凝土砌块是以钙质材料和硅质材料为基本原料，经过磨细，并以铝粉为发气剂，按一定比例配合，再经过料浆浇筑、发气成型、坯体切割和蒸压养护等工艺制成的一种轻质、多孔的建筑材料，表面光滑。适用于低层建筑的承重墙、多层建筑的间隔墙和高层框架结构的填充墙。加气混凝土墙体虽然吸水率达 40％，但吸水速度慢，约为烧结砖的 1/4 左右；

②喷涂前需按以下方法进行处理：

a. 将基层表面的尘土、污垢、油渍等清扫干净；

b. 可涂抹界面砂浆或甩浆处理，或者在墙基体上钉钢丝网，然后在网格上抹灰；

c. 浇水润湿，喷砂浆前 2d 浇水两次，水应渗入墙面内 10～20mm，浇水时间间隔为 5h 左右，浇水主要作用为清理墙面浮灰和润湿墙面，减少后续喷涂砂浆的收缩，气温超过 30℃时，若在喷涂前发现墙面出现泛白情况，应该在喷涂前 1h 继续浇水至墙面润湿，墙面吸水基本饱和无明显水珠即可。

4）混凝土墙

①混凝土墙用模板浇注而成，表面光滑，平整度较高，甚至还有残留的脱模油，这都不利于砂浆与基层的粘接，不利于砂浆与基体的粘接；

②要使墙面达到一定的粗糙程度，喷涂前需按以下方法进行处理：

a. 将基层表面的尘土、污垢、油渍等清扫干净；

b. 对光滑的混凝土表面进行凿毛处理、甩浆、刷界面处理剂；

c. 抹灰前需浇水湿润墙面，采取喷涂前 1d 浇水，使水渗入混凝土表面 3mm 左右，待表面无水稍干即可喷涂作业。

2. 做灰饼（见图 7-17）

（1）将激光仪放置于墙角已做好的双控线交点处，调整发射激光位置，使激光线与已做好的双控线重合；

（2）用尺子测量整面墙的平整度，根据墙面特点确定灰饼厚度。灰饼最薄处不小于 7mm，当墙面凹度较大时应分层衬平；

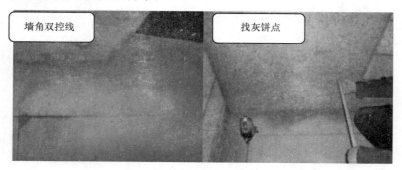

图 7-17　灰饼找点

（3）操作时先做上灰饼再做下灰饼，一般灰饼间距不大于 1500mm，离地 300mm；用靠尺板找好垂直和平整；

（4）灰饼用 1：3 水泥砂浆做成 5cm 见方或圆形状（见图 7-18）。

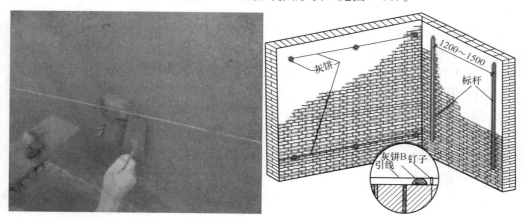

图 7-18　灰饼制作过程

3. 施工准备

（1）砂浆泵选址（见图 7-19）

1）砂浆泵应该安装在水平、密实的地面上，以防出现自动滑移事故，放置在非硬化路面上需在支腿底部加垫板；

2）砂浆泵安装位置应有足够空间，便于搅拌车进出加料；

3）选址位置尽量满足输送管管道布置方便且距离较短（建议水平管长度不超过 10m），且弯道较少。

图 7-19　砂浆泵（将支腿支撑到位，保证轮胎不受力）

（2）砂浆泵输送管道的安装

1）管道安装要求

① 管道安装尽量选择在可穿透整个楼层的通孔或夹层处，比如阳台水管通道或楼层间的夹层间隙位置（见图 7-20）；

图 7-20　布管在阳台下水道通孔或楼层间夹缝内

② 水平布管长度若超过 10m，建议使用 φ80 的水平直管，至垂直管前方第一个弯管前安装 φ80 转 φ50 的变径管，管道铺设宜有一定的上仰坡度（不超过 10°）；

③ 垂直管道应平顺理直，需改道时应安装弯管过渡（管路布线时应尽量减少弯道），不得有折弯，垂直钢管应固定在墙面或墙面支撑上，不得固定在脚手架上；

④ 水平管和垂直管之间连接应不小于 90°，弯管半径不得小于 0.5m；

⑤ 安装管道时，应尽量减少接头数量，并将接头设于操作方便处。连接管道时，应采用自锁快速接头锁紧，管连接处应密封，不得漏浆滴水（见图 7-21）；

⑥ 布管时，应有利于平行交叉流水作业，减少施工过程中的拆管次数；遇到新旧管混用时，旧管因长期摩擦内径变大，应优先安装在锥管处；

⑦ 管道接头连接时，务必检查两端接头是否干净；接头的内部密封垫是否磨损严重，明显磨损需更换密封垫；

⑧在室内喷涂转场时，应注意输送软管的摆放位置，防止软管在地面被拖拉时将已抹

图 7-21　自锁快速接头锁紧扣牢

平的墙面刮坏；

⑨ 输送软管只适合水平布管，不得使用软管进行跨楼层接管，禁止使用软管绕脚手架跨楼层接管。由于软管承载砂浆后较重，绕外墙容易下垂，泵送时悬空的软管摆动大，导致泵送压力增加，同时软管摆动造成脚手架摇摆，存在重大安全隐患。

2）管道安装流程（见图 7-22）

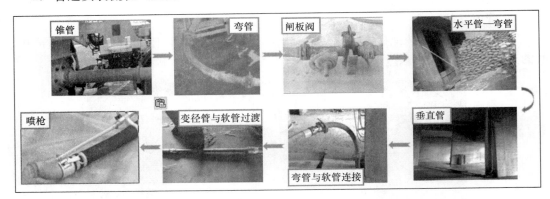

图 7-22　输浆管安装流程（根据各楼盘的实际情况，可根据实际情况进行布管）

接管工艺：安装出料口锥管—安装插阀—安装弯管—安装水平管—安装弯管—安装垂直管—安装弯管—安装末端软管—安装变径管—安装软管—安装喷枪。

3）砂浆泵气管的安装（见图 7-23）

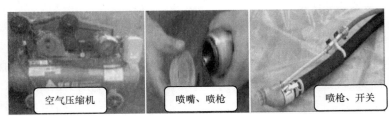

图 7-23　气管连接线路

① 气路沿输送软管的工作路线布置，严禁折弯在一起；

② 胶管应采用耐压软胶管，气管阀门及各连接处应密封可靠，不得漏气；

250

③ 空气压缩机的容量宜为 360L/min，工作压力宜设定为 0.7～0.8MPa；

④ 气路胶管连接空压机接头时，务必确保空压机的出气控制阀处于关闭的状态。

4. 砂浆制备

（1）材料要求

抹灰砂浆所用原材料不应对人体、生物及环境造成有害的影响，并应符合国家有关安全和环保相关标准的规定。

1）水泥要求

①建议采用散装普通硅酸盐水泥（PO 42.5），水泥应符合《通用硅酸盐水泥》GB 175—2007 的规定，采用其他牌号水泥需根据水泥中各组分的含量对砂浆配方重新调整。

②水泥进厂时应具有质量证明文件（包含基本组分）。对进厂水泥应按国家现行标准的规定按批次进行复检，复检合格后方可使用。

③进场水泥必须防潮保存，防止遇水反应失效。

2）砂子要求

① 砂应选用符合《建设用砂》GB/T 14684 规定的中砂（最佳细度模数在 2.8～3.0 之间），且不应含有粒径大于 4.75mm 的颗粒。天然砂的含泥量应小于 5.0%，泥块含量应小于 2.0%；

② 砂进厂时应具有质量证明文件。对进厂的砂应按国家现行标准进行复检，复检合格后方可使用；

③ 建议过筛以后的砂防雨保存。

3）粉煤灰要求

① 粉煤灰应符合《用于水泥和混凝土中的粉煤灰》GB/T 1596—2005 的规定。采用其他掺合料时，应经过试验验证；

② 粉煤灰质量应符合国家现行标准《水工混凝土掺用粉煤灰技术规范》DL/T 5055—2007 要求；

③ 粉煤灰进厂时应具有质量证明文件。对进厂粉煤灰应按国家现行标准的规定按批进行复检，复检合格后方可使用。

4）矿粉要求

① 矿粉应符合《用于水泥和混凝土中的粒化高炉矿渣粉》GB/T 18046 的规定。采用其他掺合料时，应经过试验验证；

② 矿粉的掺量应符合相关标准的规定，并应通过试验确定；

③ 矿粉进厂时应具有质量证明文件。对进厂矿粉应按国家现行标准的规定按批进行复检，复检合格后方可使用。

5）添加剂要求

① 保水增稠材料、抹得乐、砂浆王、纳米材料等应符合相关标准的规定或经过试验验证；

② 用于抹灰砂浆的保水增稠材料应符合相关标准的规定；

③ 添加剂进厂时应具有质量证明文件。对进厂添加剂应按国家现行标准的规定按批进行复检，复检合格后方可使用；

④ 所有添加剂均需参照材料要求进行防水、防火保存。

6）用水要求

抹灰砂浆搅拌用水宜用饮用水。当采取其他水源时，水质应符合国家现行标准《混凝土用水标准》JGJ 63—2006 的规定。

（2）配比要求

1）抹灰砂浆配合比应采用质量计量；

2）拌合物的表观密度不宜小于 1900kg/m³；

3）保水率不宜小于 80%，拉伸粘结强度不应小于 0.15MPa；

4）喷涂抹灰砂浆时，水泥用量不宜少于 180kg/m³；

5）复掺矿粉和粉煤灰时建议粉煤灰取代水泥的用量为 30%～40% 之间，若采用单掺粉煤灰时，建议粉煤灰替代水泥用量不宜超过 50%；

6）每天搅拌的第一方料可多添加 10kg 水泥，降低搅拌主机粘浆对砂浆成分的影响；

7）砂浆稠度控制在 85～100mm 之间，最佳砂浆稠度在 90～95mm 之间为宜，砂浆分层度在 10～20mm 之间为宜；

8）若现场施工发现的砂浆比较粘，可向搅拌车内加入砂和水，降低砂浆的运动黏度；

9）在砂浆泵及管道布置正常的情况下，根据不同施工场地管道布置的长度及楼层的高度，可以微调配方中的外加剂掺量，来改善砂浆的泵送性能。

（3）搅拌要求

1）抹灰砂浆应采用符合《预拌砂浆》GB/T 25181—2010 要求进行搅拌；

2）准备生产前应测定砂的含水率，每天至少 1 次，首次搅拌砂浆时应采取逐次加水的方式来控制砂浆最佳施工稠度；

3）抹灰砂浆在生产过程中应避免对周围环境的污染，所有粉料的输送及计量工序应在密闭环境下进行，并应有收尘装置。砂场应有防扬尘措施；

4）应严格控制生产用水的排放；

5）当空气湿度大或者下雨之后，应及时减少用水量，并采取逐次加水的方式来保证砂浆的最佳施工稠度；

6）当夏季环境温度过高时，应适当增加用水量（每方料每次额外加水量不宜超过 2kg），保证搅拌车不会损失过多水分而导致砂浆离析；

7）建议每天检查清理粉料上料螺旋，防止上料螺旋堵塞造成计量不准，影响后续泵送及砂浆质量；

8）当气温突然下降，或平均气温不足 10℃ 的情况下，建议晚上将搅拌站内水排干，第二天重新加水，避免水塔水温跟随天气变化骤变，影响稠化剂在水中的溶解度，影响砂浆的泵送性能。

（4）搅拌流程（见图 7-24）

图 7-24 预拌砂浆搅拌流程

1）上料

骨料一般采用上料螺旋或者提升斗自动上料（视搅拌站的型式而定），粉料采用粉料螺旋自动上料，水及水剂外加剂一般采用水泵自动上料。

2）计量

计量精度符合搅拌站相应的国家标准，骨料计量精度为±2％，粉料及外加剂计量精度为±1％或在测定要求范围内。

3）投料

待所有物料上完料并达到给定配方重量目标值后，搅拌站自动进行投料；投料时宜先加砂铺底，然后同时加入水泥、粉煤灰和矿粉，最后放入水和添加剂，方可实现均匀搅拌。（外加剂在搅拌主机开启搅拌10s后开始加入，要求在搅拌的同时从观察口均匀洒进去，并继续搅拌，忌外加剂与水同时加入或者外加剂直接一次性堆积加入，否则极易导致外加剂成团，影响砂浆性能。

4）搅拌

等所有物料投放完毕后，搅拌站进行搅拌，等物料搅拌均匀，电流值恒定，搅拌时间一般为90s左右。

5）卸料

搅拌完毕后，进行卸料，卸料时间一般设定为35s左右。

6）清洗

搅拌站备料人员以砂浆现场是否需要马上进行备料为信号进行备料，在没有得到信号时需要对搅拌主机进行清洗；

对于非连续性搅拌打料（两次料搅拌间隔时间超过0.5h），均要对搅拌主机进行清洗，清洗时直接按下电动搅拌站控制面板上的洗机按钮，每次清洗时间持续30s左右，需连续清洗三次。

清洗完毕后，打开搅拌主机盖，查看搅拌轴及搅拌叶片上是否有砂浆结块，如有，则手动进行清理。

（5）运输要求

1）抹灰砂浆应采用搅拌运输车输送，装料口应保持清洁，筒体内不应有积水、积浆及杂物；不同配比的砂浆不得混装储运；

2）抹灰砂浆供货量以立方米（m^3）为计量单位；

3）搅拌运输车在运输途中的搅拌速度应控制在3r/min，卸料时搅拌速度应控制在5r/min；

4）砂浆在搅拌车存放的时间不得超过3h，当施工期间最高气温超过30℃时，存放时间不宜超过2h；

5）现场砂浆长时间存放导致稠度不符合要求时，可往搅拌车及砂浆泵料斗里加水（保证稠度符合要求即可），或加入一定量的缓凝剂（加入量为剩余砂浆内所含胶凝材料的1％为宜），并进行3min左右的非泵送搅拌，直至用手抓一把砂浆并用力握紧拳头，使砂浆从手指缝中流出，拳头中只留下少许沙子的痕迹即可；条件允许亦可进行稠度测试，保证稠度范围在90～95mm之间。

5. 现场砂浆检验（见图7-25、图7-26）

可泵送砂浆要求较高，在泵送前需检验每批次料黏稠度、分层度，并对泵送性能及泌水性进行初步检验，以减少泵送时堵管概率。

图 7-25 稠度检测示意图

图 7-26 稠度测定仪
结构示意图

（1）稠度检验

每配完一批料，准备泵送前需检测砂浆的黏稠度，砂浆黏稠度需使用专用黏稠度检测仪检测，具体检测方法：

1）使用少量润滑油轻插滑竿，使滑竿能自由滑动；

2）将试锥及容器使用湿抹布擦拭干净，试锥内侧不得有砂浆残留；

3）将砂浆拌合物一次性装入锥形容器，要求料平面低于容器上平面 10mm 左右；

4）使用捣棒自容器中心向边缘均匀的搅拌 25 下，然后轻敲容器四周 5～6 下使砂浆表面平整；

5）将试锥尖端调整至接触砂浆平面，并将显示表指针调零，拧开制动螺丝，同时计时，10s 后拧紧制动螺丝，读出显示表上的数据即为砂浆稠度。同一批料需检测稠度两次，若两次稠度值相差 10mm 以上需重新取样，两次的平均值即为砂浆的稠度值可泵送砂浆的稠度要求在 85～100mm 之间，建议最佳砂浆稠度在 90～95mm 为宜。

（2）分层度检验（见图 7-27）

图 7-27 分层度检测示意图

检查砂浆分层度前先按步骤图 7-25 检查完砂浆的黏稠度，后按下述流程操作：

1）向砂浆容器内一次性装满砂浆，要求料平面与容器上平面平齐；

2）使用捣棒自容器中心向边缘均匀的搅拌 25 下，轻敲容器四周 10～12 下，然后静止 30min；

3）将容器上层快速移开，参照图 7-25 步骤对容器下层砂浆进行稠度检验，检验结果与原砂浆的稠度相差值即为分层度。

可泵砂浆要求分层度在 10～20mm 之间，太大砂浆保水性差、易离析分层、易引发堵管，太小砂浆上墙后容易干缩开裂。

（3）砂浆可泵性检查

砂浆现场搅拌停放时间超过 2h 以上需测试砂浆泵送性的好坏，具体检验方法：抓一把灰浆并用力握紧拳头，使灰浆从手指缝中流出。如果只有泥浆流出而手里留下一个被挤压过的砂块，那么就有可能会堵泵。泵送性好的灰浆应该是从指缝中流出后，拳头中只留下少许骨料的痕迹（见图 7-28）。

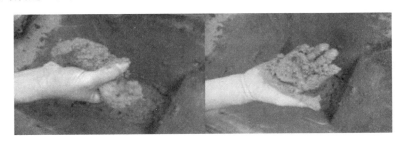

图 7-28　砂浆均匀从指缝中流出（左），手心中存在明显的骨料（右）

（4）泌水性检查

砂浆现场搅拌停放时间超过 2h 后需进行，以检测其保水性能，具体操作：取一个泥桶，往桶里加入砂浆直至与桶的上边缘平齐，然后放置 15min。若 15min 后砂浆表面形成了一层水，则表示砂浆正在泌水，使用该砂浆很可能会导致堵泵，泌水影响砂浆的凝结和硬化，从而降低砂浆与墙面的粘结强度。见图 7-29。

6. 砂浆喷涂

（1）开机前检查

1）功能性液体检查：检查砂浆泵液压油油位及温度，液位在液位计最低刻度线以上，油温与室温相符；脂泵内润滑脂含量不少于脂桶容积的 1/3；

2）启机检查：启动电机，将扭子开关转至泵送档，空载运转 1min 后停机，过程运转正常，电机无异响，液压管路无油渗漏，各压力均正常；

3）空压机检查：启动空压机电机，检查空压机溢流压力是否能达到 0.8MPa，连接胶管是否漏气；

图 7-29　泌水性检验示意图

4）泵送系统检查：检查料斗、锥管、S 管内是否存在砂浆块或其他杂物，避免喷涂时阻塞管路，或溅射造成人员伤害；

5）易损件检查：检查喷枪、变径接头、气管、快拔接头，软管扣压处是否出现开裂和松动等情况，防止喷涂时出现漏浆、脱落等故障影响效率。

（2）喷枪选择（见图 7-30）

根据喷涂环境选择合适的喷枪。短喷枪主要用于狭小空间，喷涂高度较低的区域；可旋转长喷枪主要用与较大的空间，喷涂高度较高，操作手不易触及的地方，喷枪主体和接头之间可以旋转，方便操作。

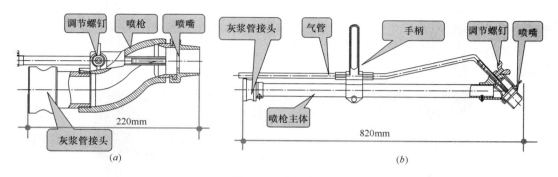

图 7-30 喷枪类型
（a）短喷枪；（b）旋转长喷枪

（3）喷嘴检查（见图 7-31）

检查喷枪气管是否处在喷嘴正中心，气管末端离喷嘴口的距离要求为 15～25mm；检查锁定气管的蝶形螺母锁紧后气管是否牢固稳定；

检查喷嘴出口有无明显磨损、缺口及开裂，明显磨损（喷口内径同比增大 2mm）需更换喷嘴，发现喷嘴存在缺口（缺口深度超过 2mm）及开裂需及时更换喷嘴。

图 7-31 检查喷嘴的外观形貌

（4）管道润滑

1）润管前首先用自来水将拆下软管彻底浇湿，重新安装好软管；

2）向料斗内以 1：2 的比例（质量配比）加入水和水泥（水泥浆的加入量没过输送缸口即可），搅拌均匀后，启动正常泵送（亦可直接向插装阀的堵头倒入水泥浆，随后向在料斗内装料，启动正泵，通过输送砂浆来推动水泥浆对后面的输送管进行润管）；

3）待砂浆泵换向 2～3 次后停止泵送，向料斗内正常加入砂浆；

4）润管时要将锥管、钢管、软管全部接好，保证除了喷枪外所有管道均进行润管；

5）在润管和初始泵送时检查各连接管夹处是否存在漏浆情况（漏浆的位置需重新装配管夹及密封圈。进行压力泵送时，若管夹发生漏浆后，砂浆中的水分容易通过漏浆位置流失，造成砂浆黏稠度发生变化，容易引发堵管）。

警示：不得使用自来水和稀释的水泥砂浆润管，否则极易堵管。

（5）接料（见图 7-32）

开启砂浆泵振动电机（建议只接料时开启振动电机，长时间开启振动电机容易加速砂浆离析），搅拌车均匀放料，确保砂浆泵不溢出料斗筛网，正常泵送时料斗内砂浆保有量应处于料斗容积的1/3～2/3之间（料斗内料过少，容易吸空带入空气，造成气阻引发堵管；料斗内积料过多，S管正上方砂浆流动缓慢，长时间保持容易结块，导致最后喷出的砂浆固化后容易开裂）。

图 7-32　放料时开启振动电机

（6）预防堵管

1）砂浆泵送过程中，必须长期保持搅拌球阀开启；

2）中途停泵时，常温下每隔10min需开启慢速泵送，保证主油缸换向一次，30℃以上温度需每隔5min泵送换向一次，防止输送管内砂浆长时间不流动离析结块，造成堵管；

3）输送软管上不得承压重物，防止管道变形引起泵送压力上升，造成堵管；

4）泵送过程中，必须时刻检查主系统压力，若发现主系统压力异常蹿升至溢流压力时应立即停止泵送，将泵送按钮打至反泵档，启动反泵并保持1s左右后停泵，将泵送选择按钮打至"慢速"档，启动泵送，检查泵送时输送软管是否有明显颤抖，压力是否仍然超过15MPa，若正常即可将泵送按钮打至"正常"档，若仍出现压力过高，可使用铁锤敲击变径管或输送钢管，若喷枪仍不出料则拆连接软管的变径管，检查排除堵管问题；

5）若开机泵送疑似出现堵管，现场可向料斗和搅拌车内加入水泥，每方料可加入10～30kg水泥。

注意：发生堵管后，拆管排故前必须先打反泵卸压，防止管道内高压砂浆喷射伤人，输送管口不得对准人或设备。

6）握枪姿势（见图 7-33）

保持正确的持喷枪姿势，防止起泵时气压过大，反向冲击力过大造成喷枪脱手，产生安全事故。墙面高度超过2m以上的位置，喷涂砂浆宜辅助使用脚手架或登高梯。

① 喷涂2m以下墙面时可一手托起铝制喷枪，一手握住输送软管和气管，保持喷枪位置水平；

② 喷涂2m以上墙面时可将输送管架在肩膀以上，一手托起铝制喷枪保持位置水平，另一手握住输送软管和气管防止软管折弯。

7）气量调节（见图 7-34）

开启砂浆泵送后，在出料口未出料时先将开关球阀（离喷嘴较远的球阀）完全打开，将调节球阀（离喷嘴近的球阀）按钮旋转20°左右（防止出料口砂浆倒吸入气管将气管堵

图 7-33　握枪示意图

(a) 2m 以下区域；(b) 2m 以上区域

塞），待出料口出料稳定后根据砂浆上墙和雾化效果将调节球阀在 30°～70° 之间进行调节。

注意：在停止泵送的情况下，不得将气阀完全关闭，应保证有小流量气体排出，防止砂浆倒吸将气管口堵死影响后续泵送。

8）喷枪角度要求（见图 7-35）

喷涂时，喷枪出料口宜应正对着墙面（喷嘴与墙面 θ 成 90° 直角），若受现场环境的限制，允许喷涂角度存在偏差，允许的喷涂角度 θ 在 60°～110° 之间，角度偏差过大会导致喷涂至墙面的砂浆不均匀，存在分层（特别时喷枪口朝下，θ 大于 110°）。

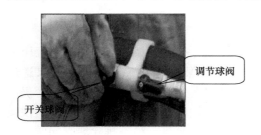

图 7-34　气量调节示意图

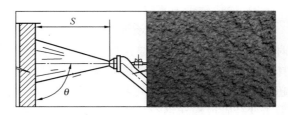

图 7-35　喷涂角度示意图（右侧为喷枪口朝下，θ 大于 110°，砂浆分层明显）

注意：在停泵前，严禁喷枪对着人或设备，以免造成意外伤害。

9）喷涂厚度要求

对于墙面平面度偏差低于 15mm，且墙面砂浆厚度低于 20mm 的墙面可一次性喷涂；对于墙面高低偏差超过 15mm 的墙面，宜两次或两次以上交叉喷涂，第一次喷涂厚度不宜超过 12mm，基本将墙体平整覆盖，待第一次喷涂完成后约 10min 后进行第二次喷涂，单次喷涂厚度不得超过 20mm（若平均气温低于 10℃，可适当延长两次喷涂时间间隔至 30min 左右，墙面砂浆厚度超过 25mm 可以提前一天喷涂底层，第二天盖面喷涂）。

砂浆最终喷涂厚度可略高于标筋 & 灰饼，整体喷涂厚度不宜超过标准厚度 5mm（由于喷涂压实效果好，厚度过厚造成后续刮平效率低下），控制好喷枪移动速度和行程间隔，提升喷涂毛坯面的平整度。

10）喷涂距离要求（见图 7-36）

对于第一次打底喷涂气量可大些，气压调节球阀可打开至 45° 左右，喷涂距离为

400～700mm（距离可远些）；对于第二次覆盖喷涂，要求气量可小些，气压调节球阀可打开至30°左右，喷涂距离为300～500mm（距离可近些）。具体距离、角度和气量选用见表7-1。

(a)　　　　　　　　　　　　(b)

图 7-36　喷涂示意图

（a）底层喷涂；（b）罩面喷涂

距离、角度和气量选用表　　　　　　　　　　　　　　表 7-1

泵送排量	喷涂层	距离/mm	角度	气量
慢打	底层	400～600	60°～110°	气阀可打开至45°左右
	面层	250～450	60°～110°	气阀可打开至30°左右
快打	底层	400～700	60°～110°	气阀可打开至45°左右
	面层		60°～110°	气阀可打开至35°左右

11）喷涂路线要求

喷涂时，墙面过大可分段进行，在分段区间内，沿水平方向按"S"形路线进行循环喷涂，分段宽度考虑到人操作的舒适度，不宜超过2m，一般为1.2～1.5m之间。到抹灰厚度较厚需进行分层喷涂时，第二次行进路线建议沿垂直方向按"S"形路线进行循环喷涂，以保证墙面砂浆均匀一致。

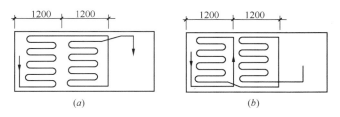

(a)　　　　　　　　　　　　(b)

图 7-37　墙面喷涂顺序示意图

（a）由下往上S组巡回喷法；（b）由上往下S形巡回喷法

12）墙面喷涂顺序

当墙体材料不同时，应先喷涂吸水性弱的墙面，后喷涂吸水性强的墙面，以保证墙面砂浆固化速率尽可能保持一致。按吸水率快慢依次为：烧结多孔砖＞混凝土墙（混凝土空心砌块）＞加气混凝土砌块。

7. 设备清洗

（1）喷枪清洗

每连续喷涂 6h 左右需对泵管和泵送系统进行一次彻底清洗，完成喷涂作业后，停止泵送，关闭气管球阀，打开快拔管夹卸下喷枪，使用自来水将枪口清洗干净。旋开喷枪蝶形螺母，拆下喷枪气管，检查气管和喷枪内部是否有砂浆残留，并彻底清洗。

1）清除管路砂浆（见图 7-38）。

2）关闭插阀，拆除插阀靠出料口端的连接管夹，将清洗球塞入输送管内，重新装上管夹，打开插阀，同时向料斗内加满自来水，启动泵送，泵送按钮打至正常泵送档，然后按照（UB2：清洗球每泵送一次移动 8m 的距离；UB3：每泵送一次移动 4.6m 的距离）进行计算清洗球在已布好的管道内从 50 软管的末端泵出需换向的次数，并在该次数提前 2～3 次停止泵送，取下 50-32 或 50-38 变径管，并继续泵送使清洗球从 50 软管末端泵出；例：UB2 砂浆泵在 120m 长的管道进行清洗时，清洗球需要换向 15 次方能完全泵送出来，那么在换向 12～13 次前均可继续喷涂，在换向 12～13 次后停止泵送，并取下软管处变径管，继续启机泵送，直至清洗球泵送出来。

3）完成管道砂浆清理后还需对管路进行泵送清洗球清洗，以扫除管道内壁粘结的砂浆，具体操作：拆输送管末端锥管管夹，将清洗球塞入水平输送管内，安装好管夹，关闭料门板，重新向料斗内加入自来水，启动水洗泵送，将清洗球打出，将水平管内沉淀的砂浆清洗干净，启动反泵，将自来水重新吸回料斗排出。

注意：泵送清洗球操作时，末端管口不得对准人，防止清洗球喷出速度过快对人员造成伤害。

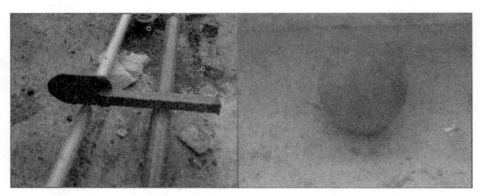

图 7-38　拆装输送管专用工具及清洗球

（2）泵送系统清洗（见图 7-39）

拆锥管管夹，检查锥管、S 管内壁是否有砂浆结块，若有则可使用锉刀或錾子等清理工具进行铲除，并用自来水对管内壁进行清洗。

（3）料斗清洗及整车整理（见图 7-40）

整个泵送系统和管路清洗后，将料斗内水放干，使用工具对下斗体、料斗上部、搅拌叶片砂浆结块进行及时清理，防止其固化。设备清洗后，重新装配好泵送系统并关闭机器电源控制柜内的空气开关，切断电源，卸掉电源主线与施工现场配电柜的连接，关闭砂浆泵覆盖件，使用自来水对整机进行清洗，整理收拾所有工具及附件。

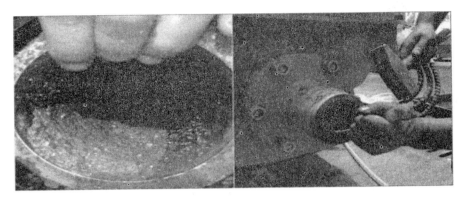

图 7-39 清除泵送系统内砂浆结块

注意：泵送系统清洗不彻底，存在砂浆块残留时，容易导致泵送堵管，砂浆块经过喷嘴快速喷出后易对操作人员造成伤害。

8. 砂浆抹平

喷涂完成后，首先应将溅射到房间顶层的砂浆清理干净，防止砂浆固化后清理困难。同时应将清理搜集清理落地灰（可用作墙面、地面孔洞修补）。

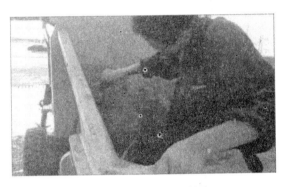

图 7-40 清理料斗砂浆块

（1）找基准（见图 7-41）

常温下墙面完成砂浆喷涂后 10min 即可进行抹平工作，10℃以下温度建议喷涂后 20min 左右开始抹平操作。抹平时首先以灰标为基点，水平、竖直、交叉寻找砂浆基准面，使用刮杠进行初次刮平。

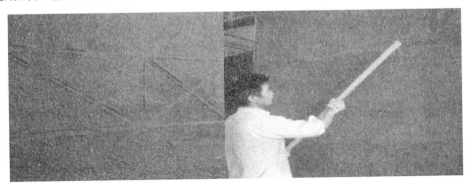

图 7-41 刮杠找平

（2）抹平搓光（见图 7-42）

使用抹子对砂浆墙面来回搓压 2～3 次，尽量将墙面上的浆搓压至墙体表面，改善墙面外观形貌，减少面层砂浆开裂，待表面无明水后，用刷子蘸水按垂直于地面的方向轻刷一遍，以保证面层抹面的颜色均匀一致，避免和减少收缩裂缝。（为提高施工质量，可在抹灰 1h 前后检查抹灰面是否有裂纹，发现裂纹可用抹子对裂纹处重新抹平搓光，可有效减少后续裂纹）。

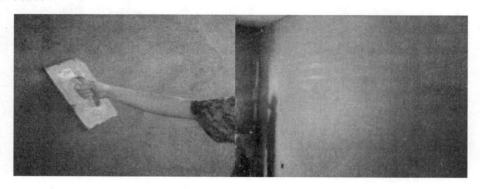

图 7-42　抹平搓光

（3）挂网

对于抹灰厚度超过 30mm 的墙面，建议在砂浆表面拉挂纤维网。挂网时将纤维网均匀的铺盖在墙面上，使用抹子将纤维网搓压入砂浆墙体内，直至见网不见色，以提升墙面平整度，降低墙面开裂的概率。

（4）边角处理

较窄的窗边，门框无法实现机械喷涂抹灰，需人工上料抹匀、搓平，并将边角修出。

注意：室温条件下宜在喷涂后 30min 内完成墙面搓光门框修补，10℃ 以下温度建议时间也不宜超过 45min，时间越长墙面观感质量越差，门框部分补的砂浆与底层的分层越明显，甚至造成砂浆脱落。

（5）现场清理

完成所有墙面抹平工序后需对墙面底部的余料进行清理回收，将墙面周边水分清理干净，防止水分残留增大房间湿度，影响墙面后期养护。

7.3.2.2　质量要求

1. 主控项目

（1）抹灰前，基层表面的尘土、污垢、油渍等应清除干净，并应洒水润湿；抹灰时，基层表面无明水。

检验要求：抹灰前基层必须经过检查验收，并填写隐蔽验收记录。

检查方法：观察、检查施工记录。

（2）一般抹灰材料的品种和性能应符合设计要求。水泥凝结时间和安定性复验应合格。砂浆的配合比应符合设计要求。

检验要求：材料复验要由监理或相关单位负责见证取样，并签字认可。配制砂浆时应使用相应的量器，不得估配或采用经验配制。对配制使用的量器使用前应进行检查标识，并进行定期检查，做好记录。

检查方法：检查产品合格证书、进场验收记录、复验报告和施工记录。

（3）抹灰工程必须分层进行，当抹灰厚度大于或等于 35mm 时，必须采取加强措施。不同材料基体交接处表面的抹灰，要采取防止开裂的加强措施；当采用加强网时，加强网与各基体的搭接宽度不小于 100mm。

检验要求：操作时严格按规范和工艺标准操作。

检查方法：检查隐蔽工程验收记录和施工记录。

（4）抹灰层与基层之间的各抹灰层之间必须粘结牢固，抹灰层无脱层、空鼓，面层应无爆灰和裂缝。

检验要求：操作时严格按规范和工艺标准操作。

检查方法：观察，用小锤轻击检查；检查施工记录。

2. 一般项目

（1）一般抹灰工程的表面质量应符合下列规定：

① 普通抹灰表面应光滑、洁净，接茬平整，分格缝应清晰。

② 高级抹灰表面应光滑、洁净，颜色均匀、无抹纹，分格缝和灰线应清晰美观。

检验要求：抹灰等级应符合设计要求。

检查方法：观察，手摸检查。

（2）护角、孔洞、槽、盒周围的抹灰应整齐、光滑，管道后面抹灰表面平整。

检验要求：组织专人负责孔洞、槽、盒周围管道背后抹灰工作，抹完后应由质检部门检验，并填写工程验收记录。

检查方法：观察。

（3）抹灰总厚度应符合设计要求，水泥砂浆不得抹在石灰砂浆面层上，罩面石膏灰不得抹在水泥砂浆层上。

检验要求：施工时要严格按施工工艺要求操作。

检查方法：检查施工记录。

（4）一般抹灰的允许偏差和检验方法应符合表 7-2 的规定：

墙面抹灰一般检验要求 表 7-2

项　　目	允许偏差/mm		检验方法
	普通	高级	
立面垂直	4	3	立面垂直
表面垂直	4	3	表面垂直
阴阳角方正	4	3	阴阳角方正
阴阳角垂直	—	—	阴阳角垂直
分格条（缝）直线度	4	3	分格条（缝）直线度
墙裙、踢脚上口直线度	4	3	墙裙、踢脚上口直线度

注：普通抹灰，本表阴角方正可不检查。

7.3.2.3 后期养护

（1）各抹灰层在凝结前应防止快干、暴晒、水冲、撞击和振动，以保证其灰层有足够的强度。

（2）温度高于 30℃时建议封闭性养护墙面，避免开裂。

（3）抹灰完成后，应在 24h 后开始洒水养护，视墙体表面的颜色，不能泛白，洒水养护日期不应少于 7d，且每天养护不少于三次，最好采用农药喷雾器的方法喷洒（因为夏季天气气温高，墙体开裂在抹灰完成 30d 后易发生因养护不及时而产生空鼓开裂）。

（4）针对已产生裂缝、空鼓的墙体或有微裂纹的墙面，对超出空鼓、裂缝边缘 50mm 左右位置全部剔除，重新抹上；对于新旧抹灰交接处还要求每遍抹灰挂一层钢丝网，表面贴纤维网格布；修补完成后应对修补部位安排专人洒水养护。（见图 7-43）

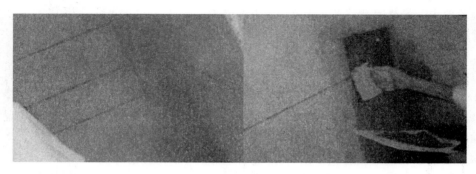

图 7-43　空鼓与裂纹的修补

7.4　机械化施工过程中的注意事项

预拌砂浆机械化施工主要是指机械混浆、泵送和喷涂。

7.4.1　机械混浆

1. 干混砂浆施工注意事项

（1）干混砂浆在工地现场使用机械搅拌时，应按照产品说明书的要求加水及其他配套组分，搅拌时除规定组分外不得加入其他材料。搅拌过程中应根据砂浆的性能及使用要求按照既定的搅拌操作规程进行，必须保证拌合料搅拌均匀；

（2）如停止搅拌的时间间隔超过砂浆的初凝时间约 45min 时，应将搅拌器卸下，清洗搅拌叶片；

（3）砂浆用量较少时，可采用手持式电动搅拌机搅拌。搅拌时应先在搅拌容器中加入规定量的水或配套液体，再加入预拌砂浆。手持式电动搅拌机的搅拌时间宜为 3～5min，且必须保证拌合料搅拌均匀。

2. 湿拌砂浆施工注意事项

（1）使用专业的湿拌砂浆搅拌站进行湿拌砂浆生产；

（2）严格按配方要求进行相关物料的计量并加入砂浆搅拌主机；

（3）搅拌时间一般为 90s 以上；

（4）每班第一盘砂浆要进行稠度指标的测定；

（5）对于非连续性搅拌打料（两次料搅拌间隔时间超过 0.5h），均要对搅拌主机进行清洗；

（6）定期对搅拌主机进行清洗。

7.4.2 泵送及喷涂施工

1. 喷涂施工准备

（1）应按照设计要求确定预拌砂浆喷涂施工作业面，并采取必要措施对喷涂部位及周边范围内已完工程和设施进行防护，避免喷涂施工污染和损坏已完成工程成品。

（2）对基层的处理应满足下述要求：

1）基层经工程质量验收合格；

2）应将基层表面浮灰、油污等杂物清除干净；

3）应做好阴阳角等部位的水泥砂浆护角线；

4）有分格缝时，应先装好分格条；

5）根据基层材料的特性，采取润湿、凿毛等措施处理，以保证砂浆与基层的有效粘结；

6）在不同材料基体交接处（如混凝土梁柱与加气混凝土墙面交接处）应挂镀锌钢丝网或粘贴耐碱纤维编织的加强网格布，以防止层间开裂。加强网与各基体的搭接宽度不应小于100mm。

（3）应根据设计要求及基层平整度设置灰饼、冲筋，确定抹灰厚度基准。

（4）当喷涂总厚度不小于35mm时，应根据设计及规范要求采取加强措施。

2. 机械泵送、喷涂施工操作要点

（1）采用机械泵送、喷涂砂浆施工时，应参照现行行业标准《机械喷涂抹灰施工规程》JGJ/T 105—2011要求进行；

（2）砂浆泵送前应对泵送机械各工作系统与安全装置进行检查，检查合格后方可进行泵送作业；

（3）为保证施工质量，砂浆泵送应连续作业，防止中间出现停歇；

（4）砂浆泵送时，料斗内的剩余砂浆量不应低于料斗深度的1/3。否则，应停止泵送，避免空气进入泵送系统内造成气阻；

（5）找方、放线、铁饼和冲筋的操作与手工抹灰相同；

（6）根据所喷涂部位及材料确定喷涂施工方案，按照经批准的施工方案中规定的喷涂顺序和路线，按照顶棚→墙面，室内→过道→楼梯间的顺序进行砂浆喷涂施工；

（7）砂浆的喷涂厚度一次不宜超过8mm，当设计厚度超过8mm时应分遍喷涂。第一遍喷涂完要压实抹平并稍带毛面，待头遍砂浆初凝后（约3h）再进行第二遍喷涂，喷涂厚度应略高于标筋；

（8）室内砂浆喷涂宜从门口一侧开始，另一侧退出。同一房间喷涂，当墙体材料不同时，应先从吸水性小的墙面开始喷涂，后喷涂吸水性大的墙面。不同房间施工转移喷涂设备时，应关闭喷涂气管；

（9）室外墙面喷涂砂浆时，应自上而下按照S形路线循环进行，底层砂浆喷涂应分段进行，每一喷涂施工段宽度为1.5～2.0m，高度为1.2～1.8m。面层砂浆喷涂时，应先按分格条进行分块，每块内的喷涂应一次完成；

（10）喷涂好的抹灰面达到初凝时，先用长刮尺紧贴标筋上下左右刮平，把多余砂浆刮掉，方可搓揉压实，保证墙面的基本平整；

（11）当需要压光时，应待搓揉压实后，及时用铁抹子压实压光；

（12）砂浆喷涂及刮平过程中产生的落地灰应及时清理收集。

3. 机械化喷涂施工后处理

（1）砂浆喷涂量不足时，应及时补平，以满足设计厚度要求；

（2）表层砂浆喷涂结束后，应及时进行面层处理，各工序应密切配合；

（3）喷涂结束后应及时将输送泵、输送管道和喷枪清洗干净，等待清洗时间不宜超过1h，并应及时清理干净作业区域内被污染部位；

（4）砂浆凝结后应自然养护，如天气特别干燥时可保湿养护，养护时间不应少于7d。

4. 机械喷涂施工安全措施

（1）预拌砂浆喷涂施工用机械设备应由专人操作，并应按机械使用说明书要求对机械设备进行管理与保养；

（2）预拌砂浆正式喷涂施工前，喷涂设备应进行5min的连续空负荷试运转，设备运转期间应检查电机旋转方向、各工作系统与安全装置，确认喷涂设备运转正常可靠。安全装置的拆卸与检修应由专职检修人员负责；

（3）喷涂施工前，操作人员应正确穿戴防滑鞋、安全帽、防尘口罩、安全防护眼镜等安全防护用品。高处施工作业时，必须系好安全带；

（4）喷涂施工过程中，严禁将喷枪口对人。当输送管道堵塞时，严禁敲打或晃动输送管道，应先停机释放压力，拆卸管道排除堵塞时应避开人群；

（5）砂浆喷涂施工过程中，应安排专职人员配合协助喷枪操作人员拖动输浆管道，避免管道折弯、盘绕和受压。同时，应随时检查输送管道连接是否牢固可靠，避免因连接松动滑脱伤人。经常观察输送泵压力的升降变化，当超过允许的最大压力值时，应立即停机卸压进行检修，避免因超载发生安全事故；

（6）输送泵及输送管道的清洗应在释放压力后进行；

（7）高空处及外墙机械喷涂施工作业，应符合《建筑施工高处作业安全技术规范》JGJ 80—2016的有关规定。

7.5 预拌砂浆机械化施工案例

7.5.1 抹灰砂浆机械化施工案例一（天津某综合楼）

1. 项目概况

天津某综合楼使用功能为办公，钢筋混凝土框架结构，地下1层，地上5层，建筑物总高度22.15m，建筑物东西宽48m，南北长95m。总建筑面积15180.77m²，地下1层层高5.1m，地上1层层高4.5m，2～5层层高4.0m。内墙抹灰面积32000m²。见图7-44。

该项目内墙抹灰分项工程采用机械喷涂抹灰，材料采用现场搅拌水泥砂浆，基层为混凝土墙和加气混凝土砌块墙。

该项目机喷施工难点有两个：第一是搅拌站距离建筑物52m，距工作面最远点202m，

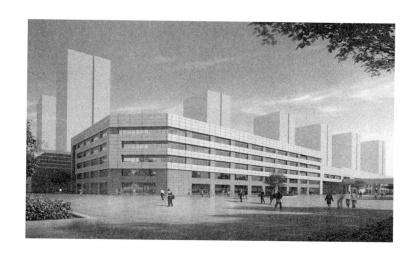

图 7-44　建筑物效果图

施工前首先要解决水泥砂浆长距离输送问题；第二是冬期施工，施工期间平均温度约为－16℃，施工期间要解决搅拌机出料温度、输送管道保温、施工环境温度、成品保护等一系列冬施问题。

2. 机喷工艺流程（见图 **7-45**）

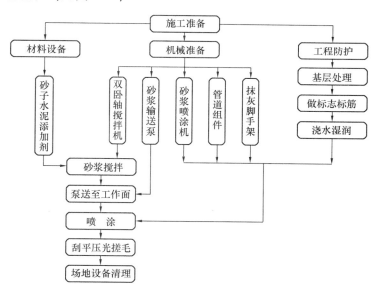

图 7-45　工艺流程图

3. 设备配置

依据该项目性质确定该工程机械喷涂抹灰设备组合方案，详见图 7-46，设备配置见表 7-3。现场视工作面出料情况，适时在喷涂机上增设二次搅拌设备。见图 7-47～图 7-50。

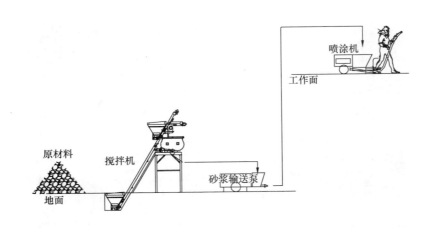

图 7-46 设备组合方案形象图

主要设备配置表 表 7-3

序号	名称规格	单位	数量	单台重量/kg	单台功率/kW	备注
1	JS500 砂浆搅拌机	台	1	4000	25	济南
2	湿式砂浆输送泵	台	1	1680	18	烟台
3	Mixer188 喷涂机	台	2	155	5.5	意大利
4	墙面打磨机	台	1	5	0.5	意大利

图 7-47 搅拌机和砂浆泵搅拌站冬施取暖

图 7-48　楼层管道铺设

图 7-49　楼层分料喷涂

图 7-50　楼层分料喷涂

4. 主要经济技术指标汇总

该项目主要经济技术指标见表 7-4。

主要经济技术指标表　　　　　　　　　　　　　表 7-4

序号	名　称	单位	数量	备　注
1	抹灰面积	m²	32000	
2	施工期	天	21	冬施
3	单平方米材料用量	kg	27	
4	百平方米综合用工量	个	2.65	技术工
5	垂直、平整度合格率	%	98%	
6	开裂空鼓率	%	0	
7	设备磨损及折旧	元/m²	1.5	

5. 施工难点及处理方法

难点一：该工程搅拌站距离作业面很远，砂浆需水平泵送 202m，管道越长，砂浆阻力越大，砂浆泌水、离析的风险也越大，直接导致砂浆泵管堵塞、喷涂机管道堵塞或砂浆上墙后施工性极差。

针对这个问题处理的关键在材料调配上，方法是进一步增加机喷砂浆的流动度和内聚力。

难点二：该项目施工期在 2015 年 12 月，地点在天津，平均温度在－16℃左右，气温已经不满足抹灰工程施工要求，必须采取冬期施工措施。机械喷涂抹灰施工是一项系统工程，从基层处理、材料储存制备、材料输送、喷涂收面及后期保养均需要有完善的冬期施工方案，否则根本不能满足规范要求的施工质量。

针对该项目冬施的特点，机施队伍制定了详细的机喷抹灰冬施方案。主要方法概述为：室内封闭要升温、后台搭棚做保温、搅拌用水需加热、出料温度大于 5℃、输送管道有伴热、升温设备远离墙、后期养护不浇水、施工质量还是强。

7.5.2　抹灰砂浆机械化施工案例二（北京某健康之家）

1. 项目概况

北京某健康之家使用功能为养老型住宅，钢筋混凝土剪力墙结构，地下 1 层，地上 15 层，建筑物总高度 45m，建筑物东西长 63m，南北宽 32m，呈 L 形。总建筑面积 22134m²，地下 1 层层高 3.9m，地上 1 层层高 3.0m，2～15 层层高 2.7m。内墙抹灰面积 36000m²。见图 7-51。

图 7-51　建筑物效果图

该项目内墙抹灰分项工程采用机械喷涂抹灰，材料采用散装商品水泥砂浆，基层为混凝土墙和混凝土空心砌块墙。该项目机喷施工难点有三个：第一是工期紧，按工期要求需一天半完成一层，每层 2400m²；第二是散装干粉砂浆离析，干粉砂浆在运输和向砂浆罐输料过程中干粉离析严重；第三是砂浆罐下料不匀、连续式搅拌机搅拌不充分。

2. 机喷工艺流程（见图 7-52）

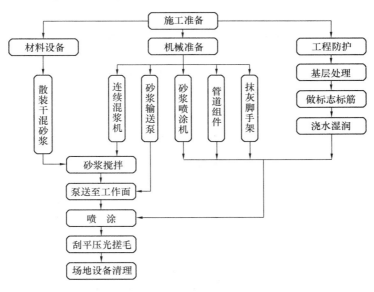

图 7-52　工艺流程图

3. 设备配置

依据该项目性质确定该工程机械喷涂抹灰设备组合方案，详见图 7-53，设备配置见表 7-5。现场视工作面出料情况，适时在喷涂机上增设二次搅拌设备。

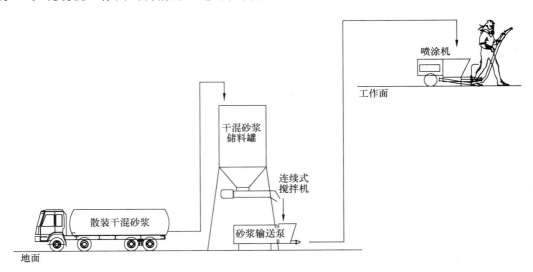

图 7-53　设备组合方案形象图

主要设备配置表　　　　　　　　　　　　　　　　　　　　　表 7-5

序号	名称规格	单位	数量	单台重量/kg	单台功率/kW	备　注
1	干混砂浆罐	个	1	3000	5.5	自带搅拌机
2	湿式砂浆输送泵	台	1	2030	30	青岛

序号	名称规格	单位	数量	单台重量/kg	单台功率/kW	备　注
3	Mixer188喷涂机	台	3	155	5.5	意大利
4	墙面打磨机	台	2	5	0.5	意大利

4. 主要经济技术指标汇总

该项目主要经济技术指标见表7-6。

主要经济技术指标表　　　　　　　　　　　　表7-6

序号	名　　称	单位	数量	备　注
1	抹灰面积	m²	36000	
2	施工期	天	30	夏季
3	单平方米材料用量	kg	32	
4	百平方米综合用工量	个	3	技术工
5	垂直、平整度合格率	％	99％	垂2平2
6	开裂空鼓率	％	3	
7	设备磨损及折旧	元/m²	1	

5. 施工难点及处理方法

难点一：该工程工期紧，要求一个月完工，根据工期要求每天需完成抹灰面积1600m²。

依据日需完成抹灰量，该工程计划两个机喷班组，每班组日完成抹灰量800m²，采用湿式输送分离式一拖二系统（砂浆湿料一台地泵通过管道输送至楼层，至楼层后管道接三通分别延伸至建筑物两个端部，两个末端分别设置一台喷涂机），两个机喷班组分别从两端向中部推进施工。

难点二：干粉砂浆在运输和向砂浆罐输料过程中干粉离析严重。该问题是目前工程中普遍存在的技术问题，采用传统手工抹灰方式，该因素会导致墙面开裂、空鼓和观感不均匀。采用机械喷涂抹灰方式，对砂浆和易性要求更高，干粉离析直接导致砂浆泵堵管，即使输送上楼并喷涂上墙，砂浆的施工性也不能满足机械化抹灰的要求。

处理该问题的关键是改造干粉砂浆罐内部防离析构造，但该工程并未实现对砂浆罐的防离析改造，只是在材料输送过程中对输送压力进行了控制，效果不明显；现场采用空气炮原理对砂浆罐内材料进行二次搅拌，但实验没有成功。为了机械喷涂抹灰项目的推广，应该改用意大利美可斯的防离析型砂浆罐。

难点三：砂浆罐下料不匀、连续式搅拌机搅拌不充分。

下料不均匀是通过调整砂浆罐锥体振动器振动频率来解决；砂浆搅拌补充分是通过增加二次搅拌设备解决。

相关内容见图7-54～图7-58。

6. 案例实际经验总结

目前机械施工的最大问题是机械施工配套器具的不完善，机械施工还需要最大程度稳定和性能优异的机械。料的问题也需要机械的配合和辅助才能使用良好。这是相辅相成的，最后一点人员的管理和组织是最终效益的保证，是发挥出综合效益的必要条件。

图 7-54 干混砂浆移动筒仓和干混砂浆输送泵湿式输送系统

图 7-55 楼层受料

图 7-56 砂浆喷涂

图 7-57 手工找平

图 7-58 抹平机收面

7.5.3 石膏砂浆内墙抹灰机械化施工案例（宁波万科城）

1. 项目概况

宁波万科城一期、二期、三期、四期、五期住宅工程内墙机喷型石膏砂浆粉刷工程（一、二、三、四期已交付，五期内墙石膏砂浆粉刷施工中），总施工面积约 70 万 m²。万科城项目延千年古镇文脉，依公园湖泊美景，总建筑面积达 50 万 m²（共分为五期），总投资超 50 亿元，万科携手 RTKL、SWA、SBA 三大国际领先设计团队，打造一个涵括五星级酒店、商业中心、市政公园、精装修住宅的高品质新型城市综合体。见图 7-59。

图 7-59　宁波万科城

2. 主要经济技术指标

石膏砂浆技术指标　　　　　　　　　　　　　表 7-7

检查项目	单位	性能指标	检验结果	单项判定
初凝时间	h	≥1.0	2.0	合格
终凝时间	h	≤6.0	3.0	合格
抗折强度	MPa	≥2.0	2.5	合格
抗压强度	MPa	≥4.0	5.8	合格
拉伸粘结强度	MPa	≥0.4	0.45	合格
体积密度	kg/m³	≤1000	957	合格
保水率	%	≥75	88	合格

石膏砂浆—是以半水石膏为胶凝材料的预拌砂浆，是一种新型的墙体室内专用的绿色环保型抹灰材料，它能解决建筑工程中许多材料面抹灰难，易出现空鼓、开裂等质量问题，尤其对混凝土、加气混凝土砌块、聚苯板等各种基材效果更加明显。石膏砂浆与传统水泥砂浆施工对比见表 7-8。

对比项目	对应单位	水泥砂浆墙面	石膏砂浆墙面
完成效果	/	普通抹灰误差大	高级抹灰，误差小
开裂、空鼓	/	普遍存在	无
厚度要求	mm	≥15	≥5
施工温度	℃	5~35	0~40
剪切粘结强度	MPa	≥0.20	≥0.4
7d线性收缩率	%	0.066	0.031
14d性收缩率	%	0.230	0.033
导热系数	W/（m·K）	0.93	0.41
20mm抹灰	/	分两遍抹灰、隔天施工	一遍成品
施工速度	/	慢	是传统手工抹灰3倍功效
作业方式	/	湿作业	干作业
维修成本	/	无法估量	0

3. 设备配备

引进国际上较先进的轻质石膏砂浆、特种砂浆机器喷涂设备，自主编制一套行之有效的施工工艺流程，后经多年的实践经验积累不断进行设备及施工工艺的改进，逐渐形成了现代的机械喷涂抹灰施工的先进技术。

（1）施工机械

石膏砂浆喷涂机，如图 7-60。

图 7-60　石膏砂浆喷涂机械

（2）施工用具

红外仪、测距仪、角尺、塞尺、2m靠尺、吊线锤、空鼓锤；

刮刀、钢板抹子、阴阳角抹子、托灰板、抹灰桶；

烤漆铝合金长尺（用于冲筋）、铝合金直尺（用于做护角）、铝合金刮尺（0.4~2.0m长，用于刮墙）；

铁锹、扫帚、水桶、水管；

跳板、木凳、短梯等。

4. 工艺流程

（1）施工条件

墙体砌筑工序（构造柱、塞缝）完成、结构面清理、施工控制线完成并通过结构验收；

水电开槽、敷管完毕，修补完成，各种底盒预埋收头完成；

室内地坪清扫干净（防止砂浆污染地坪，同时利于落地灰回用）；

外墙门窗框、预埋件和设备、栏杆等贴薄膜包裹到位，防止机械喷涂时污染；

对各类预留孔洞、各类底盒用塑料泡沫封堵，防止机械喷涂时堵塞；

对拉杆洞封堵完成。

（2）施工准备

施工现场具备通水、通电及垂直运输条件，水电保持稳定；

施工机具调试完毕，运行良好，各施工用具及材料运至现场。

（3）施工流程

石膏砂浆施工质量直接影响到房屋结构使用、居住及安全可靠性，为了在石膏砂浆施工中，严格控制施工质量，认真执行国家、地方及各房地产开发商制定的施工规范和质量标准，使之在建筑生产活动中落实到位，特将石膏砂浆施工分为①放线→②贴网格布→③冲筋→④复筋、补筋→⑤护角→⑥喷墙→⑦修补→⑧清理现场等几道工序，施工当中严格按照施工工序细则进行施工并确保其施工质量。

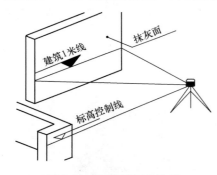

图 7-61 红外线打点放线

1）放线、做灰饼

严格按照施工图纸尺寸要求进行放线、打点（达到实测实量标准 100 分）；采用两台红外仪放置对角位置拉横、竖线控制房间方正（方正控制在 5mm 内）；每墙面打点时拉横线，确保一面墙上所有的点都在一个平面上（垂直、平整控制在 1mm）。见图 7-61。

每条筋间距不大于 1300mm，阴角左边 100mm、右边 200mm 位置放置灰筋；

每条灰筋垂直，两点离地面 400mm 和 1700mm；

每间房放线完成后开间、进深控制在 ±5mm 内；衣柜、壁橱部位开间、进深控制在 +5mm 内（只能大不能小）墙厚按照施工图纸要求控制在 ±2mm 内。见图 7-62。

2）网格布

严格按照施工图纸及现场技术交底的要求进行施工；

网格布粘贴前先检查界面，对施工界面尺寸存在问题的部位及时通知相关管理人员进行处理，网格布粘贴严格按照：先满批石膏砂浆刮平→张铺网格布至平顺→满批石膏砂浆刮平；

粘贴网格布齐缝对中（网格布宽≥300mm）；

各结构缝及线管线槽等部位缝隙回填密实，严禁出现空鼓。见图 7-63。

图 7-62　放线、打点

图 7-63　粘贴网格布

3）冲筋

严格按照放线、打点的尺寸、位置要求进行施工，不得偷减灰筋数量；

冲筋前先检查各结构缝及线管线槽等部位是否粘贴网格布和施工质量，对遗漏和达不到质量要求的部位，及时通知上道工序施工人员进行处理；

冲筋用料调制均匀，灰筋饱满，表面光洁平整，垂直平整控制在 2mm；

灰筋接头部位留置斜口以方便接筋；

冲筋、接筋完成后进行检查，发现问题及时进行修补，确保灰筋质量。见图 7-64。

4）复筋、修筋

将未冲到顶的灰筋进行复筋，每条灰筋顶天立地；

冲筋、接筋完成后由实测实量人员进行垂直、平整、光洁检查，发现问题及时进行修补，确保灰筋质量。见图 7-65。

图 7-64　冲筋

图 7-65　灰筋检测、复筋

5）机械喷涂

墙面喷刮前先检查灰筋是否按照要求冲、接完整；

喷刮前先对墙面进行洒水湿润；

对剪力墙墙面先进行人工满批一遍，厚度在 3～5mm，待初凝后再进行机器喷涂（或者在喷涂完成人工及时跟进压泡），从而消除剪力墙墙面的气泡；

墙面喷刮至灰筋面并至墙面平整、光洁。见图7-66。

阴角部位喷刮到位收至垂直、平整；

每间房喷刮完成后，门、窗边及地面散落余料及时清理干净，确保干净、整洁；

喷刮过程中，对出现的空鼓、气泡以及裂纹等质量问题及时修补处理，做到每间房喷刮完成后跟进修补，达到实测实量标准不低于85分；

施工现场做到工完场清。见图7-67。

图7-66　石膏砂浆喷涂　　　　　　　　　图7-67　刮平、收光

6）护角

严格按照施工图纸及现场技术交底的要求进行施工，施工前应对门、窗边护角部位进行检查，对出现的界面尺寸等问题及时通知相关工序人员或现场管理人员进行处理；

施工过程中采用线锤吊直，确保边角平整、垂直（控制在±2mm）；

严格控制门洞、窗口尺寸（门洞、窗口控制在±2mm），达到实测实量标准95分以上。见图7-68、图7-69。

图7-68　做角　　　　　　　　　　　　图7-69　实测

7）修补

专职实测实量人员对石膏砂浆喷刮完成后的作业面进行实测实量，并及时安排人员进行修补，用专用工具将表面毛糙、凸出部位和误差点进行锉平，从而达到万科实测实量质量标准要求；房间方正、开间、进深和墙面垂直、平整以及阴阳角修补至规范实测实量标

准不低于 96 分；实测实量标准：方正≤10mm，开间、进深±10mm，垂直、平整±4mm，阴阳角±2mm，衣柜、壁橱开间＋5mm（只能大不能小）。见图 7-70。

8）场地清理及工作面移交

修补完成后对施工作业面进行清理，将遗留的材料、施工用具及其机配件等清理出作业面并清扫干净。见图 7-71。

图 7-70 墙面修整　　　　　　　　　　　图 7-71 成品墙面

以上 8 项施工工序全部完成后，按照合同要求组织相关单位进行现场验收并签订验收移交手续。

5. 施工要求及检验方法

（1）保证项目

所用材料的品种、质量符合设计要求，各抹灰层之间及抹灰层与基体之间粘结牢固、无脱层、空鼓，面层无裂缝等缺陷。

表面光滑、洁净，颜色均匀，无明显抹纹，墙面垂直平整，房间方正。

空洞、槽、盒尺寸正确、方正、整齐、光滑，管道后面抹灰平整。

专职实测实量人员根据万科实测实量的检验、控制标准，对每道施工工序进行跟踪检查、实测，对出现的质量问题及时处理以达到质量标准。

（2）允许偏差和检验方法（见表 7-9）

允许偏差和检验方法表　　　　　　　　　　　　　　　表 7-9

项次	检查项目	允许偏差/mm	检验方法
1	墙面-平整度	0，4	用 2m 垂直检测尺、楔形塞尺检查
2	墙面-垂直度	0，4	用 2m 垂直检测尺、楔形塞尺检查
3	房间-开间、进深	±10	红外仪、测距仪检查
4	房间-方正	±10	红外仪、5m 卷尺检查
5	阴阳角	±4	阴阳角尺、楔形塞尺检查
6	柜体	0，10	测距仪检查
7	墙厚	±3	卡尺
8	外墙窗内测墙厚	0，4	5m 卷尺检查

6. 案例实际经验总结

机喷石膏砂浆是以半水石膏为胶凝材料的预拌砂浆，是一种新型的室内专用的墙体抹灰材料，它能解决建筑工程抹灰困难，容易出现空鼓、开裂等质量通病。机喷石膏既能保证施工质量，又可保证达到分户验收标准，同时机喷石膏能消除工程竣工后的各种质量隐患，避免大量重复作业及返工现象，解决了传统抹灰带来的诸多问题。

附录一 北京市建筑工程建筑砂浆采购合同

BF——2009——0136 合同编号：

北京市建筑工程建筑砂浆采购合同

买方（甲方）：_____

卖方（乙方）：_____

北京市住房和城乡建设委员会

北 京 市 工 商 行 政 管 理 局

二〇〇九年五月

北京市建筑工程建筑砂浆采购合同

买方（甲方）：_____

卖方（乙方）：_____

依照《中华人民共和国合同法》、《中华人民共和国建筑法》等相关法律规定，甲乙双方在自愿、平等、公平、诚实信用的基础上，就建筑工程建筑砂浆（以下简称为货物）采购事宜协商订立本合同。

第一条　使用货物工程概况

1. 工程名称：_____

2. 工程地点：_____

3. 建设单位：_____

4. 施工单位：_____

5. 监理单位：_____

6. 使用部位：_____

_____。

第二条　货物的基本情况

货物名称	等级强度	单价 （元/吨）	数量 （暂估）	合计	备注

总价款：大写：_____　　小写：_____

货物质量执行_____标准。

包装标准：_____。乙方应当在货物包装上注明生产日期和使用期限。

本合同签订后甲方增加采购量的，双方应当签订补充协议；未签订补充协议的，以甲方实际签收确认的货物数量为准，并按照本条约定的单价执行。

第三条　付款方式

1. 双方约定按以下第_____方式付款：

（1）按月付款：

甲方于本合同签订之日起____日内支付合同总价款____％计_____元的预付款，每月_____日前支付上月供货货款的____％，本合同约定的货物全部供应完毕后____日内甲方支付剩余货款的____％，余款于_____年___月___日前付清。

（2）按供货量付款：

甲方于本合同签订之日起＿＿日内支付合同总价款＿＿％计＿＿＿＿＿元的预付款，乙方每供货达到＿＿＿＿后＿＿日内，甲方支付该批货物价款的＿＿％，本合同约定的货物全部供应完毕后＿＿日内，甲方支付剩余货款的＿＿％，余款于＿＿年＿＿月＿＿日前付清。

（3）其他方式：＿＿＿＿＿＿＿＿＿＿＿＿＿＿＿＿＿＿＿＿＿＿＿＿＿＿＿。

2. 甲方无正当理由超过约定的交（提）货最后时限＿＿日仍未通知乙方交付剩余货物的，应当在＿＿＿日内按实际签收确认的货物总量办理结算支付货款。

第四条 交（提）货方式、时间和地点

1. 交（提）货方式：＿＿＿＿＿＿＿＿＿＿＿＿＿＿＿＿＿＿＿＿＿＿。

2. 交（提）货时间：＿＿＿＿＿＿＿＿＿＿＿＿＿＿＿＿＿＿＿＿。

3. 运输方式：＿＿＿＿＿＿＿＿＿＿＿＿＿＿＿＿＿＿＿＿＿＿＿＿。

4. 运输费用：＿＿＿＿＿＿＿＿＿＿＿＿＿＿＿＿＿＿＿＿＿＿＿＿。

5. 货物交接地点：＿＿＿＿＿＿＿＿＿＿＿＿＿＿＿＿＿＿＿＿＿＿。

6. 收货人：＿＿＿＿＿＿＿＿＿＿＿＿＿＿＿＿＿＿＿＿＿＿＿＿＿＿。

7. 甲方指定的货物签收人：

姓名	电话	身份证号

8. 其他约定：＿＿＿＿＿＿＿＿＿＿＿＿＿＿＿＿＿＿＿＿＿＿＿＿。

第五条 货物的验收及检测

1. 乙方应当出具货物的合格证书和出厂检测报告，出示具有法定资质的检测机构出具的检测报告原件并提供复印件；进口货物还应当提供报关单等进口凭证。乙方未能提供上述资料的，甲方有权拒收。

2. 甲方应当在货物交接时对货物的品种、商标、规格型号、数量、外观包装当场查验核实，并将验收情况在发货单上记录签字。对货物有异议的，甲方有权当场拒收。甲方也可在收到货物后＿＿日内向乙方提出书面异议，经双方核实确属乙方责任的，甲方有权退货。

3. 甲方有权要求从货物中封存样品并对每批货物进行质量复检。货物质量不符合约定要求的，甲方有权退货。

4. 双方对于封样以及复检的办法，按《建筑节能施工质量验收规范》、《干混砂浆应用技术规程》、《预拌砂浆应用技术规程》等相关规定执行。

5. 双方约定的复检检测鉴定机构为＿＿＿＿＿＿＿＿＿＿＿＿＿＿＿＿＿＿＿＿＿，检测费由甲方承担；但经检测质量不符合合同约定的，检测费由乙方承担。

6. 甲方未在约定期限内提出书面异议或已对货物实际使用的，视为对货物的认可。

第六条 双方其他义务

1. 甲方义务

（1）甲方应当提前＿＿＿日就送货的具体时间、地点及收货人等情况与乙方进行确认，并提供必要的协助。

（2）甲方应当按照合同约定办理货款结算并支付货款。

（3）甲方应当按照乙方提示的方法，对货物妥善保管、搬运、使用。因甲方原因导致货物损毁的，由甲方承担相应责任。

2. 乙方义务

（1）乙方应当按照合同约定保质保量按时供货。

（2）乙方应当对货物的保管及使用方法进行技术交底。

（3）乙方应当明确告知配套使用产品的保质期限或有效期限。

第七条　违约责任

1. 甲方违约责任

（1）甲方逾期付款的，应当每日按逾期付款的千分之＿＿＿向乙方支付违约金，且乙方有权暂停供货；逾期付款达到应付货款的＿＿＿％以上并超过＿＿＿日的，乙方有权解除合同。

（2）甲方无正当理由拒绝收（提）货的，应当比照乙方逾期交货承担违约责任。

（3）由于甲方原因导致货物交接地点或收货人错误的，甲方应当承担由此给乙方造成的损失，交货期限顺延。

（4）甲方未按合同约定履行其他义务给乙方造成损失的，应当承担相应的赔偿责任。

2. 乙方违约责任

（1）乙方逾期交货的，应当每日按逾期交货价款的千分之＿＿＿＿向甲方支付违约金；逾期交货超过＿＿＿日的，甲方有权解除合同。

（2）乙方交货后被甲方依合同约定拒收或退货的，乙方应当承担逾期交货的违约责任。

（3）乙方未按合同约定履行其他义务给甲方造成损失的，应当承担相应的赔偿责任。

第八条　合同的解除

1. 经双方协商一致，可以解除本合同。

2. 依法律规定或合同约定请求解除合同的一方，应当自解除事由发生之日起＿＿＿日内，以快递签收、公证送达等方式通知对方，否则丧失解除权。

第九条　通知与送达

1. 双方因履行本合同发出的通知、文件、资料，均按下列地址送达：

甲方：＿＿＿＿＿＿＿＿＿＿＿＿＿＿＿＿＿＿＿＿＿＿＿＿＿＿＿＿＿＿。

乙方：＿＿＿＿＿＿＿＿＿＿＿＿＿＿＿＿＿＿＿＿＿＿＿＿＿＿＿＿＿＿。

一方变更地址，应当及时书面通知对方，否则以原地址为准。

2. 以邮寄方式送达的，寄件人应当在邮寄详情单上注明文件名称及简要内容。

第十条　争议解决方式

本合同项下发生的争议，双方可以协商或向北京市建设工程物资协会等部门申请调解解决；协商或调解不成的，按照下列第＿＿＿＿＿种方式解决：

1. 向＿＿＿＿＿＿＿＿＿＿＿＿＿＿人民法院提起诉讼；

2. 向＿＿＿＿＿＿＿＿＿＿＿＿＿＿＿＿仲裁委员会申请仲裁。

第十一条　其他约定

1. 本合同自双方签字盖章之日起生效。本合同一式＿＿份，甲方＿＿份，乙方＿＿份，具有同等法律效力。

2. 未尽事宜，经双方协商一致签订补充协议。

3. 双方应当在签订合同时出示各自的营业执照副本，并将复印件交付对方备案。如果合同签约人不是法定代表人，应当提交授权委托书。

4. 双方由于不可抗力的原因不能履行合同时，应当及时向对方通报不能履行合同的理由，并在＿＿日内提供书面证明。

5. 其他事项：＿＿＿。

甲方（盖章）：	乙方（盖章）：
住所：	住所：
法定代表人：	法定代表人：
电话：	电话：
委托代理人：	委托代理人：
电话：	电话：
传真：	传真：
开户银行：	开户银行：
账号：	账号：
税务登记证号：	税务登记证号：
签订地点：	签订时间：

北京市建筑工程建筑砂浆采购合同补充协议

买方（甲方）：_____

卖方（乙方）：_____

经甲乙双方协商一致，现根据甲乙双方于_____年____月____日签订的编号为_____《北京市建筑工程建筑砂浆采购合同》签订补充协议如下：

买方（甲方）：（盖章）   卖方（乙方）：（盖章）

委托代理人（签字）：   委托代理人（签字）：

签订地点：   签订时间：

附录二 预拌砂浆行业已颁布的标准、规范

1. 预拌砂浆产品标准

GB 18445—2012　《水泥基渗透结晶型防水材料》

GB 23440—2009　《无机防水堵漏材料》

GB/T 23455—2009　《外墙柔性腻子》

GB/T 20473—2006　《建筑保温砂浆》

GB/T 25181—2010　《预拌砂浆》

GB/T 31245—2014　《预拌砂浆术语》

GB/T 26000—2010　《膨胀玻化微珠保温隔热砂浆》

GB/T 28627—2012　《抹灰石膏》

JC 860—2008　《混凝土小型空心砌块和混凝土砖砌筑砂浆》

JC 890—2001　《蒸压加气混凝土用砌筑砂浆与抹面砂浆》

JC 936—2004　《单组份聚氨酯泡沫填缝剂》

JC/T 547—2005　《陶瓷墙地砖胶粘剂》

JC/T 906—2002　《混凝土地面用水泥基耐磨材料》

JC/T 907—2002　《混凝土界面处理剂》

JC/T 984—2011　《聚合物水泥防水砂浆》

JC/T 985—2005　《地面用水泥基自流平砂浆》

JC/T 986—2005　《水泥基灌浆材料》

JC/T 989—2016　《非结构承载用石材胶粘剂》2017.4.1 实施

JC/T 992—2006　《墙体保温用膨胀聚苯乙烯板胶粘剂》

JC/T 993—2006　《外墙保温用膨胀聚苯乙烯板抹面胶浆》

JC/T 1004—2006　《陶瓷墙地砖填缝剂》

JC/T 1023—2007　《石膏基自流平砂浆》

JC/T 1024—2007　《墙体饰面砂浆》

JC/T 1025—2007　《粘结石膏》

JC/T 1041—2007　《混凝土裂缝用环氧树脂灌浆材料》

JC/T 2084—2011　《挤塑聚苯板薄抹灰外墙外保温系统用砂浆》

JG/T 157—2009　《建筑外墙用腻子》

JG/T 283—2010　《膨胀玻化微珠轻质砂浆》

JG/T 289—2010　《混凝土结构加固用聚合物砂浆》

JG/T 291—2011　《建筑用砌筑和抹灰干混砂浆》

JG/T 298—2010　《建筑室内用腻子》

JGJ 253—2011　《无机轻骨料砂浆保温系统技术规程》

JGJ/T 98—2010　《砌筑砂浆配合比设计规程》

SB/T 10647—2011　《干混砂浆质量管理规程》

CECS 311—2012　《非烧结块材砌体专用砂浆技术规程》

2. 外保温系统相关标准

GB/T 8624—2012　《建筑材料及制品燃烧性能分级》

JG 149—2003　《膨胀聚苯板薄抹灰外墙外保温系统》

JG/T 158—2013　《胶粉聚苯颗粒外墙外保温系统材料》

JGJ 144—2004　《外墙外保温工程技术规程》

JGJ 376—2015　《建筑外墙外保温系统修缮标准》

3. 技术规程和验收规范

GB 50209—2010　《建筑地面工程施工质量验收规范》

GB 50411—2007　《建筑节能工程施工质量验收规范》

GB/T 50448—2015　《水泥基灌浆材料应用技术规范》

JCJ 14—1999　《聚氨酯硬泡体防水保温工程技术规程》

JGJ 126—2015　《外墙饰面砖工程施工及验收规程》

JGJ/T 98—2010　《砌筑砂浆配合比设计规程》

JGJ/T 220—2010　《抹灰砂浆技术规程》

JGJ/T 223—2010　《预拌砂浆应用技术规程》

CECS 18—2000　《聚合物水泥砂浆防腐蚀工程技术规程》

CECS 242—2008　《水泥复合砂浆钢筋网加固混凝土结构技术规程》

YB/T 9261—1998　《水泥基灌浆材料施工技术规程》

4. 相关原材料与实验方法标准

GB 175—2007　《通用硅酸盐水泥》

GB 6566—2010　《建筑材料放射性核素限量》

GB 11835—2016　《绝热用岩棉、矿渣棉及其制品》2017.9.1 实施

GB 50325—2010　《民用建筑工程室内环境污染控制规范》

GB/T 1346—2011　《水泥标准稠度用水量、凝结时间、安定性检验方法》

GB/T 1596—2005　《用于水泥和混凝土中的粉煤灰》

GB/T 7897—2008　《钢丝网水泥用砂浆力学性能试验方法》

GB/T 13350—2008　《绝热用玻璃棉及其制品》

GB/T 14684—2011　《建筑用砂》

GB/T 17671—1999　《水泥胶砂强度检验方法（ISO）法》

GB/T 20219—2015　《喷涂硬质聚氨酯泡沫塑料》

GB/T 20974—2014　《绝热用硬质酚醛泡沫制品（PF）》

GB/T 21120—2007　《水泥混凝土和砂浆用合成纤维》

GB/T 21558—2008　《建筑绝热用硬质聚氨酯泡沫塑料》

GB/T 23265—2009　《水泥混凝土和砂浆用短切玄武岩纤维》

GB/T 24764—2009　《外墙外保温抹面砂浆和粘结砂浆用钢渣砂》

GB/T 25176—2010　《混凝土和砂浆用再生细骨料》

GB/T 27690—2011 《砂浆和混凝土用硅灰》

GB/T 29417—2012 《水泥砂浆和混凝土干燥收缩开裂性能试验方法》

JC 474—2008 《砂浆、混凝土防水剂》

JC/T 841—2007 《耐碱玻璃纤维网格布》

JC/T 998—2006 《喷涂聚氨酯硬泡体保温材料》

JC/T 2031—2010 《水泥砂浆防冻剂》

JC/T 2189—2013 《建筑干混砂浆用可再分散乳胶粉》

JC/T 2190—2013 《建筑干混砂浆用纤维素醚》

JG/T 164—2004 《砌筑砂浆增塑剂》

JG/T 315—2011 《水泥砂浆和混凝土用天然火山灰质材料》

JG/T 3048—1998 《混凝土和砂浆用天然沸石粉》

JGJ 110—2008 《建筑工程饰面砖粘结强度检验标准》

JGJ/T 70—2009 《建筑砂浆基本性能试验方法》

5. 生产设备等相关标准

JC/T 2089—2011 《干混砂浆生产工艺与应用技术规范》

JB/T 11185—2011 《建筑施工机械与设备干混砂浆搅拌机》

JB/T 11186—2011 《建筑施工机械与设备干混砂浆生产成套设备（线）》

SB/T 10461—2008 《干混砂浆散装移动筒仓》

SB/T 10546—2009 《散装干混砂浆运输车》

SB/T 10723—2012 《预拌砂浆生产及其装备制造企业等级评价规范》

GB 51176—2016 《干混砂浆生产线设计规范》2017.4.1 实施

6. 北京市地方标准

DB11/T 344—2006 《陶瓷墙地砖胶粘剂应用技术规程》

DB11/T 346—2006 《混凝土界面处理剂应用技术规程》

DB11/T 463—2012 《胶粉聚苯颗粒复合型外墙外保温工程技术规程》

DB11/T 511—2007 《自流平地面施工技术规程》

DB11/T 537—2008 《墙体内保温施工技术规程（胶粉聚苯颗粒保温浆料玻纤网格布抗裂砂浆做法和增强粉刷石膏聚苯板做法）》

DB11/T 584—2008 《外墙外保温施工技术规程（聚苯板增强网聚合物砂浆做法）》

DB11/T 644—2009 《外墙外保温技术规程（现浇混凝土模板内置保温板做法）》

DB11/T 645—2009 《钢绞线网片-聚合物砂浆加固混凝土结构施工及验收规程》

DB11/T 696—2009 《干混砂浆应用技术规程》

DB11/T 697—2009 《墙外保温施工技术规程（外墙保温装饰板做法）》

DB11/T 729—2010 《外墙外保温工程施工防火安全技术规程》

DB11/T 943—2012 《外墙外保温施工技术规程（复合酚醛保温板聚合物砂浆做法)》

DBJ 01—37—1998 《陶瓷砖外墙用复合胶粘剂应用技术规程》

DBJ 01—48—2000 《建筑内墙用耐水腻子应用技术规程》

DBJ 01—63—2002 《外墙外保温聚合物砂浆质量检验标准》

DBJ/T 01—58—2001 《增强粉刷石膏聚苯板外墙内保温石膏技术规程》

DBJ/T 01—60—2002 《外墙内保温施工技术规程》

DBJ/T 01—73—2003 《干拌砂浆应用技术规程》

《北京市水泥聚合物加固砂浆施工及验收技术导则》

《北京市老旧小区综合改造外墙外保温施工技术导则（岩棉做法）》

《北京市老旧小区综合改造外墙外保温施工技术导则（玻璃棉做法）》

《北京市老旧小区综合改造外墙外保温施工技术导则（聚氨酯做法）》

《北京市老旧小区综合改造外墙外保温施工技术导则（酚醛做法）》

《外墙外保温防火隔离带技术导则》

7. 其他相关标准

GB 8076—2008 《混凝土外加剂》

GB 9774—2010 《水泥包装袋》

GB 9776—2008 《建筑石膏》

GB 18587—2001 《室内装饰装修材料地毯、地毯衬垫及地毯胶黏剂有害物质释放限量》

GB 23439—2009 《混凝土膨胀剂》

GB 30982—2014 《建筑胶粘剂有害物质限量》

GB 50003—2011 《砌体结构设计规范》

GB 50119—2013 《混凝土外加剂应用技术规范》

GB 50210—2001 《建筑装饰装修工程质量验收规范》

GB/T 625—2007 《化学试剂硫酸》

GB/T 2419—2005 《水泥胶砂流动度测定方法》

GB/T 3183—2003 《砌筑水泥》

GB/T 8077—2012 《混凝土外加剂匀质性试验方法》

GB/T 5483—2008 《天然石膏》

GB/T 18046—2008 《用于水泥和混凝土中的粒化高炉矿渣粉》

GB/T 18786—2002 《高强高性能混凝土用矿物外加剂》

GB/T 29594—2013 《可再分散性乳胶粉》

GB/T 29756—2013 《干混砂浆物理性能试验方法》

GB/T 50082—2009 《普通混凝土长期性能和耐久性能试验方法》

GB/T 50129—2011 《砌体基本力学性能试验方法标准》

JBJ/T 98—2010 《砌筑砂浆配合比设计规程》

GB 23439—2009 《混凝土膨胀剂》

JC/T 481—2013 《建筑消石灰粉》

JC/T 539—1994 《混凝土和砂浆用颜料及其试验方法》

JC/T 1042—2007 《膨胀玻化微珠》

JCJ 63—2006 《混凝土用水标准》

JGJ 52—2006 《普通混凝土用砂、石质量及检验方法》

JG 237—2008 《混凝土试模》

JG/T 3033—1996 《试验用砂搅拌机》

JG/T 158—2013　　《胶粉聚苯颗粒外墙外保温系统材料》

JJF 1070—2005　　《定量包装商品净含量计量检验规则》

GB 1596—2005　　《用于水泥和混凝土中的粉煤灰》

GB/T 21120—2007　　《水泥混凝土和砂浆用合成纤维》

GB/T 26000—2010　　《膨胀玻化微珠保温隔热砂浆》

GB/T 29906—2013　　《模塑聚苯板薄抹灰外墙外保温系统材料》

8. 已颁布的预拌砂浆相关的国家政策

2003年商务部、公安部、建设部、交通部《关于限期禁止在城市城区现场搅拌混凝土的通知》（商改发【2003】341号）；

2004年商务部等五部二局《散装水泥管理办法》；

2004年建设部《建设部推广应用和限制使用技术》；

2007年6月国务院《中国应对气候变化国家方案》（国发【2007】17号）；

2007年6月商务部、公安部、建设部、交通部等六部委《关于在部分城市限期禁止现场搅拌砂浆工作的通知》（商改发【2007】205号）；

2008年8月《中华人民共和国循环经济促进法》；

2009年7月商务部、建设部《关于进一步做好城市禁止现场搅拌砂浆工作的通知》（商改发【2009】361号）；

2010年5月国务院办公厅《国务院办公厅转发环境保护部等部门关于推进大气污染联防联控工作改善区域空气质量指导意见的通知》（国办发【2010】33号）；

2012年7月商务部、住房城乡建设部等六部委《关于开展禁止现场搅拌砂浆检查工作的通知》（商办流通函【2012】767号）；

2015年8月中华人民共和国工业和信息化部中华人民共和国住房和城乡建设部《工业和信息化部住房城乡建设部关于印发〈促进绿色建材生产和应用行动方案〉的通知》（工信部联原【2015】309号）

2015年10月中华人民共和国住房和城乡建设部中华人民共和国工业和信息化部《工业和信息化部住房城乡建设部关于印发〈绿色建材评价标识管理办法实施细则〉和〈绿色建材评价技术导则（试行）〉的通知》（建科【2015】162号）

2016年8月18日中华人民共和国住房和城乡建设部正式批准并发布公告，国家强制性标准GB 51176—2016《干混砂浆生产线设计规范》将于2017年4月1日起实施。

9. 已颁布的预拌砂浆相关的北京市政策

2004年1月北京市建委《关于在本市建筑工程中推广使用预拌砂浆的通知》（京建材【2004】13号）；

2004年3月北京市建委、市商务局、市公安局、市交委《关于转发〈商务部、公安部、建设部、交通部关于限期禁止在城市城区现场搅拌混凝土的通知〉的通知》；

2006年3月北京市人民政府《本市第十二阶段控制大气污染措施的通告》（京政发【2006】5号）；

2006年4月北京市建委、市发改委、市规划委、市环保局《关于在本市建设工程中使用预拌砂浆的通知》（京建材【2006】223号）；

2007年1月北京市住房和城乡建设委员会《北京市"十一五"时期散装水泥发展规

划》；

2007 年北京市住房和城乡建设委员会《北京市建设工程预算定额预拌砂浆补充定额》；

2007 年 8 月北京市住房和城乡建设委员会、市规划委《关于发布北京市第五批禁止和限制使用的建筑材料及施工工艺目录的通知》（京建材【2007】837 号）；

2007 年 8 月北京市住房和城乡建设委员会《关于施工〈北京市建筑业企业资质及人员资格动态监督管理暂行办法〉的通知》（京建法【2007】825 号）；

2007 年 8 月北京市住房和城乡建设委员会、市规划委《关于本市建设工程中进一步禁止现场搅拌砂浆的通知》（京建材【2007】897 号）；

2008 年 10 月北京市住房和城乡建设委员会《绿色施工管理规程》；

2009 年 11 月北京市住房和城乡建设委员会办公室《关于转发〈商务部、住房和城乡建设部关于进一步做好城市禁止现场搅拌砂浆工作的通知〉的通知》（京建材【2009】831 号）；

2010 年 4 月北京市人民政府《北京市人民政府关于发布本市第十六阶段控制大气污染措施的通告》（京政发【2010】11 号）；

2010 年 9 月北京市住房和城乡建设委员会办公室《关于发布〈北京市推广、限制和禁止使用建筑材料目录（2010 年版）〉的通知》（京建发【2010】326 号）；

2011 年 4 月北京市住房和城乡建设委员会《关于印发〈北京市住房和城乡建设委员会 2011 年建筑市场重点稽查工作实施方案〉的通知》（京建发【2011】120 号）；

2011 年 9 月北京市住房和城乡建设委员会《关于对 2011 年上半年建设工程"禁止现场搅拌砂浆"专项检查中违规行为处理情况的通报》（京建发【2011】472 号）；

2011 年 12 月北京市住房和城乡建设委员会《关于发布〈北京市"十二五"时期散装水泥、预拌制品和预制构件发展规划〉的通知》（京建发【2011】535 号）；

2012 年 1 月北京市住房和城乡建设委员会《关于对 2011 年下半年建设工程禁止现场搅拌砂浆专项检查中违规行为处理情况的通报》（京建发【2012】32 号）；

2012 年 5 月北京市住房和城乡建设委员会《北京市住房和城乡建设委员会关于加快推进本市散装预拌砂浆应用工作的通知》（京建发【2012】15 号）；

2012 年 7 月《北京市住房和城乡建设委关于加快推进本市散装预拌砂浆应用工作的通知》（京建法【2012】15 号）；

2012 年 8 月北京市住房和城乡建设委员会《关于做好散装预拌砂浆应用保障的若干意见》（京建发【2012】371 号）；

2012 年 8 月北京市住房和城乡建设委员会《关于做好迎接商务部开展禁止现场搅拌砂浆检查有关工作的通知》（京建发【2012】378 号）；

2013 年 5 月 7 日北京市人民政府发布《北京市建设工程施工现场管理办法》（第 247 号政府令）；

2014 年北京市住房和城乡建设委员会办公室《北京市住房和城乡建设委员会关于在全市建设工程中使用散装预拌砂浆工作的通知》（京建法【2014】15 号）；

2014 年北京市人大发布《北京市大气污染防治条例》。

附录三 绿色建材评价

工业和信息化部
住房城乡建设部
关于印发《促进绿色建材生产和应用行动方案》的通知

工信部联原〔2015〕309号

各省、自治区、直辖市及计划单列市、新疆生产建设兵团工业和信息化主管部门、住房城乡建设主管部门：

为贯彻落实《中国制造2025》、《国务院关于化解产能严重过剩矛盾的指导意见》和《绿色建筑行动方案》，促进绿色建材生产和应用，推动建材工业稳增长、调结构、转方式、惠民生，更好地服务于新型城镇化和绿色建筑发展，我们制定了《促进绿色建材生产和应用行动方案》。现印发你们，请结合实际，认真贯彻落实。

中华人民共和国工业和信息化部
中华人民共和国住房和城乡建设部
2015年8月31日

促进绿色建材生产和应用行动方案

绿色建材是指在全生命期内减少对自然资源消耗和生态环境影响，具有"节能、减排、安全、便利和可循环"特征的建材产品。我国建材工业资源能源消耗高、污染物排放总量大、产能严重过剩、经济效益下滑，绿色建材发展滞后、生产占比低、应用范围小。促进绿色建材生产和应用，是拉动绿色消费、引导绿色发展、促进结构优化、加快转型升级的必由之路，是绿色建材和绿色建筑产业融合发展的迫切需要，是改善人居环境、建设生态文明、全面建成小康社会的重要内容。为加快绿色建材生产和应用，制定本行动方案。

总体要求：以党的十八大和十八届三中、四中全会精神为指导，贯彻落实《中国制造2025》、《国务院关于化解产能严重过剩矛盾的指导意见》和《绿色建筑行动方案》等要求，以新型工业化、城镇化等需求为牵引，以促进绿色生产和绿色消费为主要目的，以绿色建材生产和应用突出问题为导向，明确重点任务，开展专项行动，实现建材工业和建筑业稳增长、调结构、转方式和可持续发展，大力推动绿色建筑发展、绿色城市建设。

行动目标：到 2018 年，绿色建材生产比重明显提升，发展质量明显改善。绿色建材在行业主营业务收入中占比提高到 20％，品种质量较好满足绿色建筑需要，与 2015 年相比，建材工业单位增加值能耗下降 8％，氮氧化物和粉尘排放总量削减 8％；绿色建材应用占比稳步提高。新建建筑中绿色建材应用比例达到 30％，绿色建筑应用比例达到 50％，试点示范工程应用比例达到 70％，既有建筑改造应用比例提高到 80％。

一、建材工业绿色制造行动

（一）全面推行清洁生产。支持现有企业实施技术改造，提高绿色制造水平。推广应用建材窑炉烟气脱硫脱硝除尘、煤洁净气化以及建材智能制造、资源综合利用等共性技术，优先支持建筑卫生陶瓷行业清洁生产技术改造。平板玻璃行业限制高硫石油焦燃料。引导北方采暖区水泥企业在冬季供暖期开展错峰生产，节能减排，减少雾霾。推广新型耐火材料。全面推广无铬耐火材料，从源头消减重金属污染。开发推广结构功能一体化、长寿命及施工便利的新型耐火材料和微孔结构高效隔热材料。

（二）强化综合利用，发展循环经济。支持利用城市周边现有水泥窑协同处置生活垃圾、污泥、危险废物等。支持利用尾矿、产业固体废弃物，生产新型墙体材料、机制砂石等。以建筑垃圾处理和再利用为重点，加强再生建材生产技术和工艺研发，提高固体废弃物消纳量和产品质量。

（三）推进两化融合，发展智能制造。引导建材生产企业提高信息化、自动化水平，重点在水泥、建筑卫生陶瓷等行业推进智能制造并提升水平。深化电子商务应用，利用二维码、云计算等技术建立绿色建材可追溯信息系统，提高绿色建材物流信息化和供应链协同水平。开发推广工业机器人，在建筑陶瓷、玻璃、玻纤等行业开展"机器代人"试点。

二、绿色建材评价标识行动

（四）开展绿色建材评价。按照《绿色建材评价标识管理办法》，建立绿色建材评价标识制度。抓紧出台实施细则和各类建材产品的绿色评价技术要求。开展绿色建材星级评价，发布绿色建材产品目录。指导建筑业和消费者选材，促进建设全国统一、开放有序的绿色建材市场。

（五）构建绿色建材信息系统。建立绿色建材数据库和信息采集、共享制度。利用"互联网＋"等信息技术构建绿色建材公共服务系统，发布绿色建材评价标识、试点示范等信息，普及绿色建材知识。构建绿色建材选用机制，疏通建筑工程绿色建材选用通道，实现产品质量可追溯。研究建立绿色建材第三方信息发布平台。

（六）扩大绿色建材的应用范围。围绕绿色建筑需求和建材工业发展方向，重点开展通用建筑材料、节能节地节水节材与建筑室内外环境保护等方面材料和产品的绿色评价工作。在推进绿色建筑发展和开展绿色建筑评价工作中强化对绿色建材应用的相关要求。在工业和信息化部、住房城乡建设部各类试点示范工程和推广项目中，进一步明确对绿色建材使用的规定。

三、水泥与制品性能提升行动

（七）发展高品质和专用水泥。制修订水泥产品标准，完善产品质量标准体系，鼓励生产和使用高标号水泥、纯熟料水泥。优先发展并规范使用海工、核电、道路等工程专用水泥。支持延伸产业链，完善混凝土掺合料标准，加快机制砂石工业化、标准化和绿色化。

（八）推广应用高性能混凝土。鼓励使用 C35 及以上强度等级预拌混凝土，推广大掺量掺合料及再生骨料应用技术，提升高性能混凝土应用技术水平。研究开发高性能混凝土耐久性设计和评价技术，延长工程寿命。

（九）大力发展装配式混凝土建筑及构配件。积极推广成熟的预制装配式混凝土结构体系，优化完善现有预制框架、剪力墙、框架－剪力墙结构等装配式混凝土结构体系。完善混凝土预制构配件的通用体系，推进叠合楼板、内外墙板、楼梯阳台、厨卫装饰等工厂化生产，引导构配件产业系列化开发、规模化生产、配套化供应。

四、钢结构和木结构建筑推广行动

（十）发展钢结构建筑和金属建材。在文化体育、教育医疗、交通枢纽、商业仓储等公共建筑中积极采用钢结构，发展钢结构住宅。工业建筑和基础设施大量采用钢结构。在大跨度工业厂房中全面采用钢结构。推进轻钢结构农房建设。鼓励生产和使用轻型铝合金模板和彩铝板。

（十一）发展木结构建筑。促进城镇木结构建筑应用，推动木结构建筑在政府投资的学校、幼托、敬老院、园林景观等低层新建公共建筑，以及城镇平改坡中使用。推进多层木－钢、木－混凝土混合结构建筑，在以木结构建筑为特色的地区、旅游度假区重点推广木结构建筑。在经济发达地区的农村自建住宅、新农村居民点建设中重点推进木结构农房建设。

（十二）大力发展生物质建材。促进木材加工和保护产业发展，支持利用农作物秸秆、竹纤维、木屑等发展生物质建材，优先发展和使用生物质纤维增强的木塑、新型镁质建材等围护用和装饰装修用产品。鼓励在竹资源丰富地区，发展竹制建材和竹结构建筑。

五、平板玻璃和节能门窗推广行动

（十三）大力推广节能门窗。实施建筑能效提升工程，建设高星级绿色建筑，发展超低能耗、近零能耗建筑。新建公共建筑、绿色建筑和既有建筑节能改造应使用低辐射镀膜玻璃、真（中）空玻璃、断桥铝合金等节能门窗，带动平板玻璃和铝型材生产线升级改造。

（十四）严格使用安全玻璃。加强安全玻璃生产和使用监督检查，适时修订《建筑安全玻璃管理规定》，切实规范建筑安全玻璃生产、流通、设计、使用和安装管理，防止以次充好，消除玻璃门窗和幕墙安全隐患。

（十五）发展新型和深加工玻璃产品。鼓励太阳能光热、光伏与建筑装配一体化，带动光热光伏玻璃产业发展。支持发展电子信息用屏显玻璃基板、防火玻璃、汽车和高铁等用风挡玻璃基板等新产品，提高深加工水平和产品附加值。

六、新型墙体和节能保温材料革新行动

（十六）新型墙体材料革新。重点发展本质安全和节能环保、轻质高强的墙体和屋面材料，引导利用可再生资源制备新型墙体材料。推广预拌砂浆，研发推广钢结构等装配式建筑应用的配套墙体材料。

（十七）发展高效节能保温材料。鼓励发展保温、隔热及防火性能良好、施工便利、使用寿命长的外墙保温材料，开发推广结构与保温装饰一体化外墙板。

七、陶瓷和化学建材消费升级行动

（十八）推广陶瓷薄砖和节水洁具。推广使用大型化、薄型化的陶瓷砖，节水、轻量的坐便器（小便器）。开发新型水龙头、马桶盖等智能卫浴用品，促进卫生陶瓷人性化、智能化生产，更好满足个性化消费。发展透水砖等城镇道路建设材料及集水系统，支撑海绵城市建设。

（十九）提升管材和型材品质。大力推广应用耐腐蚀、密封性好、保温节能的新型管材和型材，提高使用寿命和耐久性。支持生产和推广使用大口径、耐腐蚀、长寿命、低渗漏、免维护的高分子材料或复合材料管材、管件，支撑地下管廊建设。

（二十）推广环境友好型涂料、防水和密封材料。支持发展低挥发性有机化合物（VOCs）的水性建筑涂料、建筑胶黏剂，推广应用耐腐蚀、耐老化、使用寿命长、施工方便快捷的高分子防水材料、密封材料和热反射膜。

八、绿色建材下乡行动

（二十一）支持绿色农房建设。结合新农村建设、绿色农房建设需要，落实《关于开展绿色农房建设的通知》，引导各地因地制宜生产和使用绿色建材，编制绿色农房用绿色建材产品目录，重点推广应用节能门窗、轻型保温砌块、预制部品部件等绿色建材产品，提高绿色农房防灾减灾能力。

（二十二）支持现代设施农业发展。围绕现代设施农业，积极发展和推广安全性好、性价比高、使用便利的玻璃、岩棉等产品。

九、试点示范引领行动

（二十三）工程应用示范。制定绿色建材应用试点示范申报、评审和验收等办法。结合绿色建筑、保障房建设、绿色生态城区、既有建筑节能改造、绿色农房、建筑产业现代化等工作，明确绿色建材应用的相关要求。选择典型城市和工程项目，开展钢结构、木结构、装配式混凝土结构等建筑应用绿色建材试点示范。

（二十四）产业园区示范。在绿色建材发展基础好的地区，依托优势企业，整合要素资源，完善研发设计、检测验证、现代物流、电子商务等公共服务体系，支持建设以绿色建材为特色的产业园区。

（二十五）协同处置示范。按照《关于促进生产过程协同资源化处理城市和产业废弃物工作的意见》，持续开展好水泥窑协同处置城市生活垃圾等废弃物的试点示范。开展固体废弃物再生建材综合利用示范，建立再生建材工程应用长期监测机制，积累再生建材应用安全性技术资料。

十、强化组织实施行动

（二十六）加强组织领导。建立由工业和信息化部、住房城乡建设部牵头，相关部门参加的绿色建材生产和应用协调机制。加强绿色建材生产应用与绿色建筑发展、绿色城市建设的内在联系，统筹绿色建材生产、使用、标准、评价等环节，加强政策衔接，强化部门联动，组织实施相关行动，督促落实重点任务，协调完善推进措施。

（二十七）研究制定配套政策。利用现有渠道，引导社会资本，加大对共性关键技术研发投入，支持企业开展绿色建材生产和应用技术改造。研究制定财税、价格等相关政策，激励水泥窑协同处置、节能玻璃门窗、节水洁具、陶瓷薄砖、新型墙材等绿色建材生产和消费。支持有条件的地区设立绿色建材发展专项资金，对绿色建材生产和应用企业给予贷款贴息。将绿色建材评价标识信息纳入政府采购、招投标、融资授信等环节的采信系统。研究制定建材下乡专项财政补贴和钢结构部品生产企业增值税优惠政策。

（二十八）完善标准规范。进一步修改完善行业规范和准入标准，公告符合规范条件的企业和生产线名单。强化环保、能耗、质量和安全标准约束，构建强制性标准和自愿采用性标准相结合的标准体系。加强建筑工程设计规范与绿色建材产品标准的联动。取消复合水泥 32.5 等级标准，大力推进特种和专用水泥应用。

（二十九）搭建创新平台。依托大型企业集团、科研院所、大专院校等单位，构建完善产学研用相结合的产业发展创新体系。创建一批以绿色建材为特色的技术中心、工程中心或重点实验室，完善产业发展所需公共研发、技术转化、检验认证等平台。加强建材生产与建筑设计、工程建造等上下游企业互动，组建绿色建材产业发展联盟。依托尾矿、建筑废弃物等资源建设新型墙体材料、机制砂石生产基地。

（三十）开展宣传教育和检查。加大培训力度，开展绿色建材生产和应用的培训。开展形式多样的绿色建材宣传活动，强化公众绿色生产和消费理念，提高对绿色建材政策的理解与参与，使绿色建材的生产与应用成为全行业和社会各界的自觉行动。开展绿色建材行动检查，对不执行绿色建材生产和使用有关规定的，要加强舆论监督和通报批评。

各地要结合本地建材工业和建筑业发展实际，尽快制定本地区绿色建材发展实施方案，明确主体责任，扎实推进本地区绿色建材生产和应用各项工作。

住房城乡建设部
工业和信息化部
关于印发《绿色建材评价标识管理办法》的通知

建科〔2014〕75 号

各省、自治区、直辖市住房城乡建设厅（委）、工业和信息化主管部门，新疆生产建设兵团建设局、工业和信息化委员会，计划单列市住房城乡建设委、工业和信息化主管部门，有关单位：

为落实《国务院关于化解产能严重过剩矛盾的指导意见》（国发〔2013〕41 号）、《国务院关于印发大气污染防治行动计划的通知》（国发〔2013〕37 号）和《国务院办公厅关于转发发展改革委住房城乡建设部绿色建筑行动方案的通知》（国办发〔2013〕1 号）要求，大力发展绿色建材，支撑建筑节能、绿色建筑和新型城镇化建设需求，落实节约资源、保护环境的基本国策，加快转变城乡建设模式和建筑业发展方式，改善需求结构，培育新兴产业，促进建材工业转型升级，推动工业化和城镇化良性互动，住房城乡建设部、工业和信息化部制定了《绿色建材评价标识管理办法》。现将《绿色建材评价标识管理办法》印发给你们，请结合本地情况，依照本办法开展绿色建材评价标识工作。

中华人民共和国住房城乡建设部
中华人民共和国工业和信息化部
2014 年 5 月 21 日

绿色建材评价标识管理办法

第一章　总　　则

第一条　为加快绿色建材推广应用，规范绿色建材评价标识管理，更好地支撑绿色建筑发展，制定本办法。

第二条　本办法所称绿色建材是指在全生命周期内可减少对天然资源消耗和减轻对生态环境影响，具有"节能、减排、安全、便利和可循环"特征的建材产品。

第三条　本办法所称绿色建材评价标识（以下简称评价标识），是指依据绿色建材评价技术要求，按照本办法确定的程序和要求，对申请开展评价的建材产品进行评价，确认其等级并进行信息性标识的活动。

标识包括证书和标志，具有可追溯性。标识的式样与格式由住房城乡建设部和工业和信息化部共同制定。

证书包括以下内容：

（一）申请企业名称、地址；

（二）产品名称、产品系列、规格/型号；

（三）评价依据；

（四）绿色建材等级；

（五）发证日期和有效期限；

（六）发证机构；

（七）绿色建材评价机构；

（八）证书编号；

（九）其他需要标注的内容。

第四条　每类建材产品按照绿色建材内涵和生产使用特性，分别制定绿色建材评价技术要求。

标识等级依据技术要求和评价结果，由低至高分为一星级、二星级和三星级三个等级。

第五条　评价标识工作遵循企业自愿原则，坚持科学、公开、公平和公正。

第六条　鼓励企业研发、生产、推广应用绿色建材。鼓励新建、改建、扩建的建设项目优先使用获得评价标识的绿色建材。绿色建筑、绿色生态城区、政府投资和使用财政资金的建设项目，应使用获得评价标识的绿色建材。

第二章　组　织　管　理

第七条　住房城乡建设部、工业和信息化部负责全国绿色建材评价标识监督管理工作，指导各地开展绿色建材评价标识工作。负责制定实施细则和绿色建材评价机构管理办法，制定绿色建材评价技术要求，建立全国统一的绿色建材标识产品信息发布平台，动态发布管理所有星级产品的评价结果与标识产品目录。

第八条　住房城乡建设部、工业和信息化部负责三星级绿色建材的评价标识管理工作。省级住房城乡建设、工业和信息化主管部门负责本地区一星级、二星级绿色建材评价标识管理工作，负责在全国统一的信息发布平台上发布本地区一星级、二星级产品的评价结果与标识产品目录，省级主管部门可依据本办法制定本地区管理办法或实施细则。

第九条　绿色建材评价机构依据本办法和相应的技术要求，负责绿色建材的评价标识工作，包括受理生产企业申请，评价、公示、确认等级，颁发证书和标志。

第三章　申　请　和　评　价

第十条　绿色建材评价标识申请由生产企业向相应的绿色建材评价机构提出。

第十一条　企业可根据产品特性、评价技术要求申请相应星级的标识。

第十二条　绿色建材评价标识申请企业应当具备以下条件：

（一）具备独立法人资格；

（二）具有与申请相符的生产能力和知识产权；

（三）符合行业准入条件；

（四）具有完备的质量管理、环境管理和职业安全卫生管理体系；

（五）申请的建材产品符合绿色建材的技术要求，并在绿色建筑中有实际工程应用；

（六）其他应具备的条件。

第十三条　申请企业应当提供真实、完整的申报材料，提交评价申报书，提供相关证书、检测报告、使用报告、影像记录等资料。

第十四条　绿色建材评价机构依据本办法及每类绿色建材评价技术要求进行独立评价，必要时可进行生产现场核查和产品抽检。

第十五条　评审结果由绿色建材评价机构进行公示，依据公示结果确定标识等级，颁发证书和标志，同时报主管部门备案，由主管部门在信息平台上予以公开。

标识有效期为3年。有效期届满6个月前可申请延期复评。

第十六条　取得标识的企业，可将标识用于相应绿色建材产品的包装和宣传。

第四章　监　督　检　查

第十七条　标识持有企业应建立标识使用管理制度，规范使用证书和标志，保证出厂产品与标识的一致性。

第十八条　标识不得转让、伪造或假冒。

第十九条　对绿色建材评价过程或评价结果有异议的，可向主管部门申诉，主管部门应及时进行调查处理。

第二十条　出现下列重大问题之一的，绿色建材评价机构撤销或者由主管部门责令绿色建材评价机构撤销已授予标识，并通过信息发布平台向社会公布：

（一）出现影响环境的恶性事件和重大质量事故的；

（二）标识产品经国家或省市质量监督抽查或工商流通领域抽查不合格的；

（三）标识产品与申请企业提供的样品不一致的；

（四）超范围使用标识的；

（五）以欺骗等不正当手段获得标识的；

（六）其他依法应当撤销的情形。

被撤销标识的企业，自撤销之日起 2 年内不得再次申请标识。

第五章　附　　则

第二十一条　每类建材产品的评价技术要求、绿色建材评价机构管理办法等配套文件由住房城乡建设部、工业和信息化部另行发布。

第二十二条　本办法自印发之日起实施。

绿色建材评价技术导则（节选）
预 拌 砂 浆

1.1 控 制 项

1.1.1 预拌砂浆生产企业应符合表1.1.1的要求。

生产基本要求　　　　　　　　　　　　　　　　表 1.1.1

项　　目	要　　求
大气污染物排放	《大气污染物综合排放标准》GB 16297，三级； 或满足地方排放标准的最低要求
污水排放	《污水综合排放标准》GB 8978，二级
噪声排放	符合《工业企业厂界环境噪声排放标准》GB 12348
工作场所环境	《工作场所有害因素职业接触限值化学有害因素》GBZ 2.1 《工作场所有害因素职业接触限值物理有害因素》GBZ 2.2
安全生产	不得使用含有亚硝酸盐、氯盐、邻苯二甲酸酯类成分的原材料 《企业安全生产标准化基本规范》AQ/T 9006，三级
管理体系	完备的质量、环境和职业健康安全管理体系

1.1.2 设备设施选配等全过程管理应满足当地预拌砂浆绿色（清洁化）生产管理的相关规定。

1.1.3 生产企业应具备详细、可行的应用技术文件。

1.1.4 普通砂浆、干混陶瓷砖粘结砂浆的性能应满足现行国家标准《预拌砂浆》GB/T 25181的要求；EPS外墙外保温系统用粘结砂浆、EPS外墙外保温系统用抹面砂浆的性能应满足现行国家标准《模塑聚苯板薄抹灰外墙保温系统材料》GB/T 29906的要求；其他预拌砂浆的性能应符合国家现行有关标准的规定。

1.2 评 分 项

1.2.1 评分项各指标权重见表1.2.1。

评分项各指标权重　　　　　　　　　　　　　　表 1.2.1

指标	权重	具体条文	权重
节能	0.15	1.2.2　原材料运输能耗	0.05
		1.2.3　单位产品能耗水平或碳排放	0.07
		1.2.4　能源管理体系认证	0.03

指标	权重	具体条文	权重
减排	0.25	1.2.5 大气污染物（不含颗粒物）排放	0.05
		1.2.6 颗粒物排放	0.10
		1.2.7 普通砂浆散装率和特种砂浆袋装率	0.05
		1.2.8 产品认证或评价、环境产品声明（EPD）报告、碳足迹报告	0.05
安全	0.40	1.2.9 强度	0.12
		1.2.10 强度离散系数	0.12
		1.2.11 耐久性能	0.12
		1.2.12 安全生产标准化水平	0.02
		1.2.13 测量管理体系认证	0.02
便利	0.10	1.2.14 施工性能	0.05
		1.2.15 适用性与经济性	0.05
可循环	0.10	1.2.16 固体废弃物综合利用率	0.05
		1.2.17 灰料利用	0.05

Ⅰ 节　能

1.2.2 原材料运输能耗。评分为以下两条得分之和，但总分不超过100分：

1 累计运输半径不大于 500km 的原材料重量比例不小于 60% 但小于 70%，得 40 分；不小于 70% 但小于 80%，得 60 分；不小于 80% 但小于 90%，得 80 分；不小于 90%，得 100 分；

2 500km 以外的原材料采用铁路、轮船运输的重量比例不小于 70% 但小于 80%，得 20 分；不小于 80% 但小于 90%，得 40 分；不小于 90%，得 60 分。

1.2.3 近三年单位产品能耗水平持续改进，评分为以下各条得分之和：

1 有能源分级计量 20 分；

2 能源计量器具具备在线采集、上传等功能 20 分；

3 建立能效管理信息系统 30 分；

4 根据能效管理信息系统分析结果进行持续改进 30 分。

1.2.4 通过 GB/T 23331 能源管理体系认证，得 100 分。

Ⅱ 减　排

1.2.5 厂区二氧化硫排放符合《大气污染物综合排放标准》GB 16297 表 2 规定的二级，得 60 分；符合大气污染物综合排放相关的各地方标准规定，得 100 分。

1.2.6 厂区大气颗粒物排放，评分为以下各条之和：

1 有组织排放中，自排气筒排放的颗粒物符合《水泥工业大气污染物排放标准》GB 4915 的规定，得 40 分；符合各地方标准对当地大气颗粒物排放规定，得 60 分；

2 无组织排放中，大气颗粒污染物符合《水泥工业大气污染物排放标准》GB 4915 的规定，得 20 分；符合各地方标准对当地大气颗粒物排放规定，得 40 分。

1.2.7 普通砂浆的散装率，特种砂浆的袋装率。评分规则如下：

1 普通砂浆年度散装率达到 70%，得 60 分；达到 80%，得 80 分；达到 90%，得 100 分；

2 每吨特种砂浆对包装袋的平均消耗量不小于 40 个，得 0 分；不小于 25 个但小于 40 个，得 60 分；不小于 20 个但小于 25 个，得 80 分；小于 20 个，得 100 分。

1.2.8 通过产品认证或评价，提交环境产品声明（EPD）、碳足迹报告。评分为以下各条得分之和：

1 通过产品认证或评价，总分 40 分，由专家评分；

2 提交环境产品声明（EPD）报告，总分 30 分，由专家评分；

3 提交产品碳足迹报告，总分 30 分，由专家评分。

Ⅲ 安　　全

1.2.9 强度评分规则如下：

1 普通砂浆抗压强度实测值与设计值的比值大于 2.0，得 50 分；不小于 1.0 但小于 1.15，或不小于 1.5 但小于 2.0，得 75 分；不小于 1.15 但小于 1.5，得 100 分；

2 EPS 外墙外保温系统用粘结砂浆、EPS 外墙外保温系统用抹面砂浆的原始拉伸粘结强度的实测值与设计值的比值不小于 1.0 但小于 1.2，得 50 分；不小于 1.8，得 75 分；不小于 1.2 但小于 1.8，得 100 分；

3 干混陶瓷砖粘结砂浆的原始拉伸粘结强度的实测值与设计值的比值不小于 1.0 但小于 1.5，得 50 分；不小于 2.5，得 75 分；不小于 1.5 但小于 2.5，得 100 分。

1.2.10 连续 10 个批次产品强度的离散系数评分规则如下：

1 不大于 30% 但大于 20%，得 40 分；

2 不大于 20% 但大于 10%，得 60 分；

3 不大于 10%，得 100 分。

1.2.11 耐久性能评分规则如下：

1 普通砂浆冻融循环后抗压强度损失率的设计值与实测值的比值不小于 1.0 但小于 1.5，得 50 分；大于 1.5 但不大于 2.0，得 75 分；大于 2.0，得 100 分；

2 EPS 外墙外保温系统用粘结砂浆、EPS 外墙外保温系统用抹面砂浆、干混陶瓷砖粘结砂浆的耐水、耐冻融拉伸粘结强度实测值与设计值的比值不小于 1.0 但小于 1.2，得 50 分；不小于 1.8，得 75 分；不小于 1.2 但小于 1.8，得 100 分。

1.2.12 安全生产标准化水平符合《企业安全生产标准化基本规范》AQ/T9006 规定的二级，得 80 分；符合一级，得 100 分。

1.2.13 通过 GB/T19022 测量管理体系认证，得 100 分。

Ⅳ 便　　利

1.2.14 施工便利性评分规则如下：

1 普通砂浆保水率的实测值与设计值比值不小于 1.00 但小于 1.05，得 50 分；不小于 1.10，得 75 分；不小于 1.05 但小于 1.10，得 100 分；

2 EPS 外墙外保温系统用粘结砂浆、EPS 外墙外保温系统用抹面砂浆的可操作时间不小于 1.5h 时，拉伸粘结强度的实测值与设计值的比值不小于 1.0 但小于 1.2，得 50 分；不小于 1.8，得 75 分；不小于 1.2 但小于 1.8，得 100 分；

    3 干混陶瓷砖粘结砂浆分别晾置 20min 后的拉伸粘结强度的实测值与设计值的比值不小于 1.0 但小于 1.2，得 50 分；不小于 1.8，得 75 分；不小于 1.2 但小于 1.8，得 100 分。

1.2.15 适用性与经济性，评分为以下两条之和：

    1 与应用区域经济发展水平、环境、产业配套等相匹配，总分 50 分，由专家评分；

    2 与应用区域法律法规、标准规范等相匹配，总分 50 分，由专家评分。

Ⅴ 可 循 环

1.2.16 固体废弃物综合利用率评分规则如下：

    1 不小于 30% 但小于 40%，得 40 分；

    2 不小于 40% 但小于 50%，得 55 分；

    3 不小于 50% 但小于 60%，得 70 分；

    4 不小于 60% 但小于 70%，得 85 分；

    5 不小于 70%，得 100 分。

1.2.17 消纳生产过程产生的灰料。配备自动回灰设备、计量配料系统，可操作性强，回收利用合理，总分 100 分，由专家评分。

参 考 文 献

［1］ 褚明生，陈祎. 玄武岩纤维水泥砂浆的力学性能研究［J］. 现代交通技术，2008，5(5)：18-20.

［2］ 潘钢华，夏艺等. 煅烧凹凸棒石黏土对干粉砂浆性能的影响［J］. 东南大学学报（自然科学版），2006.1，36卷第1期：129-133.

［3］ 沈文忠，张雄. 改性凹凸棒土砂浆外加剂研究［J］. 新型建筑材料，2005.4：17-19.